工业和信息化高职高专"十二五"规划教材立项项目

职业教育机电类"十二五"规划教材

机械AutoCAD 2010
项目应用教程

陆玉兵　魏兴　主编

韩士萍　刘先梅　杨晶　孔祥智　副主编

张晓东　主审

人民邮电出版社
北　京

图书在版编目（ＣＩＰ）数据

机械AutoCAD2010项目应用教程 / 陆玉兵，魏兴主编
．— 北京：人民邮电出版社，2012.9
职业教育机电类"十二五"规划教材
ISBN 978-7-115-28358-0

Ⅰ．①机… Ⅱ．①陆… ②魏… Ⅲ．①机械设计－计
算机辅助设计－AutoCAD软件－中等专业学校－教材 Ⅳ．
①TH122

中国版本图书馆CIP数据核字(2012)第124728号

内 容 提 要

本书根据高职高专机类和近机类专业"机械制图"、"机械制图测绘"和"AutoCAD"课程的性质和教学特点编写而成。在内容的选择上坚持以技能为核心、以工作过程为导向、以够用为原则，突出技能性和实用性，围绕学生的职业能力和职业素质来构建知识体系。

本书根据项目教学的方式组织内容。本书主要内容包括 15 个由简单到复杂的项目实施过程。每个项目由项目导入、项目知识、项目实施、检测练习和提高练习 5 部分组成。

本书突出高等职业教育的特点，实用性较强、范例丰富多样、通俗易懂、便于自学，适合作为高职高专院校机械类或近机类专业"AutoCAD"课程的教学用书，也可供从事计算机绘图工作的有关技术人员参考、学习和培训之用。

工业和信息化高职高专"十二五"规划教材立项项目
职业教育机电类"十二五"规划教材

机械 AutoCAD 2010 项目应用教程

◆ 主　　编　陆玉兵　魏　兴
　　副 主 编　韩士萍　刘先梅　杨　晶　孔祥智
　　主　　审　张晓东
　　责任编辑　李育民

◆ 人民邮电出版社出版发行　　北京市丰台区成寿寺路 11 号
　　邮编　100164　电子邮件　315@ptpress.com.cn
　　网址　http://www.ptpress.com.cn
　　大厂回族自治县聚鑫印刷有限责任公司印刷

◆ 开本：787×1092　1/16
　　印张：19　　　　　　　　　2012 年 9 月第 1 版
　　字数：448 千字　　　　　　2025 年 1 月河北第 17 次印刷

ISBN 978-7-115-28358-0

定价：38.00 元

读者服务热线：**(010)81055256**　印装质量热线：**(010)81055316**
反盗版热线：**(010)81055315**

Forward

前　言

　　AutoCAD是当今世界上使用人数最多的计算机辅助设计软件之一。在我国，AutoCAD已经广泛应用于机械、建筑、测绘及装潢等行业，成为工程技术人员必须掌握的设计绘图工具之一。本书以训练学生的机械识图与计算机绘图技能为目标，详细介绍AutoCAD命令的操作方法、绘图方法和绘图技巧。本书内容包括二维平面图、三视图、剖面图、标准件和常用件、零件图（轴套类、轮盘类和箱体类零件）、装配图、三维建模和正等轴测图等典型图例的基础知识、绘制方法和绘图技巧。

　　本书以AutoCAD 2010版软件为平台，以工作过程为导向，采用项目教学的方式组织内容，每个项目都来源于"机械制图"和"机械制图测绘"的典型案例和图例。本书主要内容包括15个由简单到复杂的项目实施过程。每个项目都由项目导入、项目知识、项目实施、检测练习和提高练习5部分组成。项目导入部分给出制图任务，即需要绘制的图形及必须掌握的绘图方法；项目知识部分给出完成该项目必须的知识与技能，主要包括绘图命令及操作方法、绘图技巧等；项目实施部分，介绍完整的设计图绘制过程，即项目文档的建立、绘图环境设置、绘图分析、绘图详细步骤等；检测练习部分，精心筛选了适量与项目内容难度相当的习题，供学生训练，使学生达到一定的应用水平；提高练习部分，围绕项目需要掌握的重点绘图知识和技巧，设计选择了相对复杂的图例供学有余力的学生练习，使其能够进一步提高学习效果。

　　通过本教材15个项目的学习和训练，学生不仅能够掌握AutoCAD二维平面设计和三维建模基本知识，而且能够掌握机械制图识读和绘制方法，达到机械、电力电子及自动控制系统工程技术人员对机械制图识读与绘制的要求。

　　本书的参考学时为58～62学时，建议采用理论、实践一体化教学模式，各项目的参考学时见下面的学时分配表。

序号	项目名称	学时	备注
绪论		1	
项目一	直线要素构成的平面图形绘制	3	
项目二	直线和圆要素构成的平面图形绘制	4	
项目三	多要素构成的平面图形绘制	4	
项目四	均布及对称结构图形的绘制	4	
项目五	三视图的绘制	4	
项目六	剖面图形的绘制	4	
项目七	标准件和常用件的绘制	4	
项目八	圆柱直齿齿轮减速器从动轴零件图绘制	4	◆
项目九	圆柱直齿齿轮减速器从动齿轮零件图绘制	4	◆
项目十	圆柱直齿齿轮减速器机座零件图绘制	4	
项目十一	圆柱直齿齿轮减速器装配图绘制	4	◆▲
项目十二	简单组合体三维建模	4	
项目十三	复杂组合体三维建模	4	
项目十四	圆柱直齿齿轮减速器机座零件三维建模	4～6	◆▲
项目十五	组合体正等轴测图绘制	2～4	
合计		58～62	

说明：备注"▲"为近机类专业选用项目，备注"◆"为电类专业选用项目。

本书由陆玉兵、魏兴任主编，韩士萍、刘先梅、杨晶和孔祥智任副主编，魏兴编写了绪论、项目一和项目二，韩士萍编写了项目三、项目四和项目五，杨晶编写了项目六、项目七和项目八，孔祥智编写了项目九和项目十，刘先梅编写了项目十二、项目十三和项目十四，陆玉兵编写了项目十一、项目十五、附录及参考文献内容，全书由陆玉兵、魏兴统稿，皖西学院机械与电子工程系主任张晓东教授审阅了全书。

由于编者水平有限，书中难免有错误之处，恳请读者批评指正。

编　者

2012 年 6 月

Content

目 录

绪　论

一、AutoCAD 概述

　　AutoCAD 是美国 Autodesk 公司开发的通用计算机辅助设计软件，从 1982 年开发出第一个版本以来，已经发布了 20 多个版本。早期的版本仅有二维绘图的简单工具，绘制图形的速度较慢。该软件的每一次升级，在功能上都得到了增强，且日趋完善。正因为 AutoCAD 具有强大的辅助绘图功能，已成为工程设计领域应用最广泛的计算机辅助设计和绘图软件之一。

　　计算机辅助设计的英文全称是 Computer Aided Design，简称 CAD。计算机辅助设计是工程技术人员在 CAD 系统辅助下，根据产品的设计程序进行设计的一项新技术，系统的运行和思路的提供离不开系统使用者的创造性思维活动，是人的创造力与计算机系统的巧妙结合。工程技术人员通过人机交互操作的方式进行产品设计的构思与论证、零部件设计和有关零件的输出，以及技术文档和有关技术报告的编制。因此，使用计算机绘图系统的工程技术人员也属于系统组成的一部分，将软件、硬件和人这三者合一，是计算机辅助设计的前提。将软件、硬件和人三者有效地融合为一体，才是真正的计算机绘图系统。

　　计算机绘图是随着计算机图形学理论及其技术发展起来的新型学科。将数字化的图形信息通过计算机存储、处理，并通过输出设备将图形显示和打印出来，这个过程被称为计算机绘图。而计算机图形学则是研究计算机绘图领域中各种理论与解决实际问题的学科。

　　CAD 作为信息技术的重要组成部分，将计算机高速、海量数据存储及处理和挖掘能力与人的综合分析和创造性思维能力结合起来，对加速工程和产品开发、缩短设计制造周期、提高产品质量、降低生产成本、增强企业市场竞争力与创新能力具有重要作用。作为辅助设计的 AutoCAD 软件，能够快速绘制二维图形和三维图形、标注尺寸、渲染图形和输出图纸，易于掌握、使用方便、体系结构开放，彻底改变了传统的手工绘图模式，使工程技术人员从繁重的手工绘图中解放出来，极大地提高了设计效率和绘图质量。

由于 AutoCAD 软件具有专业设计、操作方便、功能强大、便于及时调整效果等优点,被广泛应用于机械、建筑、电子、航天、造船、石油化工、土木工程、冶金、地质、气象、纺轻、轻工、商业、印刷等领域,已成为广大工程技术人员的必备工具。

AutoCAD 2010 中文版是 Autodesk 公司于 2009 年 4 月推出的最新版本,在原有版本基础上进行了很大的改动,性能和功能方面都有所增强,操作界面与新版本 Office 2007 的界面相似,具有更好的绘图界面、形象生动和简洁快速的设计环境,同时与低版本完全兼容。

二、AutoCAD 的基本功能

AutoCAD 软件经过多次版本更新,设计功能更趋完善,有利于用户快速实现设计效果。AutoCAD 软件的基本功能体现在图形绘制、编辑、注释、渲染等多个方面。

1. 创建与编辑图形

在 AutoCAD 中,包含二维和三维绘图工具,使用这些工具可以绘制直线、多线段、矩形、多边形和圆等基本二维图形,也可将绘制的图形转换成面域,对其进行填充,还可使用编辑工具创建各种类型的 CAD 图形,如图 0.1 所示。

对于一些二维图形,通过拉伸、设置高度和厚度等操作,可将其轻松地转换为三维图形,或使用基本实体或曲面功能,快速创建圆柱体、球体、长方体等基本实体,使用编辑工具可快速创建出各种各样的三维图形,如图 0.2 所示。

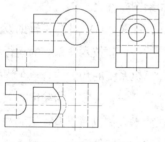

图 0.1　组合体三视图

图 0.2　机件的三维模型

为了方便地观察图形的形状结构和特征,可切换到轴测模式绘制轴测图,以二维绘图技术模拟三维对象,如图 0.3 所示。

2. 图形文本注释

在 AutoCAD 中,包含尺寸标注工具和尺寸编辑工具,可创建各种类型的标注,如图 0.4 所示。

3. 渲染和观察三维图形

在 AutoCAD 中,可应用雾化、光源和材质将模型渲染为具有真实感的图像,如果为了演示,则可以渲染全部对象;如果时间有限或显示设备和图形设备不能提供足够的灰度等级和颜色,则不必精确渲染;为了快速查看设计的整体效果,可简单消隐或设置视觉样式。

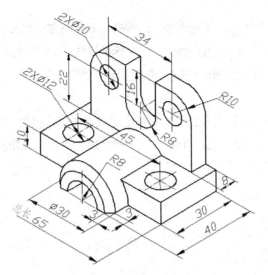

图 0.3　组合体正等轴测图

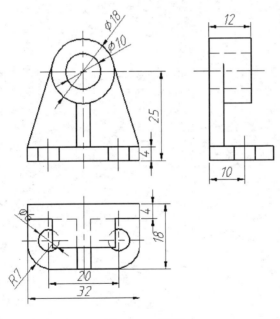

图 0.4　三视图

为了查看三维图形各方位的显示效果，可在三维操作环境中使用动态观察器观察模型，也可设置漫游和飞行方式观察模型，还可录制运动动画和观察相机，更方便地观察模型结构。

4．输出和打印图形

AutoCAD 允许将所绘图形以不同方式通过绘图仪或打印机输出，还可将不同格式的图形导入 AutoCAD，或将 AutoCAD 图形以其他格式输出。图形绘制完成后，可使用多种方法将其输出，可将图形打印在图纸上，或创建成文件供其他程序应用。

5. 图形显示功能

AutoCAD 可以任意调整图形的显示比例，以观察图形的全部或局部，并可使图形上、下、左、右移动进行观察。AutoCAD 软件为用户提供了 6 个标准视图（6 种视角）和 4 个轴测图，可利用视点工具设置任意视角，还可利用三维动态观察器设置任意的视觉效果。

6. 二次开发功能

在 AutoCAD 中，用户可根据需要自定义各种菜单或与图形有关的一些属性。AutoCAD 提供了内部的 Visual Lisp 编辑开发环境，用户可使用 Lisp 语言定义新命令，开发新的语言和解决方案。

Chapter 1

项目一

| 直线要素构成的平面图形绘制 |

【能力目标】

1. 能够启动 AutoCAD 2010 绘图软件，熟悉 AutoCAD 2010 软件系统用户界面，能够新建、打开、保存文件，能够运用 AutoCAD 2010 软件极轴、对象捕捉等基本绘图工具。
2. 能够进行 AutoCAD 2010 图形界限与单位等绘图环境的设置。
3. 能够进行图层的设置、管理及使用。
4. 能够应用直线绘图命令绘制简单的平面图形。

【知识目标】

1. 掌握 AutoCAD 2010 的启动、新建、打开、退出及文件保存的操作方法。
2. 熟悉 AutoCAD 2010 软件系统用户界面。
3. 掌握图层的设置及管理方法。
4. 掌握点坐标直角绝对（相对）和极坐标绝对（相对）的输入方法。
5. 掌握极轴、对象捕捉等绘图辅助工具状态按钮使用方法。
6. 掌握直线命令的操作方法和技巧。

一、项目导入

用 1 : 1 的比例绘制图 1.1 所示平面图形。要求：选择合适的线，不标注尺寸，不绘制图框与标题栏。

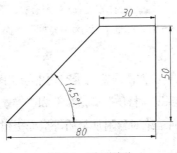

图 1.1　平面图形

二、项目知识

（一）AutoCAD 2010 的启动

AutoCAD 2010 的启动常用以下 3 种方法。

（1）双击桌面上 AutoCAD 2010 的快捷方式图标 。

（2）单击 Windows 任务栏上的【开始】|【程序】|【Autodesk】|【AutoCAD 2010 Simplified Chinese】|【AutoCAD 2010】。

（3）双击已经存盘的任意一个 AutoCAD 图形文件（后缀为*.dwg 的文件）。

（二）AutoCAD 2010 的工作空间

中文版 AutoCAD 2010 提供了"二维草图与注释"、"三维建模"和"AutoCAD 经典" 3 种工作空间模式。

1. "二维草图与注释空间"界面

二维草图与注释空间是 AutoCAD 2010 启动后的默认空间，如图 1.2 所示。在该空间中，可以使用"绘图"、"修改"、"图层"、"注释"、"块"、"特性"、"实用工具"、"剪贴板"等功能区面板方便地绘制和标注二维图形。

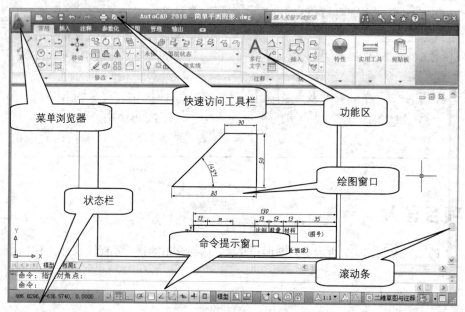

图 1.2　"二维草图与注释空间"界面

2. "三维建模空间"界面

使用"三维建模"空间，可以更加方便地在三维空间中绘制图形。在"功能区"选项板中集成了"三维建模"、"视觉样式"、"光源"、"材质"、"渲染"和"导航"等面板，从而为绘制三维图形、观察图形、创建动画、设置光源、向三维对象附加材质等操作提供了非常便利的环境。"三维建模空间"如图 1.3 所示。

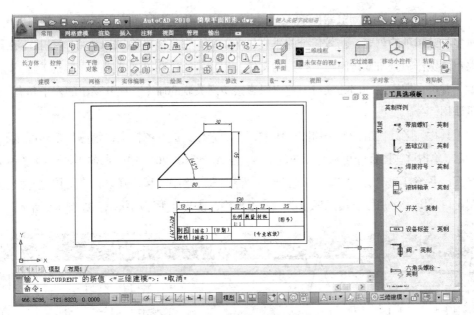

图 1.3 "三维建模空间"界面

3. "AutoCAD 经典空间"界面

对于习惯于 AutoCAD 传统界面的用户来说，可以使用"AutoCAD 经典"工作空间，AutoCAD 2010 的经典界面主要由"菜单浏览器"按钮、快速访问工具栏、标题栏、菜单栏、工具栏、绘图窗口、文本窗口与命令行、模型/布局选项卡、状态栏及滚动条等元素组成。"AutoCAD 经典空间"界面如图 1.4 所示。

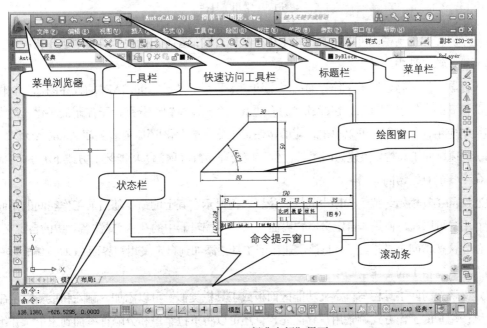

图 1.4 "AutoCAD 经典空间"界面

（1）菜单浏览器。菜单浏览器位于 AutoCAD 2010 三种工作界面的左上角，主要的作用如下。

显示多种菜单项的列表，仿效传统的垂直显示菜单，它直接覆盖 AutoCAD 窗口，可展开和折叠使用菜单浏览器；查看或访问最近打开的文件；用户可通过菜单浏览器上方搜索工具，输入条件进行搜索，并可在搜索后列出的项目中双击以直接访问关联的命令；展开菜单的左下角有"选项"命令可供调用。

（2）工具栏。工具栏由许多按钮图标组成，移动光标到这些图标上，稍停片刻即可显示该命令相应的提示，单击这些图标即可执行相应的命令。在 AutoCAD 2010 中，系统提供了 30 多种工具栏。默认情况下，系统打开"工作空间"、"标准"、"特性"、"绘图"和"修改"等工具栏，并且将其固定在绘图窗口周围，用户可以用鼠标拖动这些工具栏，使其处于浮动状态，如图 1.5 所示。

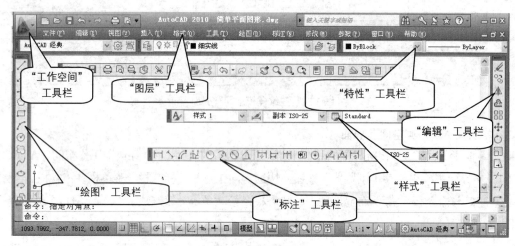

图 1.5　常用工具栏

要显示隐藏的工具栏，可以在工具栏上单击鼠标右键，在弹出的快捷菜单中选择相应的工具栏名称即可显示该工具栏。

（3）标题栏。标题栏位于工作界面的最上边，主要用于显示 AutoCAD 的程序图标、软件名称以及当前打开的文件名等信息。在标题栏的右边有 3 个控制按钮，分别用于控制最小化、最大化或还原和关闭应用程序，用户可以单击相应的按钮最小化、最大化/还原或者关闭 AutoCAD 窗口。

（4）快速访问工具栏。快速访问工具栏位于应用程序窗口顶部（功能区上方或下方），可提供对定义的命令集的直接访问。

快速访问工具栏始终位于程序中的同一位置，但显示在其上的命令随当前工作空间的不同而有所不同。用户可以通过使用"自定义用户界面"（CUI）编辑器中的在"<文件名> 中的自定义设置"窗格下创建快速访问工具栏，然后将该快速访问工具栏添加到自定义用户界面（CUI）编辑器中"工作空间内容"窗格下的工作空间中。

自定义快速访问工具栏与自定义功能区面板或工具栏类似。可以添加、删除和重新定位命令和控件，以按用户的工作方式调整用户界面元素，还可以将下拉菜单和分隔符添加到组中，并组织相关的命令。

（5）菜单栏。中文 AutoCAD 2010 的菜单栏由"文件"、"编辑"和"视图"等菜单组成，如图 1.6 所示。

文件(F) 编辑(E) 视图(V) 插入(I) 格式(O) 工具(T) 绘图(D) 标注(N) 修改(M) 参数(P) 窗口(W) 帮助(H) _ □ X

图 1.6 菜单栏

这些菜单项几乎包含了 AutoCAD 中的所有功能和命令。单击某个菜单项，就会弹出相应的下拉菜单，部分下拉菜单还包含有子菜单，如图 1.7 所示。

图 1.7 "视图"菜单及下拉菜单

在使用菜单栏中的命令时应注意以下几点。

① 命令后跟有三角符号，表示该命令下还有子命令。

② 命令后跟有快捷键，表示按下该快捷键即可执行该命令。

③ 命令后跟有组合键，表示直接按组合键即可执行该命令。

④ 命令后跟有省略号，表示选择该命令后会弹出相应的对话框。

⑤ 命令呈现灰色，表示该命令在当前状态下不可用。

在 AutoCAD 中还有另外一种菜单，叫做快捷菜单。在 AutoCAD 窗口的标题栏、工具栏、绘图窗口、"模型"与"布局"选项卡以及一些对话框上单击鼠标右键，就会弹出快捷菜单，该菜单中的命令与 AutoCAD 的当前状态有关。使用快捷菜单可以在不必启动菜单栏的情况下快速、高效地完成某些操作。

（6）绘图窗口。绘图窗口是用户绘制图形的主要区域，所有的绘图结果都反映在这个窗口中。用户可以根据需要隐藏或关闭绘图窗口周围的选项板和工具栏来扩大绘图区域。对于 AutoCAD 的高级用户，还可以使用"全屏显示"（按组合键"Ctrl+0"在"非全屏显示"和"全屏显示"之间进行切换），在全屏显示下，AutoCAD 窗口只显示菜单栏、绘图窗口、命令栏和状态栏，如图 1.8 所示。

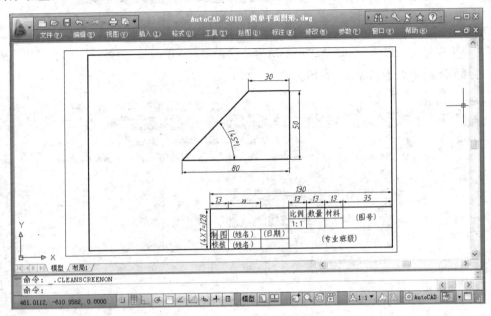

图 1.8 "全屏显示"界面

在绘图窗口中有一个类似光标的十字线，称为十字光标，其交点反映了光标在当前坐标系中的位置，十字光标的方向与当前用户坐标系的 X 轴、Y 轴方向平行。绘图窗口的左下角显示了当前使用的坐标系类型以及坐标原点、X、Y、Z 轴的方向。默认情况下，坐标系为世界坐标系（WCS）。在窗口的下方还有"模型"和"布局"选项卡，单击相应的选项卡可以在模型空间和布局空间进行切换。

（7）命令行与命令窗口。在默认情况下，命令行固定于绘图窗口的底部，用于输入命令和显示命令提示。用户可以根据需要用鼠标拖动命令栏的边框来改变命令行的大小，使其显示更多的信息。另外，用户还可以拖动命令行的标题栏，使其处于浮动状态，如图 1.9 所示。

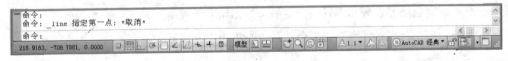

图 1.9 命令行与命令窗口

　　对于初学者，可利用命令行"显示命令提示"功能来熟悉命令的执行过程，有利于提高绘图速度。

（8）状态栏。状态栏在屏幕的底部，左侧显示绘图区中光标定位点的坐标 X、Y、Z，在右侧依次是"捕捉模式"、"栅格显示"、"正交模式"、"极轴追踪"、"对象捕捉"、"对象追踪"、"允许/禁止动态 UCS"、"动态输入"、"显示/隐藏线宽"、"快捷特性"和"模型或图纸空间"等开关按钮，如图 1.10 所示。用户将光标移至相应按钮将显示按钮名称，如此反复即可熟悉各按钮名称。

图 1.10　状态栏

　为方便习惯于 AutoCAD 传统界面的用户，本书二维绘图界面为"AutoCAD 经典空间"。

4. 选择工作空间

如在绘图时要在 3 种工作空间模式中进行切换，可使用以下两种方法。

（1）在快速访问工具栏选择"显示菜单栏"命令，在弹出的菜单中选择"工具"|"工作空间"命令，选择需要的绘图空间，如图 1.11 所示。

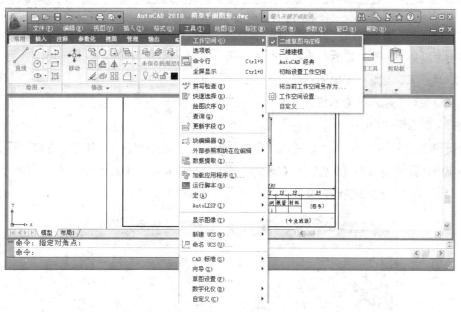

图 1.11　选择工作空间方法一

（2）在状态栏中单击"切换工作空间"按钮，在弹出的菜单中选择相应的命令即可，如图 1.12 所示。

（三）图形文件操作

在"AutoCAD 经典空间"界面中，图形文件操作主要包括新建图形文件、打开图形文件、保存图形文件、关闭图形文件和加密图形文件等。

1. 新建一个绘图文件

在 AutoCAD 2010 中新建图形文件的方法有以下 4 种。

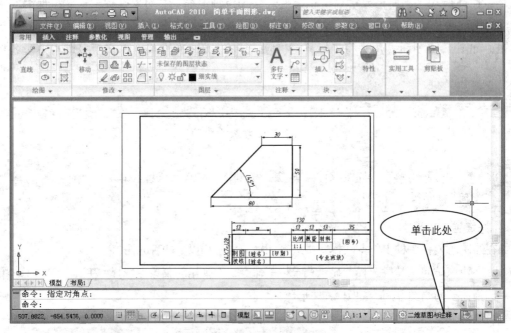

图 1.12　选择工作空间方法二

（1）单击"标准"工具栏或"快速访问工具栏"中的"新建"按钮🔲。

（2）选择"文件"或"菜单浏览器" | "新建"命令。

（3）在命令行中输入命令 new 或 qnew。

（4）按下组合键"Ctrl+N"。

执行新建图形文件命令后，系统弹出"选择样板"对话框，如图 1.13 所示。在该对话框中的样板文件列表中选择需要的样板文件，在右侧的"预览"框中将显示出该图形的预览图像，单击"打开"按钮即可指定样板创建新图形文件。

图 1.13　"选择样板"对话框

提示　　如不使用样板文件，单击"打开"按钮后在三角形按钮下拉列表中选择"无样板打开－公制（M）"即可创建一个没有任何设置的新文件，如图 1.14 所示。

2. 打开图形文件

在 AutoCAD 2010 中打开图形文件的方法有以下 4 种。

（1）单击"标准"工具栏或"快速访问工具栏"中的"打开"按钮 。

（2）选择"文件"或"菜单浏览器"｜"打开"命令。

（3）在命令行中输入命令 open。

（4）按组合键"Ctrl+O"。

图 1.14　"无样板打开-公制（M）"新建文件

执行打开图形文件命令后，系统弹出"选择文件"对话框，如图 1.15 所示。在该对话框中的图形文件列表框中选中要打开的图形文件，在右侧的"预览"框中将显示出该图形的预览图像，然后单击"打开"按钮即可打开选中的图形文件。

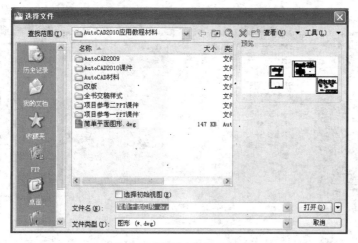

图 1.15　"选择文件"对话框

说明　　打开已存在的文件，需明确要打开文件的准确路径。在打开图形文件时，单击"打开"按钮后边的三角形按钮，在弹出的下拉列表中选择打开方式，系统提供了"打开"、"以只读方式打开"、"局部打开"和"以只读方式局部打开" 4 种打开文件的方式。如果以"打开"或"局部打开"方式打开图形文件，则用户可以对图形文件进行编辑；如果以"以只读方式打开"或"以只读方式局部打开"方式打开图形文件，则用户不能对打开的图形文件进行编辑，如图 1.16 所示。

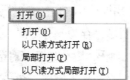

图 1.16　打开图形文件方式

3. 保存图形文件

在 AutoCAD 2010 中保存图形文件的方法有以下 5 种。

（1）单击"标准"工具栏或"快速访问工具栏"中的"保存"按钮。

（2）选择"文件"或"菜单浏览器" | "保存"命令

（3）选择"文件"或"菜单浏览器" | "另存为"命令。

（4）在命令行中输入命令 qsave。

（5）按组合键"Ctrl+S"。

第一次保存图形文件时，系统会弹出"图形另存为"对话框，如图 1.17 所示。如果用户没有对图形文件命名，则系统会为图形文件指定一个默认的文件名，用户也可以在"文件名"文本框中为图形文件指定文件名。系统默认文件保存类型为*.dwg，用户也可以在"文件类型"下拉列表中选择保存文件的类型，然后单击"保存"按钮即可。如不是第一次保存图形文件时，执行命令就可对图形文件进行保存。

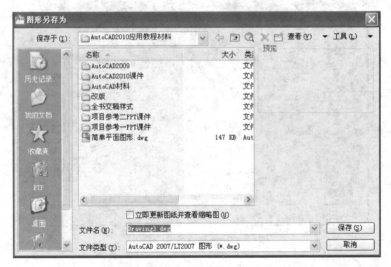

图 1.17 "图形另存为"对话框

说明

文件名应以能具体表达图形对象名称文字为宜，以方便对图形文件进行管理。

4. 加密图形文件

为加强文件的安全保护，在 AutoCAD 2010 中，用户在保存图形文件时可以对图形文件进行加密，加密的图形文件只有知道正确口令的用户才能打开。对图形文件进行加密的具体操作方法如下：选择"文件" | "另存为"命令，弹出"图形另存为"对话框，如图 1.17 所示。在该对话框中的"工具"下拉列表中选择"安全选项"选项，弹出"安全选项"对话框，如图 1.18 所示。在"安全选项"对话框中打开"密码"选项卡，在其文本框中输入密码，单击"确定"按钮后弹出"确认密码"对话框，如图 1.19 所示。

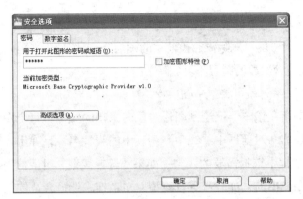

图 1.18 "安全选项"对话框

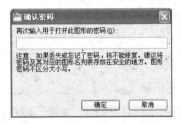

图 1.19 "确认密码"对话框

在"确认密码"对话框中的文本框中再次输入密码，单击"确定"按钮后返回到"图形另存为"对话框。

　　执行以上操作后，再打开保存的图形文件时就会弹出"密码"提示框，用户只有输入正确密码后，单击"确定"按钮才能打开该图形文件。

（四）图层设置

在 AutoCAD 2010 中，用户可以在"图层特性管理器"对话框中对图层进行设置，打开该对话框的方法有以下 3 种。

（1）单击"图层"工具栏中的"图层特性管理器"按钮。

（2）选择"格式"｜"图层"命令。

（3）在命令行中输入命令 layer。

执行该命令后，弹出"图层特性管理器"对话框，如图 1.20 所示，用户可以在该对话框中对图层进行各种操作。

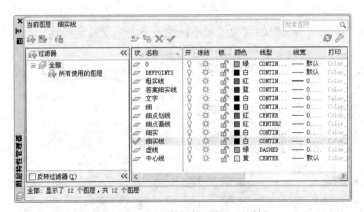

图 1.20 "图层特性管理器"对话框

（1）单击对话框上方"新建图层"按钮，就可新建一新图层，且新图层继承选中图层的特性

（蓝色滚动条所在图层）。

默认状态下提供一个图层，图层名为"0"，颜色为白色，线型为实线，线宽为默认值。

（2）单击对话框上方"删除图层"按钮✖，就可删除没有被使用的图层（"0"图层、DEFPOINTS图层、当前图层、依赖外部参照的图层和包含对象的图层不可删除）。

（3）单击对话框上方"置为当前"按钮✔，就可将选中图层置为当前。

（4）图层的线型设置。图层的线型是指在该图层上绘制图形对象时采用的线型，每个图层都有一个相应的线型。单击"图层特性管理器"对话框中"线型"列表中的线型名称，弹出"选择线型"对话框，如图 1.21 所示，在该对话框中选择需要的线型；如果"选择线型"对话框中没有需要的线型，可以单击"加载"按钮，在弹出的"加载或重载线型"对话框中选择合适的线型，如图 1.22 所示。

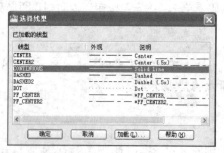

图 1.21 "选择线型"对话框

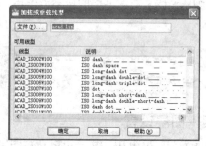

图 1.22 "加载或重载线型"对话框

（5）图层的颜色设置。图层的颜色是指在该层上绘制图形对象时采用的颜色，每一个图层都有相应的颜色。单击"图层特性管理器"对话框中"颜色"列表下的小方块，弹出"选择颜色"对话框，如图 1.23 所示。该对话框中有 3 个选项卡，分别为 "索引颜色"、"真彩色"和"配色系统"这是系统的 3 种配色方法，用户可以根据不同的需要使用不同的配色方案为图层设置颜色。

（6）图层的线宽设置。图层的线宽是指在该层上绘制图形对象时采用的宽度，每一个图层都有相应的线宽。单击"图层特性管理器"对话框中"线宽"列表下的小方块，弹出"线宽"对话框，如图 1.24 所示。用户可以根据不同的需要使用不同的线宽为图层设置线宽。

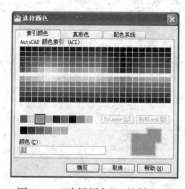

图 1.23 "选择颜色"对话框

图 1.24 "线宽"对话框

（五）"极轴追踪"、"对象捕捉"辅助绘图工具使用方法

（1）单击状态栏中的"极轴追踪"按钮（弹起为关闭，凹下去为打开），打开"极轴追踪"状态按钮。在绘图区可以方便地绘制水平直线和竖直直线，请读者体验"极轴"功能在绘图过程中的作用。

（2）单击状态栏中的"对象捕捉"按钮（弹起为关闭，凹下去为打开），打开"对象捕捉"状态按钮。在绘图区绘制几条相互连接或相交的图线，体验"对象捕捉"功能在绘图过程中的作用。

在 AutoCAD 2010 中，可右击"对象捕捉"状态按钮进行"对象捕捉"设置，在弹出的"草图设置"对话框中单击"对象捕捉"选项卡，如图 1.25 所示，在该选项卡中选中需要的对象捕捉模式，然后选中"启用对象捕捉"复选框即可。

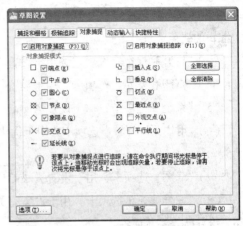

图 1.25 "对象捕捉"选项卡

在 AutoCAD 中，每一个图形对象上都有一些特殊的点，如端点、中点、交点、垂足和圆心等，如果只凭观察来拾取这些点，很难精确地拾取。AutoCAD 提供了一组对象捕捉工具，使用对象捕捉工具可以迅速、准确地捕捉到这些对象上的特殊点。

（六）绘图环境的设置

一般来讲，使用 AutoCAD 2010 的默认配置就可以绘制图形，但为了使用绘图仪、打印机等设备，或为了提高绘图效率，用户应对系统参数、绘图环境进行必要的设置。

1. 设置参数选项

如果用户需要对系统环境进行设置，以方便自己的绘图，可以选择"工具" | "选项"命令，用户也可通过在绘图区右击或单击"菜单浏览器"，在下拉菜单中选择"选项"按钮，在弹出的"选项"对话框中对系统环境进行设置，如图 1.26 所示。

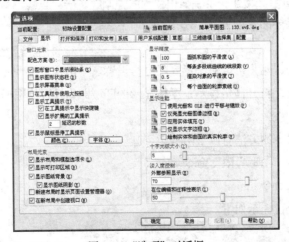

图 1.26 "选项"对话框

该对话框中有 10 个选项卡，各选项卡功能介绍如下。

（1）"文件"选项卡：用于设置支持文件、驱动程序、临时文件位置和临时外部参照文件的搜索路径。

（2）"显示"选项卡：用于对窗口元素、布局元素、显示精度、显示性能以及十字光标大小和参照编辑的褪色度进行设置。

（3）"打开和保存"选项卡：用于设置 AutoCAD 2010 中有关文件的打开和保存的选项。

（4）"打印和发布"选项卡：用于设置打印机和打印参数。

（5）"系统"选项卡：用于设置 AutoCAD 2010 的系统配置。

（6）"用户系统配置"选项卡：用于优化 AutoCAD 2010 的系统配置，使其在更好的状态下发挥功能。

（7）"草图"选项卡：用于设置 AutoCAD 的一些基本编辑选项，如自动捕捉与追踪等。

（8）"三维建模"选项卡：用于设置有关三维十字光标、UCS 图标、动态输入、三维对象显示和三维导航等系统属性。

（9）"选择集"选项卡：用于设置选择对象的方法，如靶框和夹点的大小以及颜色等。

（10）"配置"选项卡：用于控制配置的使用，配置包含了实现新建系统配置文件、重命名系统配置文件以及删除系统配置文件。

2. 设置图形单位

在 AutoCAD 2010 中，用户可以对绘图单位进行设置。选择"格式"｜"单位"命令，系统弹出"图形单位"对话框，如图 1.27 所示。

各选项功能介绍如下。

（1）"长度"选项组：用于设置绘图的长度单位和精度。

（2）"角度"选项组：用于设置绘图的角度单位类型和精度。

（3）"插入时的缩放单位"选项组：用于控制插入到当前图形中的块和图形的测量单位。

（4）"方向"按钮：单击此按钮，系统弹出"方向控制"对话框，该对话框用来确定角度的零度方向。

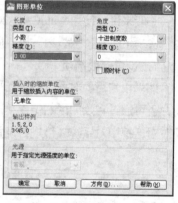

图 1.27　"图形单位"对话框

3. 设置图形界限

在 AutoCAD 2010 中，用户可以对图形界限进行设置。单击状态栏中的"栅格"按钮，打开栅格显示，栅格显示的区域即为设置的图形界限。设定绘图界限为 A4 图纸幅面大小。

执行设置图形界限命令的方法有以下两种。

（1）选择"格式"｜"图形界限"命令。

（2）在命令行中输入命令 limits。

执行此命令后，命令行提示如下。

```
命令: _limits
重新设置模型空间界限:（系统提示）
```

指定左下角点或 [开(ON)/关(OFF)] <0.0000,0.0000>：（指定图形界限的左下角点坐标，在屏幕上任指定一点）
确定左下角点后（系统提示）
指定右上角点 <297.0000,210.0000>：（指定图形界限的右上角点坐标）

执行以上操作后，需要在命令行中输入"Z（zoom）"命令，再选择"A（all）"选项，这样才会启用设置的绘图区域。

（七）直线绘图命令

直线是二维图形中最基本的图形对象之一，在 AutoCAD 2010 中，执行绘制直线命令的方法有以下 3 种。

（1）单击"绘图"工具栏中的"直线"按钮 。

（2）选择"绘图"菜单 | "直线"命令。

（3）在命令行中输入命令 line。

建议使用"绘图"工具栏中的"直线"按钮执行命令。单击"绘图"工具栏中的"直线"按钮 ，执行绘制直线命令，命令行提示如下。

命令：_line
指定第一点：在屏幕上任意指定一点或输入点坐标确定直线的起始点；屏幕继续提示：
　指定下一点或[放弃(U)]：在屏幕上任意指定第二点或输入点坐标；屏幕继续提示：（按 Enter 键结束命令绘制出一条直线）
　指定下一点或 [放弃(U)]：在屏幕上任意指定第三点或输入点坐标；屏幕继续提示：（按 Enter 键结束命令绘制出二条直线）
　指定下一点或 [闭合(C)/放弃(U)]：在屏幕上任意指定第四点或输入第四点坐标；屏幕继续提示：（按 Enter 键结束命令绘制出三条直线）……

执行[放弃(U)]选项（输入"U"按 Enter 键）表示放弃前一次操作，删除直线序列中最近绘制的线段，多次输入"U"按绘制次序的逆序逐个删除线段。

执行[闭合(C)]选项（输入"C"按 Enter 键）以第一条线段的起始点作为最后一条线段的端点，形成一个闭合的线段环。在绘制了一系列线段（两条或两条以上）之后，才可以使用"闭合"选项。

在"极轴追踪"状态下，执行绘制直线命令，水平或竖直移动鼠标，在"虚线"的指引下，输入具体数值后按 Enter 键，可直接得定长线段，但倾斜线段绘制不适用此种方法。

（八）AutoCAD 坐标系及坐标点输入方法

1. 坐标系

在绘图过程中常常需要使用某个坐标系作为参照，拾取点的位置，来精确定位某个对象。AutoCAD 提供的坐标系可以用来准确地设计并绘制图形。坐标（x, y）是表示点的最基本的方法。

在 AutoCAD 2010 中，坐标系分为世界坐标系（WCS）和用户坐标系（UCS），如图 1.28 和图 1.29

所示。这两种坐标系下都可以通过坐标（x，y）来精确定位点。

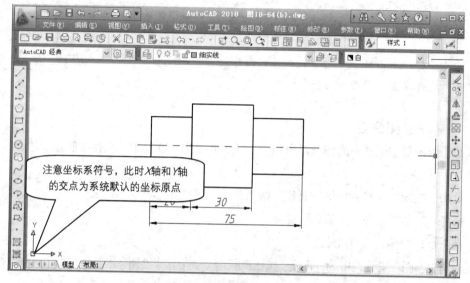

图 1.28　世界坐标系（WCS）

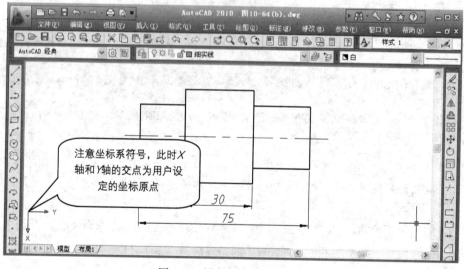

图 1.29　用户坐标系（UCS）

2. 点的确定方式

在 AutoCAD 2010 中，点的确定方法可通过鼠标拾取和坐标输入两种方式，而点的坐标输入可以使用绝对直角坐标、绝对极坐标、相对直角坐标和相对极坐标 4 种方法表示。具体点的确定方式有以下几种方法。

（1）移动鼠标选点，在屏幕上单击鼠标拾取所需点；

（2）坐标点的绝对直角坐标输入，格式为 "X，Y，Z"，X，Y 和 Z 中间用逗号隔开，如：（5，7，9）；表示当前点相对于世界坐标系原点的位置相对位移为（5，7，9）。

（3）输入点的相对直角坐标，格式为 "@X，Y，Z"，如：@（5，7，9）表示当前点相对于前一点的位置相对位移为（5，7，9）。

（4）输入点的绝对极坐标，格式为"距离＜角度"，如"10＜45"表示该点位置相对世界坐标系原点的距离为10，与世界坐标系原点连线相对水平线的夹角为45°。

（5）输入点的相对极坐标，格式为"@距离＜角度"，如"@10＜45"表示该点位置相对前一点的距离为10，与前一点连线相对水平线的夹角为45°。

三、项目实施

（1）启动 AutoCAD 2010，进入"AutoCAD 经典"工作空间，即建立一新图形文件，此时文件名 drawing1.dwg，为默认文件名。

（2）设置绘图环境。

① 设置图形界限，设定绘图区域的大小为 297×210，左下角点为坐标原点。

② "设置参数选项"和"设置图形单位"等参数设置采用默认值。

以上内容请用户参照"项目知识"有关内容自行完成操作。

（3）设置图层，新建粗实线图层，图层参数如表 1.1 所示。

表 1.1　　　　　　　　　　　　　　图层设置参数

图层名	颜色	线型	线宽	用途
CSX	红色	Continuous	0.50mm	粗实线

参考步骤如下。

① 单击【图层】工具栏中的"图层特性管理器"按钮。

执行该命令后，弹出"图层特性管理器"对话框，如图 1.30 所示，此时在"图层特性管理器"对话框中只有一默认名称为"0"的图层。

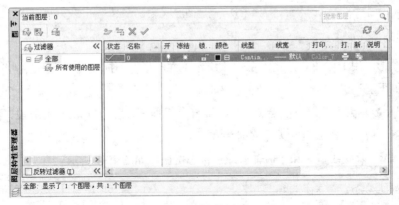

图 1.30　新建图层步骤一

② 单击对话框上方"新建图层"按钮，就可新建一新图层，且新图层继承"0"图层的特性，图层名称为"图层 1"，如图 1.31 所示。

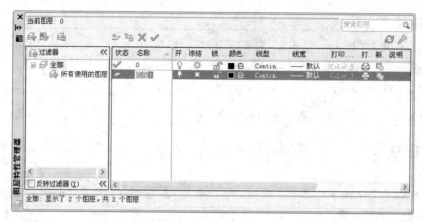

图 1.31 新建图层步骤二

③ 选中新建图层，此时蓝色滚动条在新建图层上。单击 图层1 ，将名称改为"CSX"，单击"颜色"下方 ■白 ，弹出"选择颜色"对话框，选择"红色"，单击"线宽"下方 —— 默认 ，弹出"线宽"对话框，选择"0.5mm"，结果如图 1.32 所示。

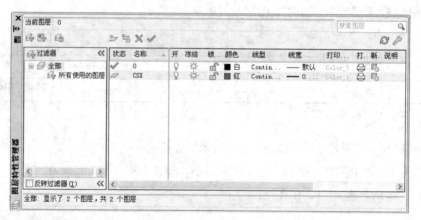

图 1.32 新建图层步骤三

④ 关闭"图层特性管理器"。

（4）绘制图形，用 1∶1 的比例绘制图 1.1 所示平面图形，不标注尺寸，不绘制图框与标题栏。参考步骤如下。

① 调整屏幕显示大小，以方便绘图，可在屏幕上任画一长度为 10mm 的线段，滚动滚轮使所画线段显示长度与视觉目测长度相差不多时为宜。

② 打开"显示/隐藏线宽"和"极轴追踪"状态按钮，如图 1.33 所示。

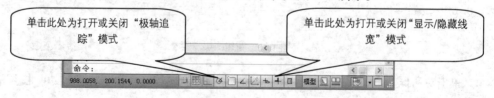

图 1.33

③ 单击【绘图】工具栏中的"直线"按钮，执行绘制直线命令，命令行提示如下。

命令：_line 指定第一点：输入 "100,70"（输入 A 点坐标），按 Enter 键。
指定下一点或 [放弃(U)]：输入 "@80,0"（输入 B 点坐标），按 Enter 键。
指定下一点或 [放弃(U)]：输入 "@0,50"（输入 C 点坐标），按 Enter 键。
指定下一点或 [闭合(C)/放弃(U)]：输入 "@-30,0"（输入 D 点坐标）。
指定下一点或 [闭合(C)/放弃(U)]：输入 "c" 后按 Enter 键结束命令。

结果如图 1.34 所示。

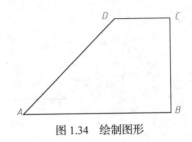

图 1.34　绘制图形

（5）保存文件，根据用户图形管理要求指定存储位置，文件名为 "图 1.1.dwg"

用户可分别采用绝对坐标输入、极坐标输入方式完成此图，也可混合使用各种方法。但相比较而言以下方法最为简捷，即在极轴追踪状态下，输入 "100,70" 按 Enter 键（确定 A 点坐标）后，向右移动鼠标，此时将出现一条水平"虚线"（追踪线），直接用键盘输入 "80" 后 Enter，便绘制出一条长度为 80mm 的水平线段，过程如图 1.35 所示。同理将鼠标向上移动，此时将出现一条竖直"虚线"，直接用键盘输入 "50" 后 Enter，便绘制出一条长度为 50mm 的水平线段，依此方法可完成 CD 线段。

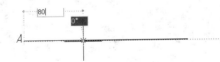

图 1.35　AB 线的绘制

值得提醒的是，鼠标所在位置点相对于起点的方向即为正方向，如在数值前加一 "−" 号，所绘线段的方向与鼠标所在位置点相对于起点的方向相反。

四、检测练习

按 1：1 比例绘制图 1.36 所示的图形（不标注尺寸）。

中心线图层名称为 "ZXX"，加载线型名称为 CENTER，线宽 0.5mm，颜色自定。

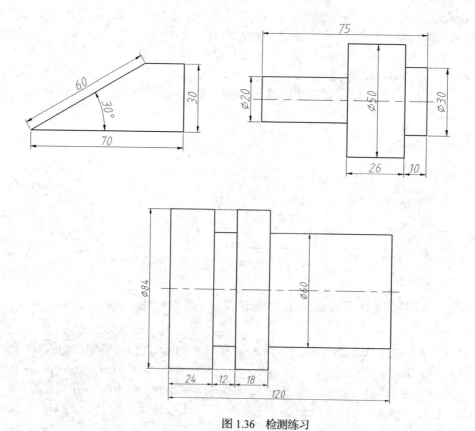

图 1.36　检测练习

五、提高练习

绘制图 1.37 所示的图形（不标注尺寸）。

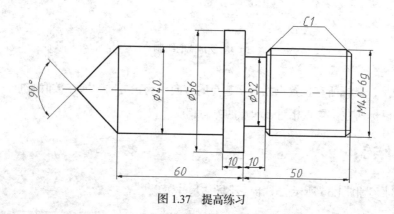

图 1.37　提高练习

项目二

直线和圆要素构成的平面图形绘制

【能力目标】

1. 能够综合应用删除、偏移、修剪和拉长修改命令编辑图形。
2. 能够综合应用图形对象的选择方法。
3. 能够综合应用直线、圆绘图命令和删除、偏移、修剪、拉长修改命令绘制编辑中等复杂程度的平面图形。

【知识目标】

1. 掌握圆绘图命令的操作方法与技巧。
2. 掌握常用图形对象的选择方法。
3. 掌握删除、偏移、修剪和拉长修改命令的操作方法与技巧。

一、项目导入

用 1:1 的比例绘制图 2.1 所示平面图形。要求：选择合适的线型，不绘制图框与标题栏，不标注尺寸。

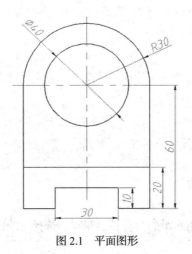

图 2.1　平面图形

二、项目知识

（一）圆绘图命令

在 AutoCAD 2010 中，单击"绘图"工具栏中的"圆"按钮 ⊙，或选择"绘图"｜"圆"菜单的子命令，即可执行绘制圆命令，如图 2.2 所示。

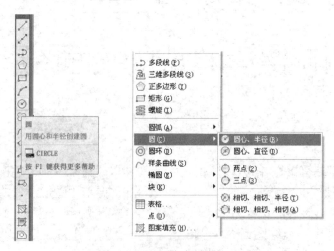

图 2.2　圆绘图命令执行方法

AutoCAD 2010 系统提供了 6 种绘制圆的方法，下面根据"绘图"｜"圆"菜单的子命令，分别进行介绍。

1. 圆心、半径法绘制圆

是指指定圆的圆心和半径来绘制圆，选择"绘图"｜"圆"｜"圆心、半径"命令，命令行提示如下。

命令：_circle 指定圆的圆心或 [三点(3P)/两点(2P)/相切、相切、半径(T)]：（指定圆的圆心）。
指定圆的半径或 [直径(D)] < 0.0000>：（输入圆的半径）按 Enter 键。

即得以圆心、半径法绘制的圆。

2. 圆心、直径法绘制圆

是指指定圆的圆心和直径来绘制圆，选择"绘图"｜"圆"｜"圆心、直径"命令，命令行提示如下。

命令：_circle 指定圆的圆心或 [三点(3P)/两点(2P)/相切、相切、半径(T)]：（指定圆的圆心）。
指定圆的半径或 [直径(D)]：输入"d"，按 Enter 键。
指定圆的直径：（输入圆的直径）按 Enter 键。

即得用圆心、直径法绘制的圆。

3. 两点法绘制圆

是指指定两个点，并以两点间的距离为直径绘制圆。选择"绘图"｜"圆"｜"两点"命令，命令行提示如下。

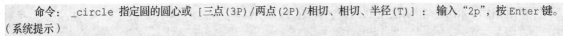

命令：_circle 指定圆的圆心或 [三点(3P)/两点(2P)/相切、相切、半径(T)]：输入"2p"，按 Enter 键。（系统提示）

指定圆直径的第一个端点：（指定第一个点）

指定圆直径的第二个端点：（指定第二个点）

即得用两点法绘制的圆。

4. 三点法绘制圆

是指在圆周上指定 3 个点来绘制圆。选择"绘图"｜"圆"｜"三点"命令，命令行提示如下。

命令：_circle 指定圆的圆心或 [三点(3P)/两点(2P)/相切、相切、半径(T)]：输入"3p"，按 Enter 键。（系统提示）

指定圆上的第一个点：（指定圆上的第一个点）

指定圆上的第二个点：（指定圆上的第二个点）

指定圆上的第三个点：（指定圆上的第三个点）

即得用三点法绘制的圆。

5. 相切、相切、半径法绘制圆

是指指定圆的两个切点和半径来绘制圆。选择"绘图"｜"圆"｜"相切、相切、半径"命令，命令行提示如下。

命令：_circle 指定圆的圆心或 [三点(3P)/两点(2P)/相切、相切、半径(T)]：输入"t"，按 Enter 键。（系统提示）

指定对象与圆的第一个切点：（指定第一个切点）

指定对象与圆的第二个切点：（指定第二个切点）

指定圆的半径 <0.0000>：（指定圆的半径）按 Enter 键。

即得相切、相切、半径法绘制的圆，如图 2.3 所示。

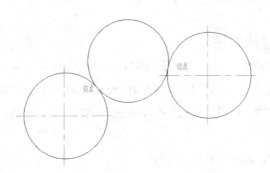

图 2.3　相切、相切、半径法绘制圆

6. 相切、相切、相切法绘制圆

是指指定圆周上的 3 个切点来绘制圆。选择"绘图"｜"圆"｜"相切、相切、相切"命令，命令行提示如下。

命令：_circle 指定圆的圆心或 [三点(3P)/两点(2P)/相切、相切、半径(T)]：输入"3p"按 Enter 键。（系统提示）

指定圆上的第一个点：_tan 到（指定第一个切点）

指定圆上的第二个点：_tan 到（指定第二个切点）

指定圆上的第三个点：_tan 到（指定第三个切点）

即得用相切、相切、相切法绘制的圆，如图 2.4 所示。

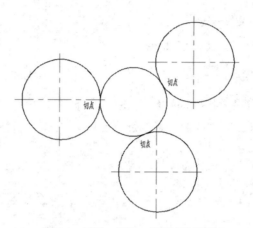

图 2.4　相切、相切、相切法绘制圆

（二）图形对象的选择方法

执行编辑对象命令后，系统通常会提示"选择对象"，这时光标会变成小方块形状，叫作拾取框，用户必须选中图形对象，然后才能对其进行编辑。在 AutoCAD 中，选择对象的方法有很多种，用户可以选择单个对象进行编辑，也可以选择多个对象进行编辑。被选中的对象边框显示为虚线（又称其为亮显）。

选择对象的方法有多种，常用的有以下几种。

1. 用鼠标拾取对象

执行编辑命令后，当命令行中出现"选择对象"提示时，绘图窗口中的十字光标就会变成一个小方框"口"，这个小方框就是拾取框。移动鼠标，当拾取框停留在要选择的对象上时，单击即可选中该对象。

2. 用矩形拾取窗口选择

在多个对象中，用户可以用拾取框选择自己需要的对象，但如果需要同时选中多个对象时，使用该方法就会显得非常慢，此时用户可以使用矩形拾取窗口来选择这些对象。当命令行提示"选择对象"时，用户在需要选中的多个对象的附近单击，然后拖动鼠标形成一个矩形框，该矩形框就是拾取窗口，当要选中的多个对象被该矩形窗口框住或与之相交时，再次单击即可将其选中。根据矩形窗口形成的方式，可以将矩形窗口分为以下两种。

（1）拖动鼠标从左到右形成矩形拾取窗口，则矩形拾取窗口以实线显示，表示被选择的对象只有全部被框在矩形拾取框内时才会被选中，如图 2.5 所示。

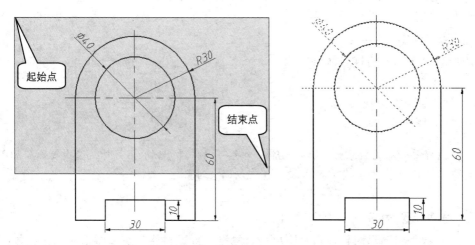

图 2.5　拖动鼠标从左到右形成矩形拾取窗口

（2）拖动鼠标从右到左形成矩形拾取窗口，则矩形拾取窗口以虚线显示，表示包含在矩形拾取窗口内的对象和与矩形拾取窗口相交的对象都会被选中，如图 2.6 所示。

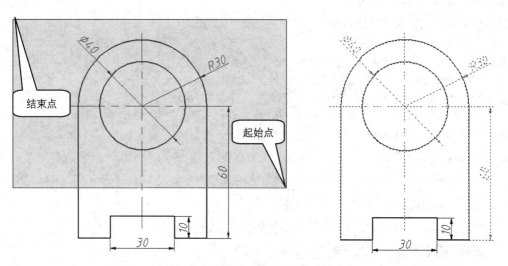

图 2.6　拖动鼠标从右到左形成矩形拾取窗口

说明　栏选（F）、全选（ALL）、上一个（P）、最后一个（L）、不规则窗口拾取方式（WP）和不规则交叉窗口拾取方式（CP）等方式选择对象在绘图中不常用，这里不再赘述。

（三）删除修改命令

在绘制与编辑图形时，有时绘制的图形不符合要求，需要将其删除重新绘制，就可以使用删除命令。在 AutoCAD 2010 中，执行删除命令的方法有以下 3 种。

（1）单击"修改"工具栏中的"删除"按钮 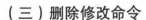。

（2）选择"修改" ｜ "删除"命令。

（3）在命令行中输入命令 erase。

执行删除命令后，命令行提示如下。

```
命令: _erase
选择对象:（选择要删除的对象）
选择对象:（按 Enter 键结束命令）
```

　　选择要删除的对象后，执行删除命令也可以将对象删除。另外，选中要删除的图形对象后，按键盘上的"Delete"键，也可以删除对象。

（四）偏移修改命令

偏移复制对象是将图形对象按指定距离平行复制，或通过指定点将图形对象平行复制。在 AutoCAD 2010 中，执行偏移命令的方法有以下 3 种。

（1）单击"修改"工具栏中的"偏移"按钮 。

（2）选择"修改" ｜ "偏移"命令。

（3）在命令行中输入命令 offset。

执行偏移命令后，命令行提示如下。

```
命令: _offset
当前设置: 删除源=否 图层=源 OFFSETGAPTYPE=0（系统提示）
指定偏移距离或 [通过(T)/删除(E)/图层(L)] <0.0000>:（输入偏移距离）
选择要偏移的对象, 或 [退出(E)/放弃(U)] <退出>:（选择要偏移的对象）
指定要偏移的那一侧上的点, 或 [退出(E)/多个(M)/放弃(U)] <退出>:（指定偏移的方向）
选择要偏移的对象, 或 [退出(E)/放弃(U)] <退出>:（按 Enter 键结束命令）
```

在 AutoCAD 中，使用偏移命令可以偏移的对象有直线段、射线、圆、圆弧、正多边形、椭圆、椭圆弧、多段线、样条曲线等。偏移圆、椭圆及多边形的结果与原对象类似，但又有所不同，具体表现如下。

（1）圆偏移后其圆心保持不变，但其半径发生了改变。

（2）椭圆偏移后，其焦点位置不变，但长短轴发生了改变。

（3）多边形偏移后其中心点不变，大小发生了改变。

（4）圆弧和椭圆弧偏移后，其圆心角和焦点不变，但是大小发生了改变。

　　在绘图过程中如绘制标题栏、轴类零件，图中定距平行线较多，在执行命令时可将平行线集中利用"偏移"命令执行，在执行过程中利用命令重复执行方式（按 Enter 键结束命令，再按 Enter 键重复执行命令）可较大程度上提高绘图速度。

（五）修剪修改命令

使用修剪命令可以精确地剪去图形对象中指定边界外的部分。在 AutoCAD 中，可修剪的对象包括直线、多段线、矩形、圆、圆弧、椭圆、椭圆弧、构造线、样条曲线、块、图纸空间的布局视口等，甚至三维对象也可以进行修剪。执行修剪命令的方法有以下 3 种。

（1）单击"修改"工具栏中的"修剪"按钮 ⊸。

（2）选择"修改"｜"修剪"命令。

（3）在命令行中输入命令 trim。

执行修剪命令后，命令行提示如下。

命令：_trim

当前设置：投影=UCS，边=无（系统提示）

选择剪切边...（系统提示）

选择对象或 <全部选择>:（选择作为剪切边的对象）

选择对象:（按 Enter 键结束对象选择）

选择要修剪的对象，或按住 Shift 键选择要延伸的对象，或[栏选(F)/窗交(C)/投影(P)/边(E)/删除(R)/放弃(U)]:（选择修剪对象）

选择要修剪的对象，或按住 Shift 键选择要延伸的对象，或[栏选(F)/窗交(C)/投影(P)/边(E)/删除(R)/放弃(U)]:（按 Enter 键结束对象选择）

提示　　执行"修剪"命令时第一次选择对象为"边界对象"，第二次选择对象为被修剪对象，鼠标单击位置将被修剪。

例如，绘制图 2.7 所示图形，然后修剪该图形，修剪结果如图 2.8 所示，即为常用的简化标题栏。

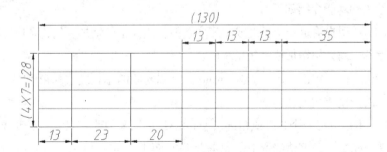

图 2.7　标题栏尺寸

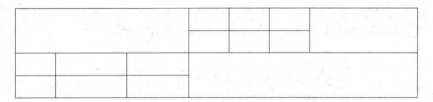

图 2.8　修剪标题栏

具体操作方法如下。

在绘图窗口中绘制两条长度为 28 和 130 相互垂直的直线，然后执行偏移命令，设置偏移距离为图 2.7 中所标尺寸，偏移绘制的直线，绘制图 2.7 所示图形。单击"修改"工具栏中的"修剪"按钮，命令行提示如下。

```
命令：_trim
当前设置：投影=UCS，边=无（系统提示）
选择剪切边...（选择作为剪切边的对象）
选择对象或 <全部选择>：（按 Enter 键选择所有对象互相作为剪切边）
选择要修剪的对象，或按住 Shift 键选择要延伸的对象，或[栏选(F)/窗交(C)/投影(P)/边(E)/删除(R)/放弃
(U)]：参照图 2.7 所示尺寸，修剪掉其他的边，结果如图 2.8 所示。
```

（六）拉长修改命令

拉长命令用于改变非闭合对象的长度或角度。在 AutoCAD 2010 中，执行拉长命令的方法有以下两种。

（1）选择"修改" | "拉长"命令。

（2）在命令行中输入命令 lengthen。

执行拉长命令后，命令行提示如下。

```
命令：_lengthen
选择对象或 [增量(DE)/百分数(P)/全部(T)/动态(DY)]：（选择要拉长的对象）
当前长度：40.0000（系统显示选中对象的长度）
选择对象或 [增量(DE)/百分数(P)/全部(T)/动态(DY)]：（选择拉长对象的方式）
输入长度百分数 <200.0000>：（输入百分数）
选择要修改的对象或 [放弃(U)]：（选择要拉长的对象）
选择要修改的对象或 [放弃(U)]：（按 Enter 键结束命令）
```

其中各命令选项的功能介绍如下。

（1）增量（DE）：用户给定一个长度或角度增量值，值为正则增加，值为负则缩短。对象总是从距离选择点最近的端点开始增加或缩短增量值。

（2）百分数（P）：用户给定一个百分数，AutoCAD 以对象的总长度或总角度乘以这个百分数得到的值来改变对象的长度或角度。

（3）全部（T）：用户给定一个长度或角度，AutoCAD 以当前值改变对象的长度或角度。此时长度值的取值范围是正整数，角度值的取值范围是大于 0°而小于 360°。

（4）动态（DY）：这种方法不用给定具体的值，只需要拖动鼠标就可以改变对象的长度或角度。

例如，使用拉长命令对图 2.9（a）所示图形，执行"拉长"→"百分数（P）"（输入长度百分数 <200.0000>）进行修改，效果如图 2.9（b）所示，具体操作方法如下。

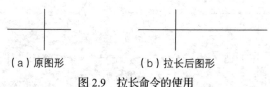

　　（a）原图形　　　　　（b）拉长后图形

图 2.9　拉长命令的使用

```
命令: _lengthen
选择对象或 [增量(DE)/百分数(P)/全部(T)/动态(DY)]:（选择要拉伸的对象）
当前长度: 40.0000（显示对象的长度）
选择对象或 [增量(DE)/百分数(P)/全部(T)/动态(DY)]:输入"p"（选择"百分数"命令选项）
输入长度百分数 <100.0000>:输入"200"（输入拉长百分比）
选择要修改的对象或 [放弃(U)]:（选择图2.9（a）所示图形中的水平线）
选择要修改的对象或 [放弃(U)]:（按Enter键结束命令）
```

拉长后的效果如图2.9（b）所示。

三、项目实施

（1）启动 AutoCAD 2010，进入"AutoCAD 经典"工作空间，建立一新无样板图形文件。

提示

为防止绘图过程中不可预见因素造成文件丢失，建议在建立一新无样板图形文件后即进行保存此空白文件，在绘图过程中每隔一段时间保存一次，文件名为"图2.1.dwg"。

（2）设置绘图环境，设置图形界限，设定绘图区域的大小为 297×210，左下角点为坐标原点。

（3）设置图层，设置粗实线和中心线两图层，图层参数建议如表2.1所示。

表2.1　　　　　　　　　　　图层设置参数

图层名	颜色	线型	线宽	用途
CSX	红色	Continuous	0.50mm	粗实线
ZXX	绿色	Center	0.25mm	中心线

（4）绘制图形，用 1∶1 的比例绘制图2.1所示平面图形。要求：选择合适的线型，不绘制图框与标题栏，不标注尺寸。

参考步骤如下。

① 调整屏幕显示大小，以方便绘图，可在屏幕上任画一长度为 10mm 的线段，滚动滚轮使所画线段显示长度与视觉目测长度相差不多时为宜。

② 打开"显示/隐藏线宽"、"对象捕捉"和"极轴追踪"状态按钮，如图2.10所示。

图2.10　打开状态按钮

③ 通过"图层"工具栏，将"CSX"层设置为当前层，单击"绘图"工具栏中的"直线"按钮，执行"直线"命令，完成图2.11所示正方形。

④ 单击"修改"工具栏中的"偏移"按钮，执行"偏移"命令，命令行提示如下。

命令：_offset

当前设置：删除源=否 图层=源 OFFSETGAPTYPE=0（系统提示）

指定偏移距离或 [通过(T)/删除(E)/图层(L)] <0.0000>：（输入偏移距离）输入偏移距离"20"。

选择要偏移的对象，或 [退出(E)/放弃(U)] <退出>：（选择要偏移的对象）选择正方形下边 AB。

指定要偏移的那一侧上的点，或 [退出(E)/多个(M)/放弃(U)] <退出>：（指定偏移的方向）指向正方形下边 AB 上方，即得偏移距离为 20 的一平行线 KL。

相同方法输入偏移距离"10"和"15"，得另三条平行线 IJ、EF 和 GH，结果如图 2.12 所示。

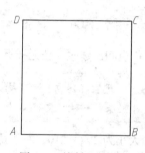

图 2.11 绘制正方形

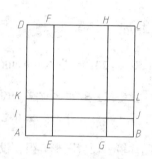

图 2.12 偏移平行线

⑤ 单击"修改"工具栏中的"修剪"按钮，命令行提示如下。

命令：_trim

当前设置：投影=UCS，边=无（系统提示）

选择剪切边...（选择作为剪切边的对象）

选择对象或 <全部选择>：（按 Enter 键选择所有对象互相作为剪切边）

选择要修剪的对象，或按住 Shift 键选择要延伸的对象，或[栏选（F）/窗交（C）/投影（P）/边（E）/删除（R）/放弃（U）]：分别用鼠标单击线段 IJ 左右两端位置、线段 EF 和 GH 位于 IJ 和 KL 中间位置、线段 EG 中间位置。

修改结果如图 2.13 所示。

⑥ 单击"修改"工具栏中的"删除"按钮,执行"删除"命令后，命令行提示如下。

命令：_erase

选择对象：（选择要删除的对象）用鼠标分别拾取 MF 和 NH 两线段。

选择对象：（按 Enter 键结束命令）删除多余的独立 MF 和 NH 线段。

修改结果如图 2.14 所示。

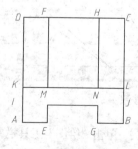

图 2.13 修剪图形

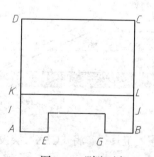

图 2.14 删除对象

⑦ 通过"图层"工具栏，将"XSX"层设置为当前层，单击"修改"工具栏中的"直线"按钮，执行"直线"命令，捕捉线段 CD 中点［见图 2.15（a）］，向下移动鼠标，在"虚线"的指引下确定一合适点，完成图 2.15（b）所示竖直中心线。

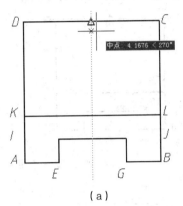
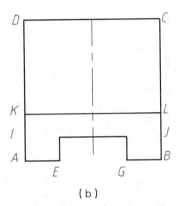

（a）　　　　　　　　　　　　　（b）

图 2.15　做中心线

⑧ 选择"修改"｜"拉长"命令，执行拉长命令后，命令行提示如下。

命令：_lengthen

选择对象或［增量(DE)/百分数(P)/全部(T)/动态(DY)］：选择要拉长的对象。

当前长度：57.0827（系统显示选中对象的长度）

选择对象或［增量(DE)/百分数(P)/全部(T)/动态(DY)］：（选择拉长对象的方式）输入"P"按 Enter 键。

输入长度百分数 <100.0000>：（输入百分数）输入"170"。

选择要修改的对象或［放弃(U)］：（选择要拉长的对象）用鼠标单击中心线上半部分任一位置。

再次选择"修改"｜"拉长"命令，执行拉长命令后，命令行提示如下。

命令：_lengthen

选择对象或［增量(DE)/百分数(P)/全部(T)/动态(DY)］：选择要拉长的对象 DC。

当前长度：60.0000（系统显示选中对象的长度）

选择对象或［增量(DE)/百分数(P)/全部(T)/动态(DY)］：（选择拉长对象的方式）输入"DE"按 Enter 键。

输入长度增量或［角度(A)］<0.0000>：（输入长度增量）输入"5"。

选择要修改的对象或［放弃(U)］：（选择要拉长的对象）用鼠标分别单击线段 DC 左右两端任一位置。

修改结果如图 2.16 所示。

⑨ 选择线段 DC，单击"图层"工具栏，选择"ZXX"图层，将线段 DC 改为中心线，如图 2.17 所示。

⑩ 单击"绘图"工具栏"圆"按钮，执行"圆"命令后，命令行提示如下。

命令：_circle 指定圆的圆心或［三点(3P)/两点(2P)/相切、相切、半径(T)］：捕捉两中心线交点 O 为圆心。

指定圆的半径或［直径(D)］<41>：（输入圆的半径）输入"15"按 Enter 键，绘制出直径为 φ30 的圆。

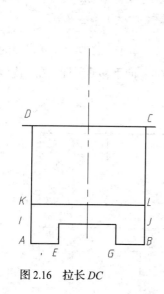

图 2.16   拉长 DC

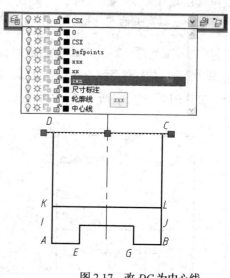

图 2.17   改 DC 为中心线

用相同的方法完成直径为 $\phi60$ 的圆，结果如图 2.18 所示。

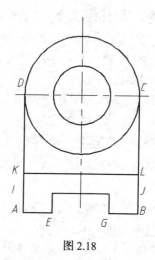

图 2.18

再次执行"删除"命令后，选择线段 DC 作为剪切边的对象，选择直径为 $\phi60$ 圆位于线段 DC 下边任一位置作为剪切的对象，完成全图，结果如图 2.1 所示。

（5）保存此文件。

四、检测练习

1. 按 1：1 比例绘制图 2.19 所示的图形（不标注尺寸）。

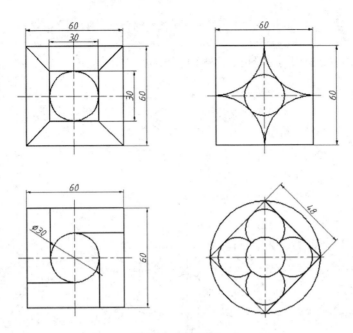

图 2.19　检测练习一

2. 按 1∶1 比例绘制图 2.20 所示的图形（不标注尺寸）。

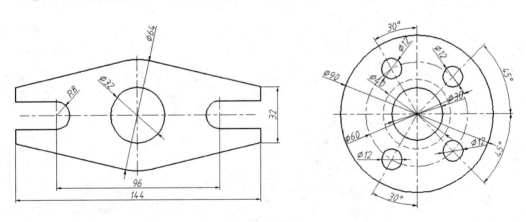

图 2.20　检测练习二

 绘制切线时为精确获得切点，需调用"捕捉到切点"命令，具体方法如下。

方法一：调出"对象捕捉"工具栏，在绘制直线需指定切点时，单击"捕捉到切点"按钮，在指示符号指引下确定一点，该点即为切点。

方法二：在绘制直线需指定切点时，单击右键，在下拉菜单中选择"捕捉代替"|"捕捉到切点"按钮，在指示符号指引下确定一点，该点即为切点。

五、提高练习

按 1：1 比例绘制图 2.21 所示的图形（不标注尺寸）。

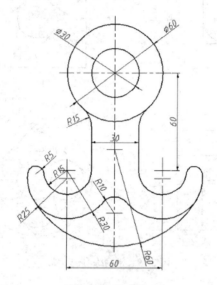

图 2.21　提高练习

Chapter 3

项目三

| 多要素构成的平面图形绘制 |

【能力目标】

1. 能够运用圆弧、矩形、多边形和椭圆绘图命令绘制图形。
2. 能够简单运用圆环、多段线和椭圆弧绘图命令绘制图形。
3. 能够运用复制和分解修改命令编辑图形。
4. 能够运用直线、圆、圆弧、矩形、多边形和椭圆绘图命令和偏移、复制、分解等修改命令绘制多要素构成的平面图形。

【知识目标】

1. 掌握圆弧、矩形、多边形和椭圆绘图命令的操作方法和技巧。
2. 了解圆环、多段线和椭圆弧绘图命令的操作方法。
3. 掌握复制和分解修改命令的操作方法和技巧。

一、项目导入

用 1:1 的比例绘制图 3.1 所示平面图形。要求：选择合适的线型，不标注尺寸，不绘制图框与标题栏。

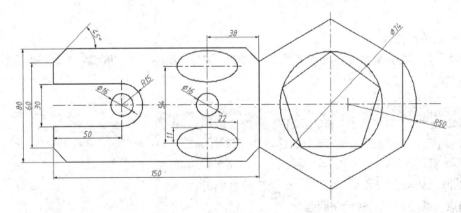

图 3.1　平面图形

二、项目知识

（一）圆弧绘图命令

在 AutoCAD 2010 中，单击"绘图"工具栏中的"圆弧"按钮 ，或选择"绘图"｜"圆弧"菜单中的子命令，即可执行绘制圆弧命令，系统提供了 11 种绘制圆弧的方法，下面以"圆弧"菜单中的子命令分别进行介绍，如图 3.2 所示。

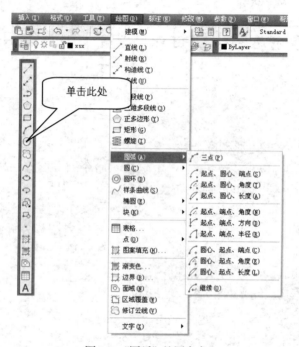

图 3.2　"圆弧"绘图命令

 绘制圆弧也可通过"绘图"工具栏执行命令，由于多次执行选项，速度较慢，建议用户采用"绘图"菜单执行"圆弧"命令。

1．三点法绘制圆弧

"三点法"是指指定圆弧上的 3 个点来绘制圆弧。选择"绘图"｜"圆弧"｜"三点"命令，命令行提示如下。

```
命令：_arc
指定圆弧的起点或 [圆心(C)]：（指定圆弧上的第一个点）
指定圆弧的第二个点或 [圆心(C)/端点(E)]：（指定圆弧上的第二个点）
指定圆弧的端点：（指定圆弧上的第三个点）
```

绘制的圆弧如图 3.3 所示。

2．起点、圆心、端点法绘制圆弧

"起点、圆心、端点法"是指指定圆弧的起点、圆心、端点来绘制圆弧。选择"绘图"｜"圆弧"｜

"起点、圆心、端点"命令，命令行提示如下。

> 命令:_arc
> 指定圆弧的起点或 [圆心(C)]:（指定圆弧的起点）
> 指定圆弧的第二个点或 [圆心(C)/端点(E)]:输入"c"，指定圆弧的圆心。
> 指定圆弧的端点或 [角度(A)/弦长(L)]:（指定圆弧的端点）

绘制的圆弧如图 3.4 所示。

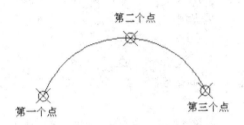

图 3.3　三点法绘制圆弧

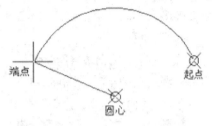

图 3.4　起点、圆心、端点法绘制圆弧

3. 起点、圆心、角度法绘制圆弧

"起点、圆心、角度法"是指指定圆弧的起点、圆心、角度来绘制圆弧。选择"绘图"│"圆弧"│"起点、圆心、角度"命令，命令行提示如下。

> 命令:_arc
> 指定圆弧的起点或 [圆心(C)]:（指定圆弧的起点）
> 指定圆弧的第二个点或[圆心(C)/端点(E)]:输入"c"，指定圆弧的圆心。
> 指定圆弧的端点或[角度(A)/弦长(L)]:输入"a"，指定包含角。

绘制的圆弧如图 3.5 所示。

4. 起点、圆心、长度法绘制圆弧

"起点、圆心、长度法"是指指定圆弧的起点、圆心、长度来绘制圆弧。选择"绘图"│"圆弧"│"起点、圆心、长度"命令，命令行提示如下。

> 命令:_arc
> 指定圆弧的起点或[圆心(C)]:（指定圆弧的起点）
> 指定圆弧的第二个点或[圆心(C)/端点(E)]:输入"c"，指定圆弧的圆心。
> 指定圆弧的端点或[角度(A)/弦长(L)]:输入"l"，指定弧长。

绘制的圆弧如图 3.6 所示。

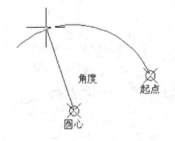

图 3.5　起点、圆心、角度法绘制圆弧

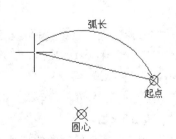

图 3.6　起点、圆心、长度法绘制圆弧

5. 起点、端点、角度法绘制圆弧

"起点"、端点、角度法是指指定圆弧的起点、端点、角度来绘制圆弧。选择"绘图"|"圆弧"|"起点、端点、角度"命令，命令行提示如下。

> 命令：_arc
>
> 指定圆弧的起点或[圆心(C)]：（指定圆弧的起点）
>
> 指定圆弧的第二个点或 [圆心(C)/端点(E)]：输入"e"（系统提示）
>
> 指定圆弧的端点：（指定圆弧的端点）
>
> 指定圆弧的圆心或[角度(A)/方向(D)/半径(R)]：输入"a"，指定包含角。

绘制的圆弧如图 3.7 所示。

6. 起点、端点、方向法绘制圆弧

"起点、端点、方向法"是指指定圆弧的起点、端点、方向来绘制圆弧。选择"绘图"|"圆弧"|"起点、端点、方向"命令，命令行提示如下。

> 命令：_arc
>
> 指定圆弧的起点或[圆心(C)]：（指定圆弧的起点）
>
> 指定圆弧的第二个点或[圆心(C)/端点(E)]：输入"e"（系统提示）
>
> 指定圆弧的端点：（指定圆弧的端点）
>
> 指定圆弧的圆心或[角度(A)/方向(D)/半径(R)]：输入"d"，指定圆弧的起点切向。

绘制的圆弧如图 3.8 所示。

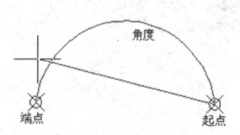 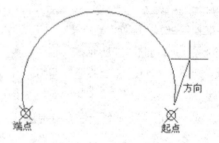

图 3.7　起点、端点、角度法绘制圆弧　　　　图 3.8　起点、端点、方向法绘制圆弧

7. 起点、端点、半径法绘制圆弧

"起点、端点、半径法"是指指定圆弧的起点、端点、半径来绘制圆弧。选择"绘图"|"圆弧"|"起点、端点、半径"命令，命令行提示如下。

> 命令：_arc
>
> 指定圆弧的起点或[圆心(C)]：（指定圆弧的起点）
>
> 指定圆弧的第二个点或 [圆心(C)/端点(E)]：输入"e"（系统提示）
>
> 指定圆弧的端点：（指定圆弧的端点）
>
> 指定圆弧的圆心或[角度(A)/方向(D)/半径(R)]：输入"r"，指定圆弧的半径。

绘制的圆弧如图 3.9 所示。

8. 圆心、起点、端点法绘制圆弧

"圆心、起点、端点法"是指指定圆弧的圆心、起点、端点来绘制圆弧。选择"绘图"|"圆弧"|

"圆心、起点、端点"命令，命令行提示如下。

> 命令：_arc
> 指定圆弧的起点或[圆心(C)]:输入"c"，指定圆弧的圆心。
> 指定圆弧的起点:（指定圆弧的起点）
> 指定圆弧的端点或[角度(A)/弦长(L)]:（指定圆弧的端点）

绘制的圆弧如图 3.10 所示。

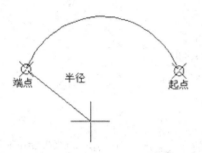

图 3.9　起点、端点、半径法绘制圆弧

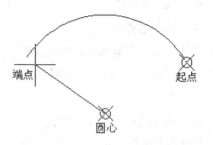

图 3.10　圆心、起点、端点法绘制圆弧

9. 圆心、起点、角度法绘制圆弧

"圆心、起点、角度法"是指指定圆弧的圆心、起点、角度来绘制圆弧。选择"绘图"｜"圆弧"｜"圆心、起点、角度"命令，命令行提示如下。

> 命令：_arc
> 指定圆弧的起点或[圆心(C)]:输入"c"，指定圆弧的圆心。
> 指定圆弧的起点:（指定圆弧的起点）
> 指定圆弧的端点或[角度(A)/弦长(L)]:输入"a"，指定包含角。

绘制的圆弧如图 3.11 所示。

10. 圆心、起点、长度法绘制圆弧

"圆心、起点、长度法"是指指定圆弧的圆心、起点、长度来绘制圆弧。选择"绘图"｜"圆弧"｜"圆心、起点、长度"命令，命令行提示如下。

> 命令：_arc
> 指定圆弧的起点或[圆心(C)]:输入"c"，指定圆弧的圆心。
> 指定圆弧的起点:（指定圆弧的起点）
> 指定圆弧的端点或[角度(A)/弦长(L)]:输入"l"，指定弦长。

绘制的圆弧如图 3.12 所示。

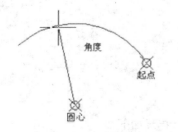

图 3.11　圆心、起点、角度法绘制圆弧

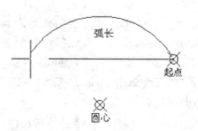

图 3.12　圆心、起点、长度法绘制圆弧

11. 继续法绘制圆弧

"继续法"是指以上一步操作的终点为起点绘制圆弧。选择"绘图"｜"圆弧"｜"继续"命令，命令行提示如下。

```
命令:_arc
指定圆弧的起点或[圆心(C)]:（指定圆弧的起点）
指定圆弧的端点:（指定圆弧的端点）
```

绘制的圆弧如图 3.13 所示。

（二）圆环绘图命令

圆环可以认为是具有填充效果的环或实体填充的圆，即带有宽度的闭合多段线。执行绘制圆环命令的方法有以下两种。

（1）选择"绘图"｜"圆弧"命令。

（2）在命令行中输入命令 donut。

执行该命令后，命令行提示如下。

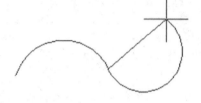

图 3.13　继续法绘制圆弧

```
命令:_donut
指定圆环的内径 <0.5000>:（输入圆环的内径）
指定圆环的外径 <1.0000>:（输入圆环的外径）
指定圆环的中心点或 <退出>:（指定圆环的中心点）
指定圆环的中心点或 <退出>:（按 Enter 键结束命令）
```

如果圆环的内径为 0，则绘制出的圆环是实心圆。用户还可以利用 fill 命令来控制圆环的填充性。图 3.14 所示圆环绘图过程如下。

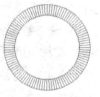

（a）普通圆环　　　　（b）实心圆环　　　　（c）无填充圆环

图 3.14　绘制圆环

1. 普通圆环绘制

选择"绘图"｜"圆弧"命令，执行该命令后，命令行提示如下。

```
命令:_donut
指定圆环的内径 <0.5000>:（输入圆环的内径）输入圆环的内径"30"。
指定圆环的外径 <1.0000>:（输入圆环的外径）输入圆环的外径"40"。
指定圆环的中心点或 <退出>:（指定圆环的中心点）单击鼠标拾取一点作为中心点。
指定圆环的中心点或 <退出>:按 Enter 键结束命令。
```

2. 实心圆环绘制

选择"绘图"｜"圆弧"命令，执行该命令后，命令行提示如下。

命令:_donut
指定圆环的内径 <30.0000>:（输入圆环的内径）输入圆环的内径"0"。
指定圆环的外径 <40.0000>:（输入圆环的外径）输入圆环的外径"40"或直接按 Enter 键。
指定圆环的中心点或 <退出>:（指定圆环的中心点）单击鼠标拾取一点作为中心点。
指定圆环的中心点或 <退出>:按 Enter 键结束命令。

3. 无填充圆环绘制

在命令行中输入 fill 命令后按 Enter 键，命令行提示如下。

输入模式[开(ON)/关(OFF)] <开>:输入"off"，按 Enter 键确认。

选择"绘图"｜"圆弧"命令，执行该命令后，命令行提示如下。

命令:_donut
指定圆环的内径 <0.0000>:（输入圆环的内径）输入圆环的内径"30"。
指定圆环的外径 <40.0000>:（输入圆环的外径）输入圆环的外径"40"。
指定圆环的中心点或 <退出>:（指定圆环的中心点）单击鼠标拾取一点作为中心点。
指定圆环的中心点或 <退出>:按 Enter 键结束命令。

（三）多段线绘图命令

多段线是由直线和圆弧连接而成的独立的线性对象。组成多段线的直线和圆弧可以是任意多个，但无论组成多段线的直线和圆弧有多少个，这条多段线始终被视为一个实体对象进行编辑。

在 AutoCAD 2010 中，执行绘制多段线命令的方法有以下 3 种。

（1）单击"绘图"工具栏中的"多段线"按钮 ⊸。

（2）选择"绘图"｜"多段线"命令。

（3）在命令行中输入命令 pline。

执行绘制多段线命令后，命令行提示如下。

命令:_pline
指定起点:（指定多段线的起点）
当前线宽为 0.0000（系统提示）
指定下一点或[圆弧(A)/半宽(H)/长度(L)/放弃(U)/宽度(W)]:（指定多段线的下一个端点）
指定下一点或[圆弧(A)/闭合(C)/半宽(H)/长度(L)/放弃(U)/宽度(W)]:（按 Enter 键结束命令）

其中各命令选项的功能介绍如下。

（1）圆弧（A）：选择此命令选项，将弧线段添加到多段线中。命令行提示如下。

指定圆弧的端点或[角度（A）/圆心（CE）/闭合（CL）/方向（D）/半宽（H）/直线（L）/半径（R）/第二个点（S）/放弃（U）/宽度（W）]:

其中各命令选项的功能介绍如下。

① 圆弧的端点。绘制弧线段。弧线段从多段线上一段的最后一点开始并与多段线相切。

② 角度（A）。指定弧线段从起点开始的包含角。输入正数将按逆时针方向创建弧线段，输入负数将按顺时针方向创建弧线段。

③ 圆心（CE）。指定弧线段的圆心。

④ 闭合（CL）。用弧线段将多段线闭合。

⑤ 方向（D）。指定弧线段的起始方向。

⑥ 半宽（H）。指定多段线线段的中心到其一边的宽度。

⑦ 直线（L）。退出"圆弧"选项并返回 PLINE 命令的初始提示。

⑧ 半径（R）。指定弧线段的半径。

⑨ 第二个点（S）。指定三点圆弧的第二点和端点。

⑩ 放弃（U）。删除最近一次添加到多段线上的弧线段。

⑪ 宽度（W）。指定下一弧线段的宽度。

（2）闭合（C）。绘制一条直线段（从当前位置到多段线起点）以闭合多段线。

（3）半宽（H）。指定具有宽度的多段线的线段中心到其一边的宽度。

（4）长度（L）。在与前一线段相同的角度方向上绘制指定长度的直线段。如果前一线段是圆弧，程序将绘制与该弧线段相切的新直线段。

（5）放弃（U）。删除最近一次添加到多段线上的直线段。

（6）宽度（W）。指定下一条直线段的宽度。起点宽度将成为默认的端点宽度。端点宽度在再次修改宽度之前将作为所有后续线段的统一宽度。宽线线段的起点和端点位于宽线的中心。

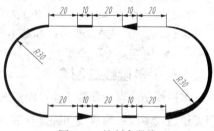

图 3.15　绘制多段线

图 3.15 所示多段线绘制过程如下。

单击"绘图"工具栏中的"多段线"按钮，执行绘制多段线命令，命令行提示如下。

```
命令:_pline
指定起点:（指定多段线的起点）任拾取一点。
当前线宽为 0.0000（系统提示）系统默认线宽为"0"。（系统提示）
指定下一点或[圆弧(A)/半宽(H)/长度(L)/放弃(U)/宽度(W)]:（指定多段线的下一个端点）系统默认为绘直线状态，水平移动鼠标输入"20"，按 Enter 键。
指定下一点或[圆弧(A)/闭合(C)/半宽(H)/长度(L)/放弃(U)/宽度(W)]:输入"W"按 Enter 键。（系统提示）
指定起点宽度 <0.0000>:（系统提示指定起点宽度）输入"4"。
指定端点宽度 <4.0000>:（系统提示指定端点宽度）输入"0"。（系统提示）
指定下一点或[圆弧(A)/半宽(H)/长度(L)/放弃(U)/宽度(W)]:（指定多段线的下一个端点）水平移动鼠标输入"10"，按 Enter 键。（系统提示）
指定下一点或[圆弧(A)/闭合(C)/半宽(H)/长度(L)/放弃(U)/宽度(W)]:输入"W"按 Enter 键。（系统提示）
指定起点宽度 <0.0000>:（系统提示指定起点宽度）输入"0"，按 Enter 键或直接按 Enter 键。（系统提示）
指定端点宽度 <0.0000>:（系统提示指定端点宽度）输入"0"，按 Enter 键或直接按 Enter 键。（系统提示）
指定下一点或[圆弧(A)/半宽(H)/长度(L)/放弃(U)/宽度(W)]:（指定多段线的下一个端点）水平移动鼠标输入"20"，按 Enter 键。（系统提示）
指定下一点或[圆弧(A)/闭合(C)/半宽(H)/长度(L)/放弃(U)/宽度(W)]:输入"W"，按 Enter 键。（系统提示）
指定起点宽度 <0.0000>:（系统提示指定起点宽度）输入"2"，按 Enter 键。（系统提示）
指定端点宽度 <2.0000>:（系统提示指定端点宽度）输入"2"，按 Enter 键或直接按 Enter 键。（系统提示）
指定下一点或[圆弧(A)/半宽(H)/长度(L)/放弃(U)/宽度(W)]:（指定多段线的下一个端点）水平移动鼠标输入"20"，按 Enter 键。（系统提示）
指定下一点或[圆弧(A)/半宽(H)/长度(L)/放弃(U)/宽度(W)]:（指定多段线的下一个端点），（系统提示）
```

指定下一点或 [圆弧(A)/闭合(C)/半宽(H)/长度(L)/放弃(U)/宽度(W)]：输入 "W"，按 Enter 键。（系统提示）

指定起点宽度 <0.0000>：（系统提示指定起点宽度）输入 "4"，按 Enter 键。（系统提示）

指定端点宽度 <4.0000>：（系统提示指定端点宽度）输入 "0"，按 Enter 键。（系统提示）

指定下一点或 [圆弧(A)/闭合(C)/半宽(H)/长度(L)/放弃(U)/宽度(W)]：输入 "A"，按 Enter 键，转入绘圆弧状态。（系统提示）

指定圆弧的端点或 [角度(A)/圆心(CE)/闭合(CL)/方向(D)/半宽(H)/直线(L)/半径(R)/第二个点(S)/放弃(U)/宽度(W)]：（系统提示指定包含角）输入 "A"，按 Enter 键。（系统提示）

指定包含角：输入 "180"。（系统提示）

指定圆弧的端点或 [圆心(CE)/半径(R)]：输入 "R"，按 Enter 键。（系统提示）

指定圆弧的半径：（系统提示指定圆弧的半径）输入 "30"，按 Enter 键。（系统提示）

指定圆弧的弦方向 <0>：（系统提示指定圆弧的弦方向）输入 "90"，按 Enter 键。（系统提示）

指定圆弧的端点或 [角度(A)/圆心(CE)/闭合(CL)/方向(D)/半宽(H)/直线(L)/半径(R)/第二个点(S)/放弃(U)/宽度(W)]：输入 "W"，按 Enter 键。（系统提示）

指定起点宽度 <0.0000>：（系统提示指定起点宽度）输入 "0"，按 Enter 键或直接按 Enter 键。（系统提示）

指定端点宽度 <0.0000>：（系统提示指定端点宽度）输入 "0"，按 Enter 键或直接按 Enter 键。（系统提示）

指定圆弧的端点或 [角度(A)/圆心(CE)/闭合(CL)/方向(D)/半宽(H)/直线(L)/半径(R)/第二个点(S)/放弃(U)/宽度(W)]：输入 "L"，按 Enter 键转入绘直线状态。……依此完成以下各段，绘制的图形如图 3.15 所示。

绘制多段线后，还可以利用多段线编辑命令对其进行编辑。选择 "修改" ｜ "对象" ｜ "多段线" 命令，或在命令行中输入命令 pedit，按 Enter 键。

（四）矩形绘图命令

矩形是绘制平面图形时最常用的图形之一。在 AutoCAD 2010 中，执行绘制矩形命令的方法有以下 3 种。

（1）单击 "绘图" 工具栏中的 "矩形" 按钮 ▫。

（2）选择 "绘图" ｜ "矩形" 命令。

（3）在命令行中输入命令 rectang。

执行绘制矩形命令后，命令行提示如下。

```
指定第一个角点或 [倒角(C)/标高(E)/圆角(F)/厚度(T)/宽度(W)]：（指定矩形的第一个角点）
指定另一个角点或 [面积(A)/尺寸(D)/旋转(R)]：（指定矩形的另一个角点）
```

其中各命令选项功能介绍如下。

（1）倒角（C）：选择该命令选项，设置矩形的倒角距离，命令行提示如下。

```
指定矩形的第一个倒角距离 <0.0000>：（输入第一个倒角距离）
指定矩形的第二个倒角距离 <0.0000>：（输入第二个倒角距离）
```

绘制的倒角矩形如图 3.16 所示。

（2）标高（E）：选择该命令选项，指定矩形的标高，命令行提示如下。

```
指定矩形的标高 <0.0000>：（输入矩形的标高）
```

标高是指当前图形相对于基准平面的高度。图形的标高在俯视图中无法显示，只有在侧视图或三维空间中才能观察到。

（3）圆角（F）：选择该命令选项，指定矩形的圆角半径，命令行提示如下。

```
指定矩形的圆角半径 <0.0000>：（输入矩形的圆角半径）
```

绘制的圆角矩形如图 3.17 所示。

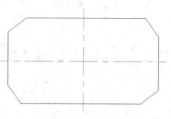

图 3.16 绘制倒角矩形

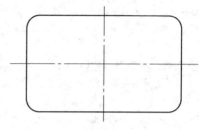

图 3.17 绘制圆角矩形

（4）厚度（T）：选择此命令选项，指定矩形的厚度，命令行提示如下。

> 指定矩形的厚度 <0.0000>：（输入矩形的厚度）

如果输入的厚度值为正数，则矩形将沿着 Z 轴正方向增长；如果输入的厚度值为负值，则矩形将沿着 Z 轴负方向增长。矩形的厚度只有在三维空间才能显示，如图 3.18 所示。

（5）宽度（W）：选择此命令选项，为绘制的矩形指定多段线的宽度，命令行提示如下。

> 指定矩形的线宽 <0.0000>：（输入矩形的线宽值）

绘制的具有宽度的矩形如图 3.19 所示。

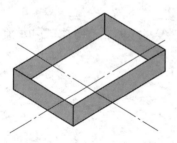

图 3.18 绘制具有厚度的矩形

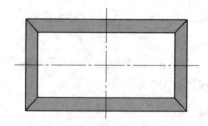

图 3.19 绘制具有宽度的矩形

（6）面积（A）：选择此命令选项，使用面积与长度或宽度创建矩形，命令行提示如下。

> 输入以当前单位计算的矩形面积<100.0000>：（输入矩形的面积）
> 计算矩形标注时依据[长度(L)/宽度(W)] <长度>：输入 "L"（选择计算矩形面积的依据）
> 输入矩形长度 <10.0000>：（输入矩形的长度）

（7）尺寸（D）：选择此命令选项，使用长和宽创建矩形，命令行提示如下。

> 指定矩形的长度 <10.0000>：（输入矩形的长度）
> 指定矩形的宽度 <10.0000>：（输入矩形的宽度）
> 指定另一个角点或[面积(A)/尺寸(D)/旋转(R)]：（指定矩形的另一个角点）

（8）旋转（R）：选择此命令选项，按指定的旋转角度创建矩形，命令行提示如下。

> 指定旋转角度或[拾取点(P)] <0>：（输入矩形旋转的角度）
> 指定另一个角点或[面积(A)/尺寸(D)/旋转(R)]：（指定矩形另一个角点的位置）

如果选择 "拾取点" 命令选项，则通过指定两个点来确定矩形的旋转角度。

绘制的旋转矩形效果如图 3.20 所示。

（五）正多边形绘图命令

在绘制平面图形时也会经常用到正多边形，在AutoCAD 2010

中，执行绘制正多边形命令的方法有以下3种。

（1）单击"绘图"工具栏中的"正多边形"按钮 ⬠。

（2）选择"绘图"|"正多边形"命令。

（3）在命令行中输入命令 polygon。

执行此命令后，命令行提示如下。

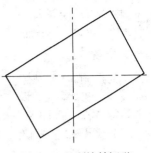

图3.20　绘制旋转矩形

命令：_polygon
输入边的数目 <4>：（输入正多边形的边数或按Enter键）
指定正多边形的中心点或[边(E)]：（指定正多边形的中心点或选择其他命令选项）
输入选项 [内接于圆(I)/外切于圆(C)] <I>：输入"I"（选择绘制正多边形的方式）
指定圆的半径：（输入圆的半径）

其中各命令选项的功能介绍如下。

（1）边（E）：选择此命令选项，通过指定第一条边的端点来定义正多边形。命令行提示如下。

指定边的第一个端点：（指定正多边形边的第一个端点）
指定边的第二个端点：（指定正多边形边的第二个端点）

（2）内接于圆（I）：选择此命令选项，指定外接圆的半径，正多边形的所有顶点都在此圆周上。命令行提示如下。

指定圆的半径：（输入圆的半径）

图3.21所示为内接圆法绘制正多边形。

（3）外切于圆（C）：选择此命令选项，指定从正多边形中心点到各边中点的距离。命令行提示如下。

指定圆的半径：（输入圆的半径）

图3.22所示为外切圆法绘制正多边形。

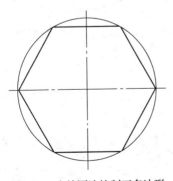

图3.21　内接圆法绘制正多边形

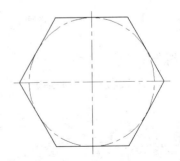

图3.22　外切圆法绘制正多边形

（六）椭圆绘图命令

椭圆是圆类图形中的重要对象。单击"绘图"工具栏中的"椭圆"按钮 ⬭，或选择"绘图"|"椭圆"菜单子命令，即可绘制椭圆和椭圆弧。绘制椭圆的方法有两种，下面根据"椭圆"菜单子命令分别介绍。

1. 中心点法绘制椭圆

选择"绘图" | "椭圆" | "中心点"命令，命令行提示如下。

命令:_ellipse
指定椭圆的轴端点或 [圆弧(A)/中心点(C)]：输入"c"（系统提示）
指定椭圆的中心点：（指定椭圆的中心点）
指定轴的端点：（指定椭圆一条轴的端点）
指定另一条半轴长度或 [旋转(R)]：（指定另一条半轴的长度）

在绘制椭圆的过程中，如果选择"旋转(R)"命令选项，则绘制的椭圆是经过椭圆长轴两个端点的圆绕这个长轴旋转后得到的投影。选择此命令选项后，命令行提示如下。

指定绕长轴旋转的角度：（输入旋转的角度，按 Enter 键结束命令）

中心点法绘制的椭圆如图 3.23 所示

2. 轴、端点法绘制椭圆

选择"绘图" | "椭圆" | "轴、端点"命令，命令行提示如下。

命令:_ellipse
指定椭圆的轴端点或 [圆弧(A)/中心点(C)]：（指定椭圆轴的一个端点）
指定轴的另一个端点：（指定椭圆轴的另一个端点）
指定另一条半轴长度或 [旋转(R)]：（输入椭圆另一条半轴的长度）

轴、端点法绘制的椭圆如图 3.24 所示。

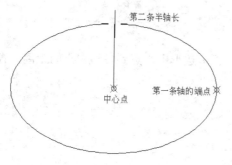

图 3.23　中心点法绘制椭圆

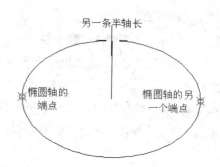

图 3.24　轴、端点法绘制椭圆

（七）椭圆弧绘图命令

单击"绘图"工具栏中的"椭圆弧"按钮，或选择"绘图" | "椭圆" | "圆弧"命令，命令行提示如下。

命令:_ellipse
指定椭圆的轴端点或 [圆弧(A)/中心点(C)]：输入"a"
指定椭圆弧的轴端点或 [中心点(C)]：（指定椭圆轴的端点）
指定轴的另一个端点：（指定椭圆轴的另一个端点）
指定另一条半轴长度或 [旋转(R)]：（指定椭圆另一个轴的端点）
指定起始角度或 [参数(P)]：（指定椭圆弧的起点）
指定终止角度或 [参数(P)/包含角度(I)]：（指定椭圆弧的端点）

绘制椭圆弧如图 3.25 所示。

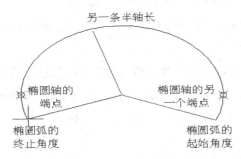

图 3.25　绘制椭圆弧

说明　　通过执行"椭圆"命令中圆弧(A)选项也可绘制椭圆弧，请用户可自行体验具体操作过程。

（八）复制修改命令

在绘制与编辑图形时，经常需要绘制一些完全相同的图形，可以利用复制命令简化操作。在 AutoCAD 2010 中，执行复制命令的方法有以下 3 种。

（1）单击"修改"工具栏中的"复制"按钮　。

（2）选择"修改"|"复制"命令。

（3）在命令行中输入命令 copy 或 co。

执行复制命令后，命令行提示如下。

命令:_copy
选择对象:（选择要复制的对象）
选择对象:（按 Enter 键结束对象选择）
指定基点或 [位移(D)] <位移>:（指定基点或位移）
指定第二个点或 <使用第一个点作为位移>:（指定将对象复制到的位置）
指定第二个点或 [退出(E)/放弃(U)] <退出>:（按 Enter 键结束命令）

例如，复制图 3.26 所示图形中的圆，绘制出图 3.27 所示图形，具体操作方法如下。

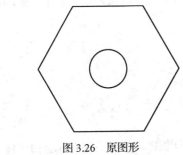

图 3.26　原图形

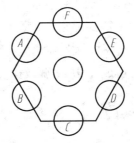

图 3.27　执行"复制"命令后图形

（1）单击"修改"工具栏中的"复制"按钮　，执行复制命令。

（2）用拾取框选择图 3.26 所示的圆，按 Enter 键。

（3）捕捉图 3.26 所示小圆的圆心作为基点。

（4）依次捕捉如图 3.27 所示图形中的中点 A，B，C，D，E 和 F，单击指定目标位置。

（九）分解修改命令

在绘制与编辑图形时，经常需要将多段线、标注、图案填充或块参照复合对象转变为单个的元素进行编辑，这时可利用"分解"命令进行操作，例如，分解多段线将其分为简单的线段和圆弧，分解尺寸标注为直线和箭头。在 AutoCAD 2010 中，执行"分解"命令的方法有以下 3 种。

（1）单击"修改"工具栏中的"分解"按钮 。

（2）选择"修改" | "分解"命令。

（3）在命令行中输入命令 explode。

执行"分解"命令后，命令行提示如下。

```
命令：_explode
选择对象：（选择要分解的对象）选择要分解的对象。（命令行提示）
选择对象：找到 1 个对象（继续选择对象）选择结束按 Enter 键确认，命令结束。
```

"分解"命令只是将复合对象转化为单一要素构成的对象，不改变要素的位置，因此对于大多数对象，分解的效果并不是看得见的。

单一的图形对象不能被分解，如直线、圆、圆弧、椭圆、椭圆弧等，只有复合的图形才能被分解，如矩形和多边形等。选择的对象不同，分解的结果也不同，下面列出了几种对象的分解结果。

（1）块：如果选中的块为嵌套块，则第一次分解将把单独的图形与嵌套块从该块中分解出来，然后把它们再分解成多个对象。

（2）二维多段线：分解后会丢失所有的宽度和切线方向信息。

（3）宽多段线：沿原多段线的中心线放置分解出来的直线段或弧，并丢失所有的宽度和切线方向信息。

（4）三维多段线：分解成直线段。该三维多段线的任何线型将被应用于各个产生的对象。

（5）复合线：分解成直线段和弧。

（6）多文本：分解成单文本实体。

（7）区域：分解成直线段、弧或样条曲线。

三、项目实施

（1）进入"AutoCAD 经典"工作空间，建立一新无样板图形文件，保存此空白文件，文件名为"图 3.1.dwg"，注意在绘图过程中每隔一段时间保存一次。

（2）设置绘图环境，设置图形界限，设定绘图区域的大小为 297×210，左下角点为坐标原点（此步骤现可省略）。

（3）设置图层，设置粗实线和中心线两图层，图层参数如表3.1所示。

表 3.1　　　　　　　　　　　　　图层设置参数

图层名	颜色	线型	线宽	用途
CSX	红色	Continuous	0.50mm	粗实线
ZXX	绿色	Center	0.25mm	中心线

（4）绘制图形，用1∶1的比例绘制图3.1所示平面图形。要求：选择合适的线型，不绘制图框与标题栏，不标注尺寸。

参考步骤如下。

① 调整屏幕显示大小，打开"显示/隐藏线宽"、"对象捕捉"和 "极轴追踪"状态按钮。

② 将"CSX"层设置为当前层，单击"绘图"工具栏中的"矩形"按钮，执行"矩形"命令，命令行提示如下。

指定第一个角点或 [倒角(C)/标高(E)/圆角(F)/厚度(T)/宽度(W)]:（设置矩形的倒角距离）输入"C"后按 Enter 键。（命令行提示）

指定矩形的第一个倒角距离 <0.0000>:（输入第一个倒角距离）输入"10"，按 Enter 键。（命令行提示）

指定矩形的第二个倒角距离 <10.0000>:（输入第二个倒角距离）输入"10"，按 Enter 键或直接按 Enter 键。（命令行提示）

指定第一个角点或 [倒角(C)/标高(E)/圆角(F)/厚度(T)/宽度(W)]:（指定矩形的第一个角点）在合适的位置单击确定矩形一角点。（命令行提示）

指定另一个角点或 [面积(A)/尺寸(D)/旋转(R)]:（使用长和宽创建矩形）输入"D"后按 Enter 键。（命令行提示）

指定矩形的长度 <10.0000>:（输入矩形的长度）输入"150"，按 Enter 键。（命令行提示）

指定矩形的宽度 <10.0000>:（输入矩形的宽度）输入"80"，按 Enter 键。（命令行提示）

指定另一个角点或[面积(A)/尺寸(D)/旋转(R)]:（指定矩形的另一个角点确定矩形方向）在要求的方向单击确定矩形方向。

绘制结果如图3.28所示。

③ 单击"修改"工具栏中的"分解"按钮，执行"分解"命令，命令行提示如下。

选择对象:（选择要分解的对象）选择矩形作为分解的对象。（命令行提示）

选择对象:找到1个对象（继续选择对象）选择结束按 Enter 键确认，命令结束。将复合对象矩形分解为由8个直线段构成的矩形。

④ 将"ZXX"图层设置为当前层，捕捉矩形左边中点画一长度约为"280"水平对称线（移动鼠标时注意屏幕显示数值，如图3.29所示）。

⑤ 将"CSX"层设置为当前层，执行"偏移"命令，分别将矩形左边以偏移距离50、右边以偏移距离38、中心线以偏移距离15和27进行偏移，偏移复制出图3.30所示 E、F、B、C、A、D 6条平行线。

图3.28　绘制矩形倒角

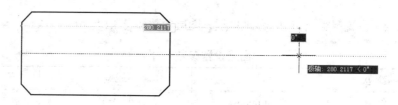

图 3.29　矩形分解

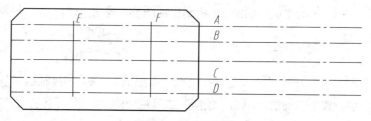

图 3.30　偏移平行线

⑥ 拾取 B 和 C 两条直线，单击图层工具栏下拉菜单选中 "CSX" 图层，改 B 和 C 两条直线为粗实线，相同方法改直线 E 和 F 两条直线为 "ZXX" 图层。执行 "修剪" 和 "拉长" 命令，按要求修剪和调整各直线，结果如图 3.31 所示。

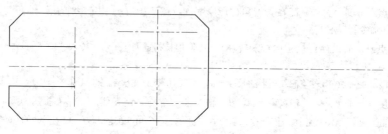

图 3.31　修剪和调整

说明

为得到合适的修剪长度，在执行 "修剪" 命令前需绘制必要的辅助线，如在修剪图 3.30 所示图中 A 直线，可绘制如图 3.32 所示图中 M 和 N 两条辅助线。

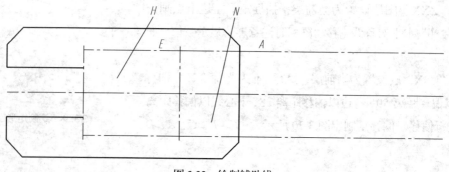

图 3.32　绘制辅助线

⑦ 执行"圆"命令，以交点 P 为圆心绘直径为 $\phi16$ 的圆，如图 3.33 所示。

单击"修改"工具栏中的"复制"按钮,执行 "复制"命令，命令行提示如下。

选择对象：（选择要复制的对象）选择直径为 $\phi16$ 的圆。（命令行提示）

选择对象：（按 Enter 键结束对象选择）按 Enter 键结束对象选择。（命令行提示）

指定基点或〔位移(D)〕<位移>：（指定基点或位移）拾取交点 P 点作为基点。（命令行提示）

指定第二个点或 <使用第一个点作为位移>：（指定将对象复制到的位置）拾取交点 R 点作为第二点。（命令行提示）

指定第二个点或〔退出(E)/放弃(U)〕<退出>：（按 Enter 键结束命令）按 Enter 键结束命令。完成两直径为 $\phi16$ 的圆。

⑧ 选择"绘图"|"圆弧"菜单中的"起点、圆心、端点"子命令，即可执行起点、端点、端点法画圆弧。执行命令后，命令行提示如下。

命令：_arc

指定圆弧的起点或〔圆心(C)〕：（指定圆弧的起点）拾取交点 2 点作为圆弧的起点。（命令行提示）

指定圆弧的第二个点或〔圆心(C)/端点(E)〕：输入"c"，指定圆弧的圆心（指定圆弧的圆心）拾取交点 P 点作为圆弧的圆心。（命令行提示）

指定圆弧的端点或〔角度(A)/弦长(L)〕：（指定圆弧的端点）拾取交点 1 点作为圆弧的端点。完成圆弧 12。

⑨ 单击"绘图"工具栏中的"椭圆"按钮，执行中心点法画椭圆。执行命令后，命令行提示如下。

命令：_ellipse

指定椭圆的轴端点或〔圆弧(A)/中心点(C)〕：（选择中心点法画椭圆模式）输入"C"后按 Enter 键。（命令行提示）

指定椭圆的中心点：（指定椭圆的中心点）拾取交点 Q 点作为椭圆的中心点。（命令行提示）

指定轴的端点：（指定椭圆一轴的端点）向上移动鼠标，在极轴追踪线（虚线）引领下输入"11"，按 Enter 键即确定长度为 11 方向垂直椭圆一半轴。（命令行提示）

指定另一条半轴长度或〔旋转(R)〕（指定另一条半轴长度）输入"22"按 Enter 键。即完成所需椭圆。

单击"修改"工具栏中的"复制"按钮，执行"复制"命令，命令行提示如下。

选择对象：（选择要复制的对象）选择所画椭圆。（命令行提示）

选择对象：（按 Enter 键结束对象选择）按 Enter 键结束对象选择。（命令行提示）

指定基点或〔位移(D)〕<位移>：（指定基点或位移）拾取交点 Q 点作为基点。（命令行提示）

指定第二个点或 <使用第一个点作为位移>：（指定将对象复制到的位置）拾取交点 S 点作为第二点。（命令行提示）

指定第二个点或〔退出(E)/放弃(U)〕<退出>：（按 Enter 键结束命令）按 Enter 键结束命令。完成椭圆复制。

结果如图 3.33 所示。

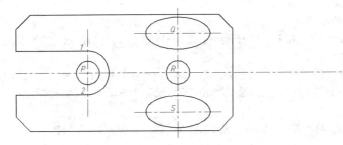

图 3.33 绘制图和椭圆

⑩ 单击"绘图"工具栏中的"正多边形"按钮，执行绘制"正多边形"命令（采用"边"绘制正多边形）。执行此命令后，命令行提示如下。

命令：_polygon
输入边的数目 <4>：（输入正多边形边的数目）输入"6"按 Enter 键。（命令行提示）
　指定正多边形的中心点或 [边(E)]：（选择绘制正多边形的方式为"边"）输入"e" 按 Enter 键。（命令行提示）
　指定边的第一个端点：（指定边的第一个端点）拾取 5 点作为正多边形的第一个端点。（命令行提示）
　指定边的第二个端点：（指定边的第二个端点）拾取 6 点作为正多边形的第二个端点，完成正六边形绘制。

 在拾取边的端点时，选取点的顺序决定着正多边形的方向，因此应注意选取点的顺序。

单击"图层"工具栏，将"ZXX"图层置为当前图层，执行"直线"命令完成对称中心线34，结果如图 3.34 所示。

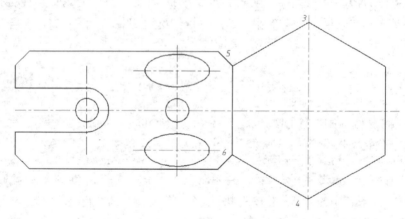

图 3.34　绘制正六边形

⑪ 单击"图层"工具栏，将"CSX"图层置为当前图层，执行"圆"命令完成直径为 74 的圆，圆心为交点 O。

单击"绘图"工具栏中的"正多边形"按钮，执行绘制"正多边形"命令（采用"中心点"绘制正多边形）。执行此命令后，命令行提示如下。

命令：_polygon
输入边的数目 <6>：（输入正多边形边的数目）输入"5"按 Enter 键。（命令行提示）
　指定正多边形的中心点或[边(E)]：（指定正多边形的中心点）拾取交点 O 点作为正多边形的中心点。（命令行提示）
　输入选项[内接于圆(I)/外切于圆(C)] <I>：（选择正多边形的大小是根据"内接于圆(I)"还是"外切于圆(C)"确定的，默认为"内接于圆(I)"）（根据原图知所绘正五边形为内接于圆）输入"I"按 Enter 键或直接按 Enter 键。（命令行提示）
　指定圆的半径：（指定圆的半径）输入"37"作为正五边形外接圆的半径。完成正五边形绘制。

结果如图 3.35 所示。

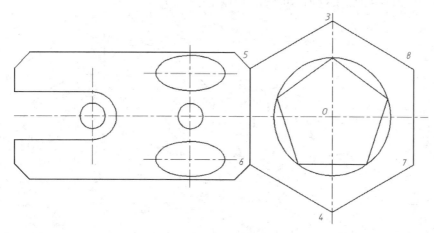

图 3.35 绘制正五边形

⑫ 选择"绘图" | "圆弧"菜单中的"起点、端点、半径"子命令，即可执行起点、端点、半径法画圆弧。执行命令后，命令行提示。

命令：_arc:
指定圆弧的起点或 [圆心(C)]：（指定圆弧的起点）拾取交点 7 点作为圆弧的起点。（命令行提示）
指定圆弧的第二个点或 [圆心(C)/端点(E)]：输入"e"
指定圆弧的端点：（指定圆弧的端点）拾取交点 8 点作为圆弧的第二个点。（命令行提示）
指定圆弧的圆心或[角度(A)/方向(D)/半径(R)]：输入"r"指定圆弧的半径：（指定圆弧的半径）输入"50"按Enter 键，完成直径为 100 的圆弧。

完成全图，结果如图 3.1 所示。

（5）保存此文件。

四、检测练习

1. 按 1：1 比例绘制图 3.36 所示的图形（不标注尺寸）。

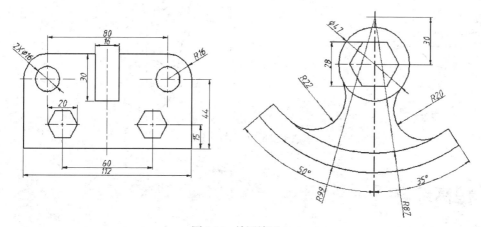

图 3.36 检测练习一

2. 按 1：1 比例绘制图 3.37 所示的图形（不标注尺寸）。

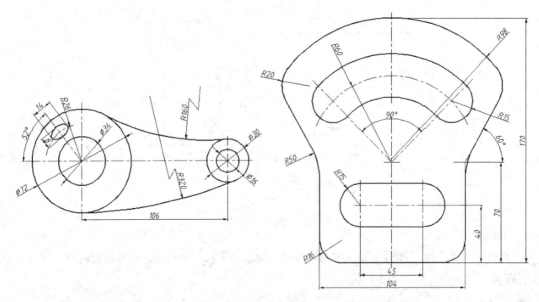

图 3.37　检测练习二

3. 按 1：1 比例绘制图 3.38 所示的图形（不标注尺寸）。

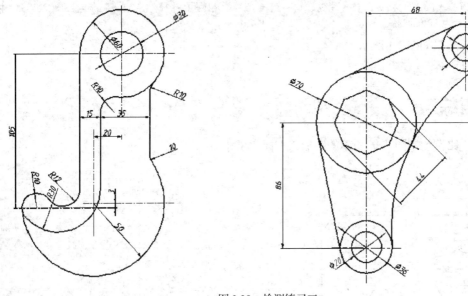

图 3.38　检测练习三

五、提高练习

1. 按 1：1 比例绘制图 3.39 所示的图形（不标注尺寸）。

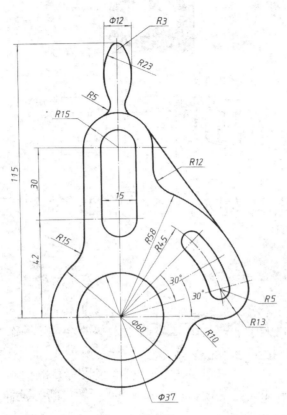

图 3.39   提高练习一

2. 按 1∶1 比例绘制图 3.40 所示的图形（不标注尺寸）。

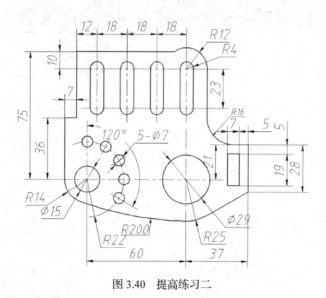

图 3.40   提高练习二

Chapter 4

项目四

| 均布及对称结构图形的绘制 |

【能力目标】

1. 能够运用镜像、阵列、移动、旋转、缩放、打断修改命令编辑图形。
2. 能够简单运用延伸、拉伸修改命令编辑图形。
3. 能够简单运用射线、点和区域填充 solid 绘图命令绘制图形。
4. 能够综合运用直线、圆等绘图命令和镜像、阵列、移动、旋转、缩放、打断等修改命令绘制编辑均布及对称结构图形。

【知识目标】

1. 掌握镜像、阵列、移动、旋转、缩放修改命令的操作方法。
2. 了解射线、构造线、点和区域填充 solid 绘图命令的操作方法。
3. 了解打断、延伸、拉伸修改命令的操作方法。

| 一、项目导入 |

用 1∶1 的比例绘制图 4.1 所示平面图形。要求：选择合适的线型，不标注尺寸，不绘制图框与标题栏。

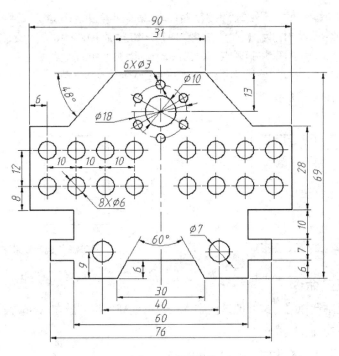

图 4.1 平面图形

二、项目知识

（一）镜像修改命令

使用镜像命令可以创建轴对称图形。有些图形非常复杂，但却具有对称性，绘制这些图形时，可以先绘制一半，然后用镜像命令绘制另一半。在 AutoCAD 2010 中，执行镜像命令的方法有以下 3 种。

（1）单击"修改"工具栏中的"镜像"按钮 。

（2）选择"修改"｜"镜像"命令。

（3）在命令行中输入命令 mirror。

执行镜像命令后，命令行提示如下。

> 命令：_mirror
> 选择对象：（选择要镜像的对象）
> 选择对象：（继续对象选择，按 Enter 键结束对象选择）
> 指定镜像线的第一点：（指定镜像线的第一点）
> 指定镜像线的第二点：（指定镜像线的另一点）
> 要删除源对象吗？ [是(Y)/否(N)] <N>：（选择是否保留源对象）按 Enter 键结束命令。

例如，绘制图 4.2 所示图形，用镜像命令绘制图 4.3 所示的图形，具体操作方法如下。

绘制图 4.2 所示的图形，执行"镜像"命令，命令行提示如下。

> 命令：_mirror
> 选择对象：（选择要镜像的对象）用从左向右矩形窗口方式选择除对称线外的所有对象。（命令行提示）
> 指定对角点：找到 10 个（命令行提示）

选择对象：（继续对象选择，按 Enter 键结束对象选择）按 Enter 键结束对象选择。（命令行提示）

指定镜像线的第一点：（确定对称线一端点）捕捉图 4.2 所示图形中的中心线左端点。（命令行提示）

指定镜像线的第二点：（确定对称线另一端点）捕捉图 4.2 所示图形中的中心线右端点。（命令行提示）

要删除源对象吗?［是(Y)／否(N)］<N>：（确定是否删除镜像前原对象，默认为不删除）直接按 Enter 键结束命令。

镜像后的效果如图 4.3 所示。

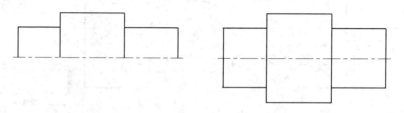

图 4.2　原始图形　　　　　　　　　　　图 4.3　镜像效果图

（二）阵列修改命令

阵列是指多重复制选择的对象并把这些副本按矩形或环形排列。在 AutoCAD 2010 中，执行阵列命令的方法有以下 3 种。

（1）单击"修改"工具栏中的"阵列"按钮 品。

（2）选择"修改"｜"阵列"命令。

（3）在命令行中输入命令 array。

执行阵列命令后，弹出"阵列"对话框，如图 4.4 所示。

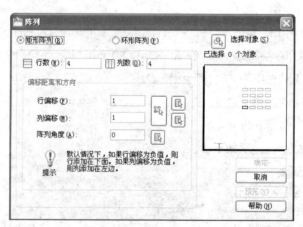

图 4.4　"阵列"对话框

阵列对象的方式有两种，矩形阵列和环形阵列。如果在该对话框中选中"矩形阵列"单选按钮，则执行矩形阵列；如果选中"环形阵列"单选按钮，则执行环形阵列，以下分别进行介绍。

1. 矩形阵列

在"阵列"对话框中选中"矩形阵列"单选按钮，如图 4.4 所示。该对话框中各选项功能分别介绍如下。

（1）"行"文本框：指定阵列的行数。

（2）"列"文本框：指定阵列的列数。

（3）"偏移距离和方向"选项组：指定偏移的距离和方向。该选项组中各项功能如下。

① "行偏移"文本框。指定行间距。要向上添加行，指定正值；要向下添加行，指定负值。

② "列偏移"文本框。指定列间距。要向右边添加列，指定值为正；要向左边添加列，指定值为负。

③ "阵列角度"文本框。指定旋转角度。此角度通常为 0，因此行和列与当前 UCS 的 X 和 Y 坐标轴正交。

④ "拾取两个偏移"按钮⊞。单击此按钮，拾取两个偏移按钮。临时关闭"阵列"对话框，切换到绘图窗口，在图形中指定两个角点确定的矩形框，确定行与列的距离和方向。

⑤ "拾取行偏移"按钮⊞。单击此按钮，拾取行偏移。临时关闭"阵列"对话框，切换到绘图窗口，AutoCAD 提示用户指定两个点，并使用这两个点之间的距离和方向来指定"行偏移"中的值。

⑥ "拾取列偏移"按钮⊞。单击此按钮，拾取列偏移。临时关闭"阵列"对话框，切换到绘图窗口，AutoCAD 提示用户指定两个点，并使用这两个点之间的距离和方向来指定"列偏移"中的值。

⑦ "拾取阵列的角度"按钮⊞。单击此按钮，拾取阵列的角度。临时关闭"阵列"对话框，切换到绘图窗口，这样可以输入值或使用定点设备指定两个点，从而指定旋转角度。

⑧ "选择对象"按钮⊞。单击此按钮，指定用于构造阵列的对象。可以在"阵列"对话框显示之前或之后选择对象。

⑨ "预览"按钮。单击此按钮，显示当前设置下的预览图形对象。"阵列"对话框切换到绘图窗口，显示当前阵列复制的图形效果。

矩形阵列图 4.5 所示的图形，效果如图 4.6 所示。

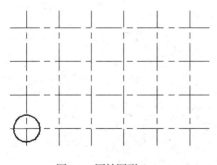

图 4.5　原始图形

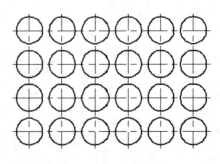

图 4.6　矩形阵列效果图

2. 环形阵列

在"阵列"对话框中选中"环形阵列"单选按钮，如图 4.7 所示。该对话框中各选项功能分别介绍如下。

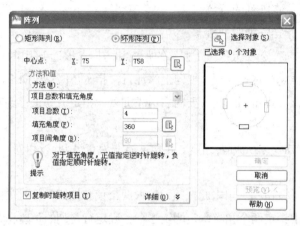

图 4.7　"环形阵列"对话框

（1） 中心点： X: 75　Y: 758 文本框：指定环形阵列的中心点。输入 X 和 Y 坐标值，或单击此文本框右边的"拾取中心点"按钮，在绘图窗口中指定中心点。

（2）"方法和值"选项组：用于设置环形阵列的排列方式。该选项组中各选项功能如下。

① "方法"下拉列表框。设置定位对象所用的方法。单击下拉列表框右边的下三角按钮，在弹出的下拉列表框中选择定位对象的方法。

② "项目总数"文本框。设置在结果阵列中显示的对象数目，默认值为 4。

③ "填充角度"文本框。通过定义阵列中第一个和最后一个元素的基点之间的包含角来设置阵列大小，正值指定逆时针旋转，负值指定顺时针旋转。默认值为 360，值不允许为 0。

④ "项目间角度"文本框。设置阵列对象的基点和阵列中心之间的包含角。输入的值必须为正值，默认的方向值为 90。

（3）"复制时旋转项目"复选框：如预览区域所示旋转阵列中的项目。选中此复选框，阵列时每个对象都朝向中心点；若不选中此复选框，阵列时每个对象都保持原方向，效果如图 4.8 所示。

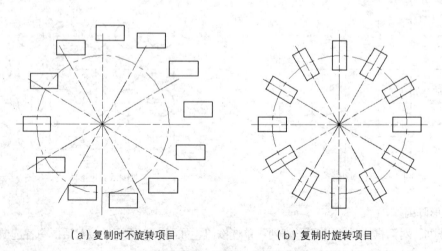

（a）复制时不旋转项目　　　　　　　　（b）复制时旋转项目

图 4.8　环形阵列时旋转与不旋转的区别

（4）"简略"按钮：单击此按钮，打开或关闭"阵列"对话框中附加选项的显示，其中的附加选项为设置对象基点的默认值。

环形阵列图 4.9 所示的图形，效果如图 4.10 所示。

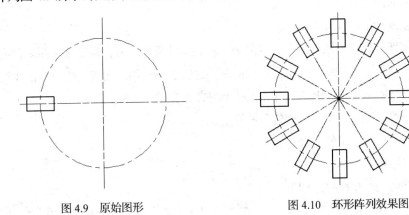

图 4.9 原始图形　　　　　　　　　图 4.10 环形阵列效果图

（三）移动修改命令

移动对象是指在一幅图形内把选择的对象从一个位置移动到另一个位置。在 AutoCAD 2010 中，执行移动命令的方法有以下 3 种。

（1）单击"修改"工具栏中的"移动"按钮✛。

（2）选择"修改" | "移动"命令。

（3）在命令行中输入命令 move。

执行移动命令后，命令行提示如下。

命令：_move
选择对象：（选择要移动的对象）
选择对象：（按 Enter 键结束对象选择）
指定基点或[位移(D)] <位移>：（指定基点）
指定第二个点或 <使用第一个点作为位移>：（指定目标点）

例如，移动图 4.11 所示图形中的圆，效果如图 4.12 所示。

图 4.11 原图形　　　　　　　　　图 4.12 移动效果图

具体操作方法如下。执行"移动"命令，命令行提示如下。

命令：_move（命令行提示）
选择对象：（选择要移动的对象）选择图 4.11 所示图形中的圆。（命令行提示）

选择对象：（继续选择要移动的对象，按 Enter 键结束对象选择）按 Enter 键结束对象选择。（命令行提示）

指定基点或 [位移(D)] <位移>：（指定移动和放置基点）捕捉圆的左交点（圆心）。（命令行提示）

指定第二个点或 <使用第一个点作为位移>：（指定要移动的目标点）捕捉右交点。命令结束。

移动后的效果如图 4.12 所示。

（四）旋转修改命令

旋转对象是指把选择的对象在指定的方向上旋转指定的角度。旋转角度是指相对角度或绝对角度。相对角度基于当前的方位围绕选定的对象的基点进行旋转；绝对角度是指从当前角度开始旋转指定的角度。在 AutoCAD 2010 中，执行旋转命令的方法有以下 3 种。

（1）单击"修改"工具栏中的"旋转"按钮 。

（2）选择"修改" | "旋转"命令。

（3）在命令行中输入命令 rotate。

执行旋转命令后，命令行提示如下。

命令：_rotate

UCS 当前的正角方向：ANGDIR=逆时针　ANGBASE=0

选择对象：（选择要旋转的对象）

选择对象：（按 Enter 键结束对象选择）

指定基点：（指定旋转基点）

指定旋转角度，或 [复制(C)/参照(R)] <90>：（输入旋转角度）

其中各命令选项的功能介绍如下。

（1）复制（C）：选择该命令选项，在旋转对象的同时创建对象的副本。

（2）参照（R）：选择该命令选项，利用参考方式来确定旋转角度。

由于"旋转"应用较为灵活，下面分别介绍其常见应用情况。

（1）旋转图 4.13 所示的图形，要求效果如图 4.14 所示。

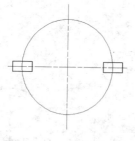

图 4.13　原始图形

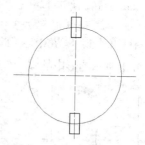

图 4.14　旋转效果图

具体操作方法如下。执行"旋转"命令，命令行提示如下。

命令：_rotate（命令行提示）

UCS 当前的正角方向：ANGDIR=逆时针　ANGBASE=0（系统提示）（命令行提示）

选择对象：（选择要旋转的对象）用窗口方式选择图 4.13 所示图形两矩形作为要旋转的对象。指定对角点：找到 4 个。（继续用窗口方式选择）

选择对象：指定对角点：找到 4 个，总计 8 个。（命令行提示）

选择对象:(继续选择对象)按 Enter 键结束对象选择。(命令行提示)

指定基点:(指定旋转中心点)拾取对称线交点(圆心)(命令行提示)

指定旋转角度,或 [复制(C)/参照(R)] <30>:(输入旋转角度)输入"90"按 Enter 键。按 Enter 键后结束命令。

效果如图 4.14 所示。

(2)旋转图 4.15 所示的图形,要求效果如图 4.16 所示。

具体操作方法如下。执行"旋转"命令,命令行提示如下。

命令:_rotate(命令行提示)

UCS 当前的正角方向:ANGDIR=逆时针 ANGBASE=0(系统提示)(命令行提示)

选择对象:(选择要旋转的对象)用窗口方式选择图 4.13 所示图形两矩形作为要旋转的对象。指定对角点:找到 4 个。(继续用窗口方式选择)

选择对象:指定对角点:找到 4 个,总计 8 个。(命令行提示)

选择对象:(继续选择对象)按 Enter 键结束对象选择。(命令行提示)

指定基点:(指定旋转中心点)拾取对称线交点(圆心)(命令行提示)

指定旋转角度,或 [复制(C)/参照(R)] <90>:(执行"复制< C >"选项)输入"C"按 Enter 键。(命令行提示)

旋转一组选定对象。

指定旋转角度,或 [复制(C)/参照(R)] <90>:(输入旋转角度)输入"90"按 Enter 键。按 Enter 键后结束命令。

效果如图 4.16 所示。

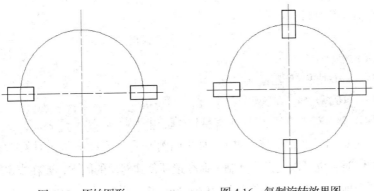

图 4.15 原始图形   图 4.16 复制旋转效果图

(3)旋转图 4.17 所示的图形,要求将右边矩形旋转至 A 点(无角度参数)位置,效果如图 4.18 所示。

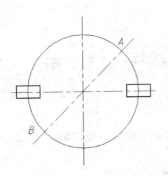
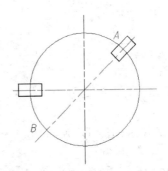

图 4.17 原始图形   图 4.18 参照旋转效果图

具体操作方法如下，执行"旋转"命令，命令行提示如下。

命令：_rotate（命令行提示）

UCS 当前的正角方向：ANGDIR=逆时针　ANGBASE=0（系统提示）（命令行提示）

选择对象：（选择要旋转的对象）用窗口方式选择图 4.13 所示图形两矩形作为要旋转的对象。指定对角点：找到 4 个。（继续用窗口方式选择）

选择对象：指定对角点：找到 4 个，总计 8 个。（命令行提示）

选择对象：（继续选择对象）按 Enter 键结束对象选择。（命令行提示）

指定基点：（指定旋转中心点）拾取对称线交点（圆心）。（命令行提示）

指定旋转角度，或 [复制(C)/参照(R)] <90>：（执行"参照(R)"选项）输入"R"按 Enter 键。（命令行提示）

指定参照角 <0>：（指定参照角）按 Enter 键指定参照角为"0"。（命令行提示）

指定新角度或 [点(P)] <45>：（指定新角度）移动鼠标至 A 点并单击，效果如图 4.18 所示。

（五）缩放修改命令

缩放对象是指在基点固定的情况下，将对象按比例进行放大或缩小。在 AutoCAD 2010 中，执行缩放命令的方法有以下 3 种。

（1）单击"修改"工具栏中的"缩放"按钮。

（2）选择"修改" | "缩放"命令。

（3）在命令行中输入命令 scale。

执行缩放命令后，命令行提示如下。

命令：_scale

选择对象：（选择要缩放的对象）

选择对象：（按 Enter 键结束对象选择）

指定基点：（指定缩放基点）

指定比例因子或[复制(C)/参照(R)] <0.0000>：（输入缩放比例因子）

如果比例因子在 0～1 之间，则缩小对象；如果比例因子大于 1，则放大对象。与旋转命令相同，在进行缩放对象的同时，也可以选择"复制"命令选项创建对象的副本，或在指定缩放比例因子时选择"参照"命令选项利用参考方式来确定缩放比例因子。

例如，缩放图 4.19 所示的图形，效果如图 4.20 所示。

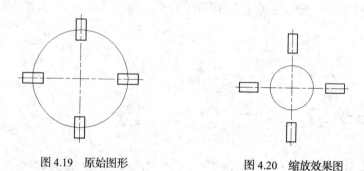

图 4.19　原始图形　　　　图 4.20　缩放效果图

具体操作方法如下。执行"缩放"命令后，命令行提示如下。

```
命令: _scale
选择对象: 找到 1 个（选择缩放对象）选择图 4.19 所示图形中的圆。（命令行提示）
选择对象: （继续选择缩放对象）按 Enter 键结束对象选择。（命令行提示）
指定基点: （指定基点）捕捉圆的圆心。（命令行提示）
指定比例因子或 [复制(C)/参照(R)] <0.0000>: （指定比例因子）输入圆的缩放比例 "0.5"。按 Enter 键后结束命令。
```

效果如图 4.20 所示。

如在执行"缩放"命令时，执行"复制（C）"或"参照（R）"选项同样可得到与"旋转"一样的缩放效果，由于此操作在绘图时很少用，这里不再举例，请用户参照"旋转"命令中"复制（C）"或"参照（R）"选项自己完成。

（六）射线绘图命令

射线是从一点出发向某个方向无限延伸的直线，常用作创建其他对象的参照。在 AutoCAD 2010 中，执行绘制射线命令的方法有以下两种。

（1）选择"绘图" | "射线"命令。

（2）在命令行中输入命令 ray。

执行绘制射线命令后，命令行提示如下。

```
命令: _ray
指定起点: （指定射线的起点）
指定通过点: （指定射线通过的点）
指定通过点: （指定射线的通过点绘制另一条射线，按 Enter 键结束命令）
```

由于此命令在绘图时很少用，这里不再举例。

（七）点绘图命令

点是 AutoCAD 中最基本的图形对象之一，常用于捕捉和偏移对象的节点或参考点。在 AutoCAD 2010 中，执行绘制点命令的方法有以下 3 种。

（1）单击"绘图"工具栏中的"点"按钮 ，绘制多点。

（2）选择"绘图" | "点"菜单子命令，如图 4.21 所示。

（3）在命令行中输入命令 point（单点或多点），divide（定数等分点），measure（定距等分点）。

在绘制点时，可以选择"格式" | "点样式"命令，在弹出的"点样式"对话框中设置点的样式和大小，如图 4.22 所示。

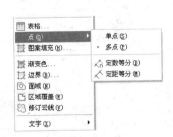

图 4.21 "点"菜单子命令

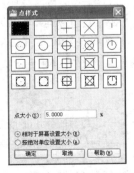

图 4.22 "点样式"对话框

1.　绘制单点

执行绘制单点命令后，命令行提示如下。

指定点：在绘图窗口中指定点的位置后，即可结束绘制单点命令。

2.　绘制多点

执行绘制多点命令后，命令行提示如下。

指定点：在绘图窗口中连续指定多个点，按 Enter 键或 Esc 键结束绘制多点命令。

3.　绘制定数等分点

定数等分点是指沿选定的对象的长度或周长按指定数据等分对象，并在等分点处插入点对象或块。在 AutoCAD 2010 中，可定数等分的对象包括多段线、样条曲线、圆、圆弧、椭圆、椭圆弧等。执行定数等分点命令后，命令行提示如下。

命令：_divide
选择要定数等分的对象：（选择对象）
输入线段数目或 [块(B)]：（输入等分数目）

例如，将图 4.23 所示线段 5 等分，操作过程如下。

执行绘制"定数等分点"命令后，命令行提示如下。

命令：_divide（命令行提示）
选择要定数等分的对象：（选择要定数等分的对象）选择图 4.23 所示的线段。（命令行提示）
输入线段数目或 [块(B)]：（输入线段等分数目）输入"5"按 Enter 键。

定数等分后的效果如图 4.23 所示。

4.　绘制定距等分点

定距等分是指将点对象或块按指定的距离插入到选定的对象上。在 AutoCAD 2010 中，可定距等分的对象包括多段线、样条曲线、圆、圆弧、椭圆、椭圆弧等。执行定距等分命令后，命令行提示如下。

命令：_measure
选择要定距等分的对象：（选择对象）
指定线段长度或 [块(B)]：（输入等分线段的长度）

例如，定距等分图 4.24 所示的圆弧，等分线段长度为 8，操作过程如下。

执行绘制"定距等分点"命令后，命令行提示如下。

命令：_measure（命令行提示）
选择要定距等分的对象：（选择要定距等分的对象）选择图 4.24 所示的圆弧（命令行提示）
指定线段长度或 [块(B)]：输入"8"（输入等分线段的长度），按 Enter 键。

定距等分后的效果如图 4.24 所示。

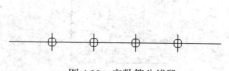

图 4.23　定数等分线段

图 4.24　定距等分圆弧

（八）区域填充"solid"绘图命令

区域填充是指对指定的点形成的区域进行填充，创建填充图形。在 AutoCAD 2010 中，执行区域填充命令的方法为：

在命令行中输入命令 solid。

执行区域填充命令后，命令行提示如下。

命令：_solid（命令行提示）
指定第一点：（指定填充区域的第一个点）
指定第二点：（指定填充区域的第二个点）
指定第三点：（指定填充区域的第三个点）
指定第四点或 <退出>：（指定填充区域的第四个点）
指定第三点：按 Enter 键结束命令

每一个填充区域最少由 3 个点组成，最多由 4 个点组成。绘制一个填充区域后，在命令行"指定第三点："的提示下，如果用户继续指定新的区域点，则系统以上次绘制的填充区域的最后一条边的端点作为新填充区域的第一和第二点，依次绘制填充区域。在执行此命令时需注意指定点的顺序，图 4.25 中绘制区域填充图形的指定点顺序分别为 $A \rightarrow B \rightarrow C$、$A \rightarrow B \rightarrow D \rightarrow C$ 和 $A \rightarrow B \rightarrow C \rightarrow D$。

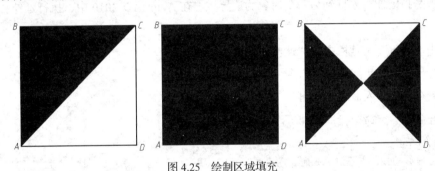

图 4.25 绘制区域填充

（九）打断修改命令

打断对象是指删除对象的一部分从而把对象拆分成两部分。在 AutoCAD 2010 中，执行打断命令的方法有以下 3 种。

（1）单击"修改"工具栏中的"打断"按钮□。

（2）选择"修改"｜"打断"命令。

（3）在命令行中输入命令 break。

执行"打断"命令后，命令行提示如下。

命令：_break （命令行提示）
选择对象：（选择要打断的对象）鼠标拾取要打断的对象
指定第二个打断点或 [第一点(F)]：（指定第二个打断点）

如果选择"第一点(F)"命令选项，则系统将提示用户重新指定第一个打断点和第二个打断点，此时用户可以重新指定打断点。

系统默认拾取对象时的点的位置为第一个断点。

例如，打断图 4.26 所示的图形，效果如图 4.27 所示，具体操作方法如下。

执行"打断"命令后，命令行提示如下：

命令：_break（命令行提示）

选择对象：（选择要打断的对象）拾取图 4.26 所示图形中的 A 点。（命令行提示）

指定第二个打断点或[第一点(F)]：（指定第二个打断点）拾取图 4.26 所示图形中的 B 点。（命令行提示）

打断后的效果如图 4.27 所示。

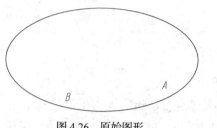

图 4.26　原始图形

图 4.27　打断效果图

（十）延伸修改命令

延伸对象是指延伸对象直到另一个对象的边界线。在 AutoCAD 2010 中，执行延伸命令的方法有以下 3 种。

（1）单击"修改"工具栏中的"延伸"按钮 。

（2）选择"修改"|"延伸"命令。

（3）在命令行中输入命令 extend。

执行延伸命令后，命令行提示如下。

命令：_extend

当前设置：投影=UCS，边=无（系统提示）

选择边界的边...（系统提示）

选择对象或 <全部选择>：（选择边界线对象）

选择对象：（按 Enter 键结束对象选择）

选择要延伸的对象，或按住 Shift 键选择要修剪的对象，或[栏选(F)/窗交(C)/投影(P)/边(E)/放弃(U)]：（选择要延伸的对象）

选择要延伸的对象，或按住 Shift 键选择要修剪的对象，或[栏选(F)/窗交(C)/投影(P)/边(E)/放弃(U)]：（按 Enter 键结束命令）

其中各命令选项的功能与"修剪"命令中的命令选项相同。

例如，延伸图 4.28 所示图形中的直线，效果如图 4.29 所示。

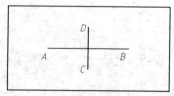

图 4.28　原始图形

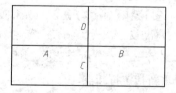

图 4.29　延伸效果图

具体操作方法如下，执行"延伸"命令后，命令行提示如下。

命令：_extend
当前设置：投影=UCS，边=无（系统提示）
选择边界的边...（系统提示）
选择对象或 <全部选择>：找到 1 个（选择延伸边界对象）选择图 4.28 所示图形中的矩形的 4 条边。（命令行提示）
选择对象：（继续延伸边界对象）按 Enter 键结束对象选择。
选择要延伸的对象，或按住 Shift 键选择要修剪的对象，或[栏选(F)/窗交(C)/投影(P)/边(E)/放弃(U)]：（选择要延伸的对象）在该命令的提示下分别选择直线的 A，B，C 和 D 端点位置。
选择要延伸的对象，或按住 Shift 键选择要修剪的对象，或[栏选(F)/窗交(C)/投影(P)/边(E)/放弃(U)]：（继续选择要延伸的对象）按 Enter 键结束命令。

延伸后的效果如图 4.29 所示。

（十一）拉伸修改命令

拉伸是指通过移动对象的端点、顶点或控制点来改变对象的局部形状。在 AutoCAD 2010 中，执行拉伸命令的方法有以下 3 种。

（1）单击"修改"工具栏中的"拉伸"按钮。

（2）选择"修改" | "拉伸"命令。

（3）在命令行中输入命令 stretch。

执行拉伸命令后，命令行提示如下。

命令：_stretch
以交叉窗口或交叉多边形选择要拉伸的对象...（系统提示）
选择对象：
指定对角点：（选择要拉伸的对象）
选择对象：（按 Enter 键结束对象选择）
指定基点或 [位移(D)] <位移>：（指定拉伸对象的基点）
指定第二个点或 <使用第一个点作为位移>：（指定位移点）

选择图形对象时，如果将图形对象全部选择，则 AutoCAD 执行移动命令；如果选择图形对象的一部分，则拉伸规则如下。

（1）直线：选择窗口内的端点进行拉伸，另一端点不动。

（2）多段线：选择窗口内的部分被拉伸，选择窗口外的部分保持不变。

（3）圆弧：选择窗口内的端点进行拉伸，另一端点不动。但与直线不同的是，圆弧在拉伸过程中弦高保持不变，改变的是圆弧的圆心位置、圆弧起始角和终止角的值。

（4）区域填充：选择窗口内的端点进行拉伸，窗口外的端点不动。

（5）其他对象：如果定义点位于选择窗口内，则进行拉伸；如果定义点位于窗口外，则不进行拉伸。

例如，拉伸图 4.30 所示图形，效果如图 4.31 所示，具体操作方法如下。

命令：_stretch
以交叉窗口或交叉多边形选择要拉伸的对象...（系统提示）

选择对象：指定对角点：找到 6 个（选择要移到和延伸的对象）用交叉窗口选择图 4.30 所示图形的右边一半。（命令行提示）

选择对象：（继续选择要移到和延伸的对象）按 Enter 键结束对象选择。（命令行提示）

指定基点或 [位移(D)] <位移>：（指定基点）指定图 4.30 所示图形的右上角点。（命令行提示）

指定第二个点或 <使用第一个点作为位移>：（指定延伸到点）拖动鼠标在其右侧指定一点，如是定距延伸，水平拖动鼠标向右输入距离（如输入 "20"）后按 Enter 键。

拉伸图形的效果如图 4.31 所示。

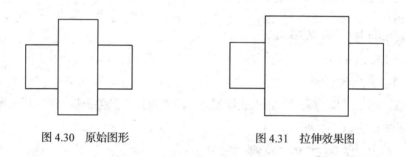

图 4.30　原始图形　　　　　　　　　　　图 4.31　拉伸效果图

三、项目实施

（1）进入 "AutoCAD 经典" 工作空间，建立一新无样板图形文件，保存此空白文件，文件名为 "图 4.1.dwg"，注意在绘图过程中每隔一段时间保存一次。

（2）设置绘图环境，设置图形界限，设定绘图区域的大小为 297×210，左下角点为坐标原点（此步骤现可省略）。

（3）设置图层，设置粗实线和中心线两图层，图层参数如表 4.1 所示。

表 4.1　　　　　　　　　　　　　　　　图层设置参数

图层名	颜色	线型	线宽	用途
CSX	红色	Continuous	0.50mm	粗实线
ZXX	绿色	Center	0.25mm	中心线

（4）绘制图形，用 1∶1 的比例绘制图 4.1 所示平面图形。要求：选择合适的线型，不绘制图框与标题栏，不标注尺寸。

参考步骤如下。

① 调整屏幕显示大小，打开 "显示/隐藏线宽"、"对象捕捉" 和 "极轴追踪" 状态按钮。

② 将 "ZXX" 层设置为当前层，绘制一条长约为 75 的垂直直线。

将 "CSX" 层设置为当前层，根据尺寸关系完成右边部分轮廓线，倾斜线段不能直接画出的暂时不画。根据尺寸关系调用一次 "直线" 命令，绘图过程如图 4.32 所示,可画出图 4.33 所示部分轮廓线。

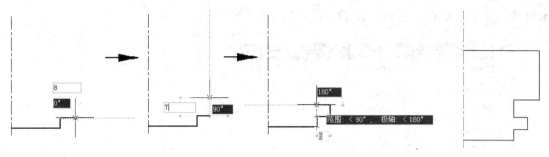

图 4.32　绘制轮廓线一　　　　　　　　　　　　图 4.33　绘制轮廓线二

③ 执行"偏移"命令，将中心线分别以偏距 15 和 15.5 向右偏移，线段 *EF* 分别以偏距 6 和 69 向上偏移，得 4 条直线。过交点 *A* 绘制一射线，执行"射线"命令，单击"绘图"菜单"射线"命令，命令行提示如下。

> 命令：_ray
> 指定起点：（指定射线起点）拾取交点 A。（命令行提示）
> 指定通过点：（指定通过点）在命令行输入"@20<-48"（相对于起点极坐标为"20<-48"，其中"20"为任意指定的长度，"-48"为顺时针旋转 48°。）
> 指定通过点：（继续指定通过点）按 Enter 键结束命令。

执行结果如图 4.34 所示。

④ 执行"修剪"命令，按图 4.1 要求修剪，修剪结果如图 4.35 所示。

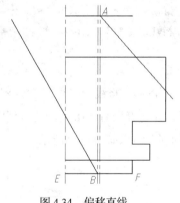

图 4.34　偏移直线

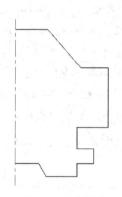

图 4.35　修剪图形

⑤ 执行"偏移"命令，将中心线以偏距 20 向右偏移，线段 *CF* 以偏距 9 向上偏移，线段 *HD* 以偏距 8 向上偏移，线段 *DG* 以偏距 6 向左偏移，得 4 条直线，修改该 4 条直线线型为"ZXX"图层并调整为合适长度。分别以所得 4 条直线的交点为圆心画直径为 $\phi 7$ 和 $\phi 6$ 的圆，执行结果如图 4.36 所示。

⑥ 执行"阵列"命令，单击"修改"工具栏"阵列"按钮，弹出"阵列"对话框，选择"矩形阵列"选项卡，如图 4.37 所示，设置"行数"为"2"，列数为"4"，行偏移为"12"，列偏移为"-10"，其他参数为默认，选择对

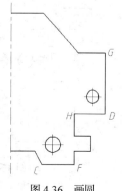

图 4.36　画圆

象为圆"O"及其中心线进行阵列，执行结果如图 4.38 所示。

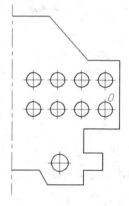

图 4.37 "矩形阵列"对话框　　　　　　图 4.38 矩形阵列圆

⑦ 执行"镜像"命令，单击"修改"工具栏"镜像"按钮，命令行提示如下。

命令：_mirror
选择对象：（选择要镜像的对象）用从右向左矩形窗口方式选择除对称线所有对象。（命令行提示）
指定对角点：找到 40 个。（命令行提示）
选择对象：（继续对象选择，按 Enter 键结束对象选择）按 Enter 键结束对象选择。（命令行提示）
指定镜像线的第一点：（确定对称线一端点）捕捉图 4.38 所示图形中的中心线上端点。（命令行提示）
指定镜像线的第二点：（确定对称线另一端点）捕捉图 4.38 所示图形中的中心线下端点。（命令行提示）
要删除源对象吗？[是(Y)/否(N)] <N>：（确定是否删除镜像前原对象，默认为不删除）直接按 Enter 键结束命令。

镜像后的效果如图 4.39 所示。

⑧ 执行"偏移"命令，将线段 JK 以偏距 13 向下偏移，将线型修改为"ZXX"并调整为合适长度，以交点 L 为圆心分别以直径 $\phi10$ 和 $\phi18$ 绘圆，并将直径为 $\phi18$ 的圆的线型修改为"ZXX"，再以此中心线圆与对称线上交点 M 画一直径为 $\phi3$ 的圆，结果如图 4.40 所示。

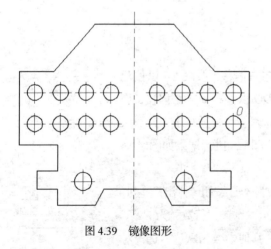

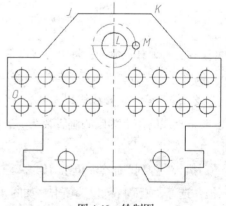

图 4.39 镜像图形　　　　　　图 4.40 绘制图

⑨ 执行"阵列"命令，单击"修改"工具栏"阵列"按钮，弹出"阵列"对话框，选择"环形阵列"选项卡，如图 4.41 所示，设置"方法"为"项目总数和填充角度"，项目总数为"6"，填充角度为"360"，中心点用鼠标在绘图区拾取图 4.40 中交点 L，其他参数为默认，对象选择为直径为 $\phi 3$ 的圆及其倾斜的对称线进行阵列。

完成全图。结果如图 4.1 所示。

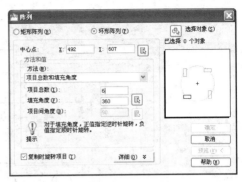

图 4.41 "环形阵列"对话框

┃四、检测练习┃

1. 按 1 : 1 比例绘制图 4.41 所示的图形（不标注尺寸）。

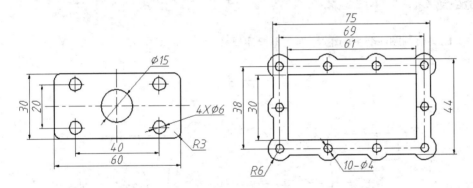

图 4.42 检测练习一

2. 按 1 : 1 比例绘制图 4.43 所示的图形（不标注尺寸）。

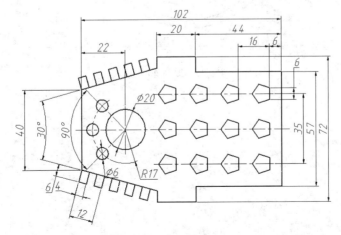

图 4.43 检测练习二

3. 按 1 : 1 比例绘制图 4.44 所示的图形（不标注尺寸）。

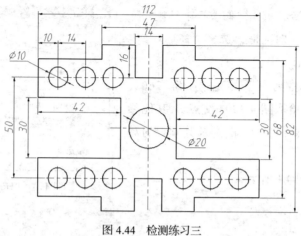

图 4.44   检测练习三

五、提高练习

按 1∶1 比例绘制图 4.45 所示的图形（不标注尺寸）。

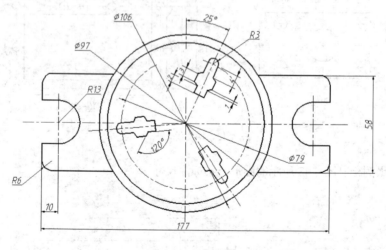

图 4.45   提高练习

Chapter 5

项目五

| 三视图绘制 |

【能力目标】

1. 能够运用构造线绘图命令和圆角、倒角修改命令绘制和编辑图形。
2. 能够运用常用精确绘图工具绘制和编辑图形。
3. 能够综合直线、圆、构造线等绘图命令和偏移、修剪、圆角、倒角等修改命令绘制三视图。

【知识目标】

1. 掌握构造线绘图命令和圆角、倒角修改命令的操作方法和技巧。
2. 掌握常用精确绘图工具的使用方法和技巧。

|一、项目导入 |

用 1：1 的比例绘制图 5.1 所示三视图。要求：选择合适的线型，不标注尺寸，不绘制图框与标题栏。

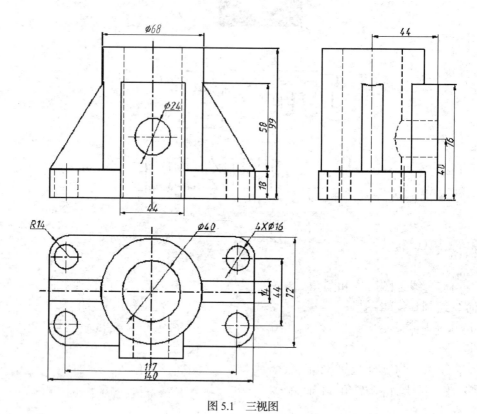

图 5.1 三视图

二、项目知识

（一）构造线绘图命令

构造线是一条向两边无限延伸的直线，没有起点和端点，常用作创建其他对象的参照。在 AutoCAD 2010 中，执行绘制构造线的方法有以下 3 种。

（1）单击"绘图"工具栏中的"构造线"按钮 。

（2）选择"绘图" | "构造线"命令。

（3）在命令行中输入命令 xline。

执行绘制构造线命令后，命令行提示如下。

```
命令：_xline
指定点或[水平(H)/垂直(V)/角度(A)/二等分(B)/偏移(O)]：（指定构造线通过的第一点）
指定通过点：（指定构造线通过的第二点）
指定通过点：（按 Enter 键结束命令）
```

其中各命令选项的功能介绍如下。

（1）水平（H）：选择该命令选项，创建一条通过选定点的水平参照线。

（2）垂直（V）：选择该命令选项，创建一条通过选定点的垂直参照线。

（3）角度（A）：选择该命令选项，以指定的角度创建一条参照线。

（4）二等分（B）：选择该命令选项，创建一条参照线，它经过选定的角顶点，并且将选定的两条线之间的夹角平分。

（5）偏移（O）：选择该命令选项，创建平行于另一个对象的参照线。

（二）圆角修改命令

圆角是指用指定的光滑圆弧来连接两个对象。在 AutoCAD 2010 中，执行圆角命令的方法有以下 3 种。

（1）单击"修改"工具栏中的"圆角"按钮 🔲。

（2）选择"修改" | "圆角"命令。

（3）在命令行中输入命令 fillet。

执行圆角命令后，命令行提示如下。

```
命令：_fillet
当前设置：模式=修剪，半径=0.0000
选择第一个对象或[放弃(U)/多段线(P)/半径(R)/修剪(T)/多个(M)]：
```

其中各命令选项的功能介绍如下。

（1）放弃（U）：选择该命令选项，恢复在命令中执行的上一个操作。

（2）多段线（P）：选择该命令选项，对整条多段线进行圆角操作。

（3）半径（R）：选择该命令选项，设置圆角的半径。

（4）修剪（T）：选择该命令选项，指定是否将选定的边修剪到圆角弧的端点。

（5）多个（M）：选择该命令选项，同时对多个对象进行圆角。

用圆角命令对圆弧和直线进行圆角，根据选择点的不同会出现不同的效果，如图 5.2 所示。用圆角命令对圆进行圆角，根据选择点的不同，同样也有多种不同的效果，如图 5.3 所示。

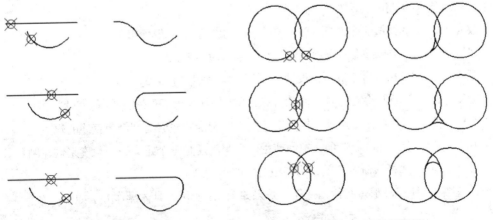

图 5.2　对圆弧和直线倒圆角　　　　图 5.3　对圆倒圆角

例如，对图 5.4 所示图形进行圆角操作，效果如图 5.5 所示，具体操作方法如下。

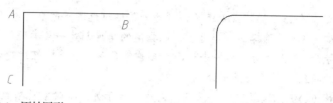

图 5.4　原始图形　　　　　　　　　图 5.5　执行"圆角"命令图形

命令：_fillet

当前设置：模式 = 修剪，半径 = 0.0000（系统提示）

选择第一个对象或 [放弃(U)/多段线(P)/半径(R)/修剪(T)/多个(M)]：（选择"半径"命令选项进行圆角半径设置）输入"r"按 Enter 键。（命令行提示）

指定圆角半径 <0.0000>：（输入圆角半径）输入"10"按 Enter 键。（命令行提示）

选择第一个对象或 [放弃(U)/多段线(P)/半径(R)/修剪(T)/多个(M)]：（选择要圆角的第一条直线）单击直线 AB，上端选择直线 AB。（命令行提示）

选择第二个对象，或按住 Shift 键选择要应用角点的对象：（选择要圆角的第二条直线）单击直线 AC，左端选择直线 AC。命令结束。

圆角的效果如图 5.5 所示。

（三）倒角修改命令

倒角是指用斜线连接两个不平行的线型对象。在 AutoCAD 中，可进行倒角的对象有直线、多段线、射线、构造线和三维实体。执行倒角命令的方法有以下 3 种。

（1）单击"修改"工具栏中的"倒角"按钮 。

（2）选择"修改" | "倒角"命令。

（3）在命令行中输入命令 chamfer。

执行倒角命令后，命令行提示如下。

命令：_chamfer

（"修剪"模式）当前倒角距离 1 = 0.0000，距离 2 = 0.0000

选择第一条直线或 [放弃(U)/多段线(P)/距离(D)/角度(A)/修剪(T)/方式(E)/多个(M)]：

其中各命令选项的功能介绍如下。

（1）放弃（U）：选择该命令选项，恢复在命令中执行的上一步操作。

（2）多段线（P）：选择该命令选项，对整个二维多段线倒角。

（3）距离（D）：选择该命令选项，设置倒角至选定边端点的距离。

（4）角度（A）：选择该命令选项，用第一条线的倒角距离和第二条线的角度设置倒角。

（5）修剪（T）：选择该命令选项，控制倒角是否将选定的边修剪到倒角直线的端点。

（6）方式（E）：选择该命令选项，控制使用两个距离还是一个距离一个角度来创建倒角。

（7）多个（M）：选择该命令选项，为多组对象的边倒角。

例如，对图 5.6 所示图形进行倒角操作，效果如图 5.7 所示，具体操作方法如下。

命令：_chamfer

（"修剪"模式）当前倒角距离 1 = 0.0000，距离 2 = 0.0000（系统提示）

选择第一条直线或 [放弃(U)/多段线(P)/距离(D)/角度(A)/修剪(T)/方式(E)/多个(M)]：（选择"距离"命

令选项，设置倒角距离参数）输入"d"按 Enter 键。(命令行提示)

指定第一个倒角距离 <0.0000>：(设置第一个倒角距离) 输入 "5" 按 Enter 键。(命令行提示)

指定第二个倒角距离 <5.0000>：(设置第二个倒角距离) 输入 "10" 按 Enter 键。(命令行提示)

选择第一条直线或[放弃(U)/多段线(P)/距离(D)/角度(A)/修剪(T)/方式(E)/多个(M)]：(选择要倒角的第一条直线) 单击直线 AB，上端选择直线 AB。(命令行提示)

选择第二个对象，或按住 Shift 键选择要应用角点的对象：(选择要倒角的第二条直线) 单击直线 AC 上端选择直线 AC。命令结束。

倒角的效果如图 5.7 所示。

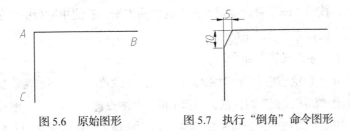

图 5.6　原始图形　　　　图 5.7　执行"倒角"命令图形

（四）精确绘图工具的使用方法

在绘图过程中，为使绘图和设计过程更简便易行，AutoCAD 提供了栅格、捕捉、正交、对象捕捉及自动追踪等多个捕捉工具，捕捉工具用于精确捕捉屏幕上的栅格点，它可以约束鼠标光标只能停留在某一个节点上。这些绘图工具有助于在快速绘图的同时保证绘图的精度。从而精确地绘制图形。在 AutoCAD 2010 中，执行捕捉工具有两种形式。

1．对象捕捉工具的使用方法

（1）对象捕捉命令。对象捕捉可用于指定图形中已画好的对象上的点。

单击对象捕捉：要求指定一个点时，在对象捕捉工具条拾取相应的对象捕捉模式来响应。各对象捕捉工具按钮如图 5.8 所示。各工具按钮名称用户可通过将鼠标移动到图标上系统自动显示其名称来熟悉，值得一提的是：除"捕捉到切点"工具按钮在绘图过程中常用外，其他工具按钮很少使用（使用"运行中对象捕捉"功能），但在使用时点取一次，只能完成一次捕捉。

图 5.8　"对象捕捉"对话框

如绘制图 5.9 所示两圆的外公切线 AB 和 CD 可运用"捕捉到切点"工具按钮，效果如图 5.10 所示。具体操作方法如下。

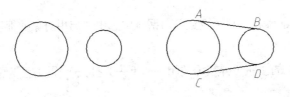

图 5.9　原始图　　　　图 5.10　完成公切线图形

执行"直线"命令，命令行提示如下。

命令：_line
　　指定第一点：(指定直线的一个端点) 单击"对象捕捉"工具栏上"捕捉到切点"按钮⌀，在点 A 处圆上任指定一点。
命令行继续提示：
　　指定下一点或 [放弃(U)]：(指定直线的另一个端点) 单击"对象捕捉"工具栏上"捕捉到切点"按钮⌀，在点 B 处圆上任指定一点。
　　指定下一点或 [放弃(U)]：(结束直线绘制) 按 Enter 键结束命令。

即得 AB 切线。同理完成 CD 切线，结果如图 5.10 所示。

（2）对象捕捉工具按钮（固定目标捕捉方式）的使用方法。在使用运行中对象捕捉功能前需进行"对象捕捉"设置，设置方法有以下两种。

①选择"工具"｜"草图设置"命令。

②右键单击图 5.11 所示状态栏中的"对象捕捉"按钮｜"设置"。

执行命令后将弹出"草图设置"对话框，在弹出的"草图设置"

图 5.11　状态栏

对话框中打开"对象捕捉"选项卡，如图 5.12 所示，在该选项卡中选中需要的对象捕捉目标，然后选中"启用对象捕捉"复选框即可启用"运行中对象捕捉"功能。

在 AutoCAD 2010 版本中，对象捕捉目标设置也可通过右键单击"对象捕捉"状态按钮，在弹出的"对象捕捉"快捷菜单中选择设置，如图 5.13 所示。

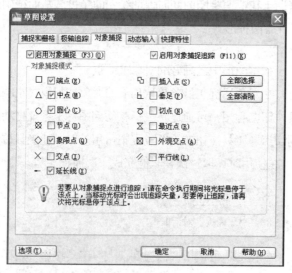

图 5.12　"草图设置-对象捕捉"对话框

图 5.13　"对象捕捉"快捷菜单

启用"对象捕捉"功能除在"草图设置"对话框中选中"启用对象捕捉"复选框方法外还有以下 3 种。

① 左键单击状态栏中的按钮（弹起为关闭，凹下去为打开），此方法为常用方法。

② 按功能键 F3。

③ 在命令行中输入命令 snap。

开启对象捕捉按钮后，在进行绘图及图形编辑，当光标靠近某些特殊点时，会发现有些点加亮成黄色亮点，此时只要按下确定键，则系统自动捕捉该点。

> **提示**　为避免识别混淆，设置的捕捉点不宜过多。建议开启端点、中点、圆心、交点、延伸点或切点等常用点。

2."栅格显示"工具按钮的使用方法

"栅格显示"是一些在绘图区域有着特定距离的点所组成的网格，类似于坐标纸。在弹出的图 5.12 所示的"草图设置"对话框中打开"捕捉与栅格"选项卡，如图 5.14 所示，用户可对栅格间距的"栅格的 X 轴间距"和"栅格的 Y 轴间距"进行设置，并选中"启用栅格"复选框即可启用"栅格显示"功能。

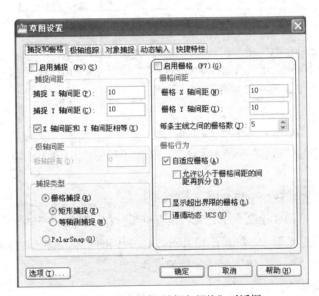

图 5.14　"对象捕捉-捕捉与栅格"对话框

在 AutoCAD 2010 中，执行"栅格"工具命令的方法有以下 3 种。

（1）单击状态栏中的"栅格"按钮（弹起为关闭，凹下去为打开）。

（2）按功能键 F7。

（3）在命令行中输入命令 grid。

在绘图过程中该功能很少用，这里不再赘述。

3."极轴追踪"工具按钮的使用方法

启用"极轴追踪"，绘图中系统会出现极轴角度线和角度值提示，可用于快速作图。极轴角度设置方法为：在弹出的图 5.12 所示的"草图设置"对话框中打开"极轴追踪"选项卡中进行设置，如图 5.15 所示。设置增量角（如 90°、45° 和 30° 等）或附加角（指除了增量角外还需显示的极轴角），系统将按所设角度及该角度的倍数进行追踪。

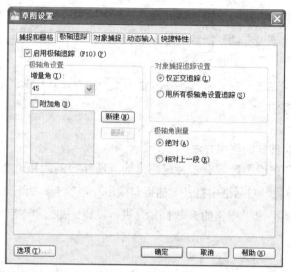

图 5.15 "对象捕捉-极轴追踪"对话框

 说明 绘制三视图等，增量角一般设为"90°"；绘制正等轴测图，可将增量角设为"30°"；绘制斜视图，可按斜视图倾斜的角度设置。

启用"极轴追踪"工具的方法有以下两种。

（1）单击状态栏中的"极轴"按钮（弹起为关闭，凹下去为打开）

（2）按功能键 F10。

4．"正交模式"工具按钮的使用方法

在绘图过程中，经常需要绘制水平直线和垂直直线，在不使用"极轴"功能的前提下，凭直觉观察很难使绘制的直线达到要求，如果使用 AutoCAD 提供的正交功能绘制这些直线就比较方便了。但在正交模式下，只能绘制平行于 X 轴或 Y 轴的直线。

启用正交工具命令的方法有以下两种。

（1）单击状态栏中的"正交"按钮（弹起为关闭，凹下去为打开）。

（2）按 F8 功能键可以启动正交功能。

由于在绘图过程中绘制水平直线和垂直直线，可使用"极轴追踪"工具，这里不再赘述。

5．"对象捕捉追踪"工具按钮的使用方法

"对象捕捉追踪"是指系统自动记忆同一命令操作过程中光标所经过的捕捉点，并可追踪到该点延长线上的任意点，用此功能可方便地用于捕捉"长对正、高平齐"的点。对象追踪的设置可选用"仅正交追踪"或"用所有极轴角设置追踪"形式，如图 5.16 所示。对象追踪的启用方法为单击状态栏中的"对象追踪"按钮（弹起为关闭，凹下去为打开）。

绘制如所示图形中与圆平齐的直线 CD。操作方法如下。

步骤一：执行"直线"命令"，捕捉到 A 点后（不要点击鼠标）向右移动鼠标至 C 点位置，同时出现一条水平虚线（追踪线），在虚线上单击确定点 C。

步骤二：向下移到鼠标，在出现一条垂直虚线（追踪线）后将鼠标移到 B 点，捕捉到 B 点（不要点击鼠标），再向右移动鼠标，同时出现一条水平虚线（追踪线），移动鼠标至两条虚线（追踪线）交点位置单击确定点 D。即得一条与圆平齐的直线 CD。绘制过程如图 5.16 所示。

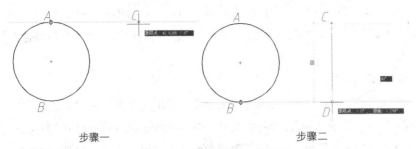

图 5.16　"对象捕捉追踪"的使用

对象追踪必须与固定对象捕捉方式及极轴追踪配合使用。

6. "显示/隐藏线宽"工具按钮的使用方法

"线宽"工具用于显示按图层设置的线宽的比例显示图形。当需要粗线的线宽时可启用"线宽"，启用线宽的方法为单击状态栏中的"线宽"按钮（弹起为关闭，凹下去为打开）。

7. "捕捉模式"工具按钮的使用方法

"捕捉模式"用于捕捉栅格点。该按钮控制光标是否在栅格点上移动（配合"栅格"按钮）。打开"捕捉模式"时鼠标只能在栅格点上移动，由于"捕捉模式"工具按钮在绘图过程中该功能很少用，这里不再赘述。

三、项目实施

（1）进入"AutoCAD 经典"工作空间，建立一新无样板图形文件，保存此空白文件，文件名为"图 5.1.dwg"，注意在绘图过程中每隔一段时间保存一次。

（2）设置绘图环境，设置图形界限，设定绘图区域的大小为 297×210，左下角点为坐标原点（此步骤现可省略）。

（3）设置图层，设置粗实线、中心线、虚线和细实线 4 个图层，图层参数如表 5.1 所示。

表 5.1　　　　　　　　　　　　图层设置参数

图层名	颜色	线型	线宽	用途
CSX	红色	Continuous	0.50mm	粗实线
ZXX	绿色	Center	0.25mm	中心线
XX	黄色	Dashed	0.25mm	虚线
XSX	青色	Continuous	0.25mm	细实线

（4）绘制图形，用 1：1 的比例绘制图 5.1 所示平面图形。要求：选择合适的线型，不绘制图框与标题栏，不标注尺寸。

参考步骤如下。

① 调整屏幕显示大小，打开"显示/隐藏线宽" 和 "极轴追踪"状态按钮，在"草图设置"对话框中选择"对象捕捉"选项卡，设置"交点"、"端点"、"中点"、"圆心"等捕捉目标，并启用对象捕捉。

② 绘制中心线等和辅助线。

a. 绘制基准线。将"ZXX"图层设置为当前图层，调用"直线"命令，绘制出主视图和俯视图的左右对称中心线 BE，俯视图的前后对称中心线 FA，左视图的前后对称中心线 CD。

将"CSX"图层设置为当前图层，调用"直线"命令，绘制出主视图、左视图的底面基准线 GH、IJ。

b. 绘制辅助线。将"XSX"图层设置为当前图层，调用"构造线"命令，通过 FA 与 CD 的交点 C，绘制一条"135°"的构造线，绘制过程如下。

单击"绘图"工具栏中"构造线"按钮，执行"构造线"命令，命令行提示如下。

_xline 指定点或 [水平(H)/垂直(V)/角度(A)/二等分(B)/偏移(O)]：（指定构造线位置点）移动鼠标至 FA 和 DC 交点 C 附近并捕捉交点。（命令行提示）

指定通过点：（指定构造线通过点）输入"@20<135"或"@20<-45"按 Enter 键。（命令行提示）

指定通过点：（继续指定构造线通过点绘制第二条构造线，按 Enter 键结束命令）按 Enter 键结束命令。

结果如图 5.17 所示。

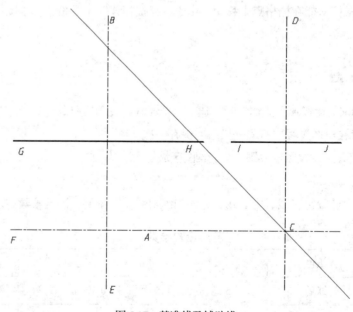

图 5.17　基准线及辅助线

③ 绘制底板外形。绘制底板时，可暂时画出其大致结构，待整个图形的大体结构绘制完成后，再绘制细小结构（即先整体后细节）。

a. 执行"偏移"命令绘制轮廓线。调用"偏移"命令，将 *GH*、*IJ* 直线以 18 为偏移距离向上偏移复制，*BE* 直线以 70 为偏移距离向左侧、右侧各偏移复制，*FA* 直线以 36 为偏移距离向上方、下方偏移复制，*CD* 直线以 36 为偏移距离向左侧、右侧各偏移复制。

选择刚刚偏移得到的点划线型轮廓线，打开"图层"工具栏上的图层列表，将点划线型轮廓线改为"CSX"层，即将点划线改为粗实线。结果如图 5.18 所示。

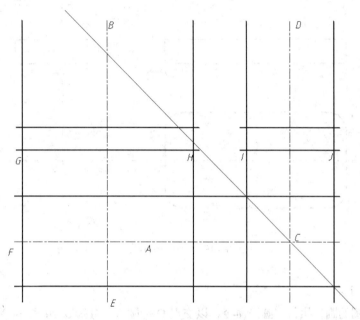

图 5.18　绘制底板轮廓线

b. 执行"修剪"和"圆角"命令完成底板外轮廓绘制。执行"修剪"命令，由于边界对象较多，可将对象全选为边界对象，在选择修剪对象时要根据底板为长方体视图为矩形特点逐一修剪，得形状为长方形的主、俯和左 3 个视图。

单击"修改"工具栏"圆角"命令按钮，执行"圆角"命令，命令行提示如下。

> _fillet 当前设置：模式＝修剪，半径＝10.0000（系统提示）
>
> 选择第一个对象或 [放弃(U)/多段线(P)/半径(R)/修剪(T)/多个(M)]：（选择"半径"命令选项进行圆角半径设置）输入"r"按 Enter 键。（命令行提示）
>
> 指定圆角半径 <0.0000>：（输入圆角半径）输入"14"按 Enter 键。（命令行提示）
>
> 选择第一个对象或 [放弃(U)/多段线(P)/半径(R)/修剪(T)/多个(M)]：（选择要圆角的第一条直线）单击直线 *LM*，上端选择直线 *LM*。（命令行提示）
>
> 选择第二个对象，或按住 Shift 键选择要应用角点的对象：（选择要圆角的第二条直线）单击直线 LN，左端选择直线 LN，命令结束。

用同样方法完成另一个圆角。

说明

在执行"圆角"命令，命令行提示"选择第一个对象或[放弃(U)/多段线(P)/半径(R)/修剪(T)/多个(M)]"时，输入"多个（M）"选项时，可执行一次命令完成 4 个圆角。

执行"修剪"和"圆角"命令后的结果如图 5.19 所示。

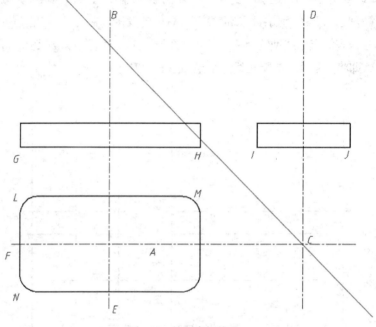

图 5.19　绘制底板外形

④ 绘制上部圆筒。

a. 绘制俯视图的圆。执行"圆"命令，以交点 O 为圆心，分别以 20 和 34 为半径绘制直径为 φ40 和 φ68 的圆。

b. 绘制主、左视图轮廓线。首先画主视图和左视图上端直线。

执行"偏移"命令，将 GH、IJ 向上偏移复制 99 个作图单位。

画主视图圆筒内、外圆柱面的转向轮廓线

执行"构造线"命令，捕捉俯视图上 1、2、3、4 各点绘制铅垂线，执行过程如下。

单击"构造线"图标按钮，命令行提示如下。

xline 指定点或[水平(H)/垂直(V)/角度(A)/二等分(B)/偏移(O)]：（选择绘制构造线的方式）输入"v"，选择"垂直"方式，按 Enter 键。（命令行提示）

指定通过点：（指定第一条构造线的位置点）捕捉俯视图上 1 点。（命令行提示）

指定通过点：（指定第二条构造线的位置点）捕捉俯视图上 2 点。（命令行提示）

指定通过点：（指定第三条构造线的位置点）捕捉俯视图上 3 点。（命令行提示）

指定通过点：（指定第四条构造线的位置点）捕捉俯视图上 4 点。（命令行提示）

指定通过点：（继续指定构造线的位置点，按 Enter 键结束命令）按 Enter 键结束命令。

画左视图圆筒内、外圆柱面的转向轮廓线。

再执行"偏移"命令，将偏移距离分别设置为 20 和 34，对中心线 CD 向两侧偏移复制。

c. 将内孔线调整到虚线层。将主、左视图内孔线修改为"XX"层，左视图外圆柱面的转向轮廓线修改为"CSX"层，结果如图 5.20 所示。

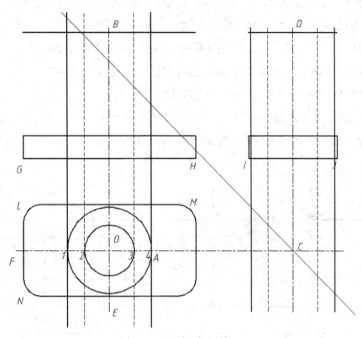

图 5.20　绘制上部圆筒一

d. 执行"修剪"命令，根据要求对主视图和左视图的圆筒内、外圆柱面的转向轮廓线进行修剪，并将修剪后的多余线段进行删除，结果如图 5.21 所示。

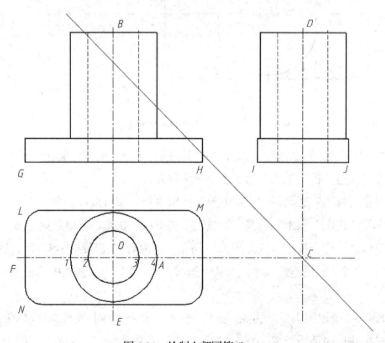

图 5.21　绘制上部圆筒二

⑤ 绘制左右肋板。肋板在俯视图上和左视图上的前后轮廓线投影可根据尺寸通过偏移对称中心线直接画出，而肋板斜面在主视图和左视图上的投影则要通过三视图的投影关系获得。

a. 俯视图、左视图上偏移复制肋板前后面投影。执行"偏移"命令，将中心线 FC 以偏移距离 7 向上、下各偏移复制，将中心线 CD 以偏移距离 7 向左、右各偏移复制。

b. 确定肋板在主视图、左视图上的最高位置的辅助线。执行"偏移"命令，将基准线 GH、IJ 以偏移距离 76（58+18=76）向上偏移复制，得到辅助直线 PQ、RS。

c. 主视图中，确定肋板的最高位置点。执行"构造线"命令，捕捉交点 5，绘制铅垂线，铅垂线与 PQ 的交点为 6。直线 56 即是圆筒在主视图上的内侧线位置。结果如图 5.22 所示。

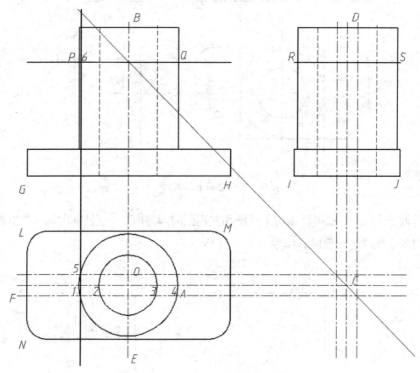

图 5.22　确定肋板最高点

d. 绘制主视图上肋板斜面投影。执行"窗口缩放"命令（或滚动鼠标滚轮），窗口放大主视图肋板的顶尖部分。执行"窗口缩放"命令有以下两种方式。

方式一：单击"标准"工具栏"窗口缩放"按钮执行"窗口缩放"命令。

方式二：调用"视图"菜单，选择"缩放"｜"窗口"执行"窗口缩放"命令。

执行"窗口缩放"命令操作方法如图 5.23 所示，此内容将在后续内容讲解，这里不需深究。

执行"直线"命令，画线连接顶尖点 6 和下边缘点 X，绘制出主视图中肋板斜面投影。如图 5.24 所示。

e. 修剪和删除 3 个视图中多余的线。执行"修剪"命令，将主视图的左侧肋板投影，俯视图及左视图中肋板投影修剪成适当长短，在修剪过程中，可通过滚动鼠标滚轮调整窗口位置和显示大小，以便于图形编辑。

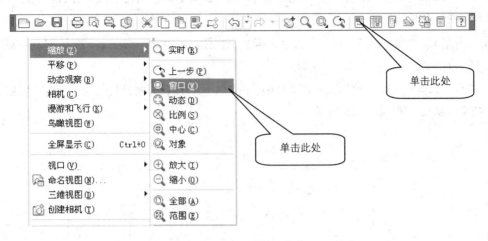

图 5.23　"窗口缩放"命令

删除修剪剩下和偏移的辅助线。

将左视图中偏移的肋板侧线修改为"CSX"图层。

结果如图 5.25 所示。（为使图片显得清晰，这里对部分标记进行删除）

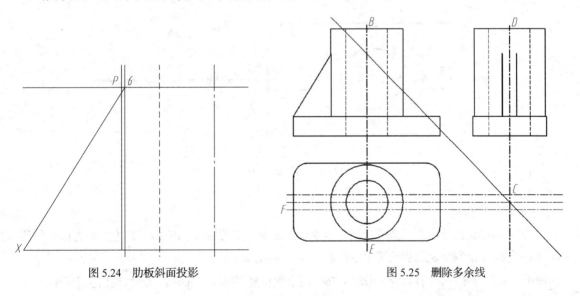

图 5.24　肋板斜面投影 　　　　　　　　　　　　图 5.25　删除多余线

f. 镜像复制主视图中右侧肋板。删除主视图中圆柱筒右侧的线，然后镜像复制右侧线和肋板投影线。也可像画左侧肋板方法绘制。步骤为：

选择主视图中圆筒右侧转向轮廓线，删除。

调用"镜像"命令，选择主视图左侧的 3 根线，以中心线 AB 为镜像轴线，镜像复制 3 根直线。

g. 绘制左视图中肋板与圆筒相交弧线 TU。调用"窗口放大"命令，在主视图的左上角附近单击，向右下拖动鼠标，在左视图 S 点右下角附近单击，使这一区域在屏幕上显示。

调用"构造线"命令，选择"水平"线选项，捕捉圆筒右侧转向轮廓线与右肋板交点 7，绘制水平线与 CD 交点 8。

调用"圆弧"命令，用"三点弧"方法，捕捉左视图上端点 T，交点 8，端点 U，绘制相贯线 $T8U$，删除辅助线 78。

h. 执行"修剪"命令，修剪俯视图 FC 偏移的两条平行线，并将其修改为"CSX"图层。

绘制左右肋板结果如图 5.26 所示。

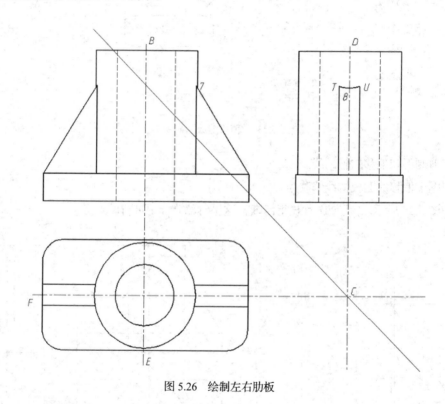

图 5.26　绘制左右肋板

⑥ 绘制前部立板。

a. 绘制前部立板外形的已知线。调用"偏移"命令，输入偏移距离 22，向左、右方向各偏移复制中心线 BE，绘制主视图和俯视图中前板的左右轮廓线。

调用"偏移"命令，输入偏移距离为 76，向上偏移复制基准线 GH、IJ，得到前板上表面在主视图、左视图中的投影轮廓线。

调用"偏移"命令，输入偏移距离 44，向下偏移复制俯视图的中心线 FC，向右偏移复制左视图的中心线 CD，在俯视图和左视图中得到前部立板在俯视图和左视图中的前表面的投影。

调用"修剪"和"倒角"命令，修剪图形，结果如图 5.27 所示。

b. 绘制左视图前部立板与圆筒交线 UV。利用"对象捕捉"和"对象追踪"功能，用"直线"命令绘制左视图中前板与圆筒的交线。

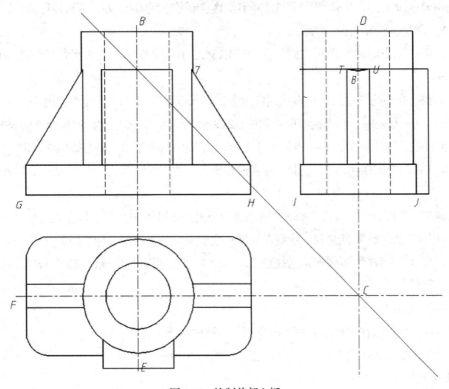

图 5.27　绘制前部立板

首先，画左视图中垂线。同时打开"对象捕捉"、"正交"、"对象捕捉追踪"功能，执行"直线"命令，当命令提示"指定第一点："时，在 9 点附近移动鼠标，当出现交点标记时向右移动鼠标，出现追踪虚线，移到 135° 辅助线上出现交点标记时单击。如图 5.28 所示。再向上移动鼠标，在左视图上方单击，绘制出垂直线 YZ。

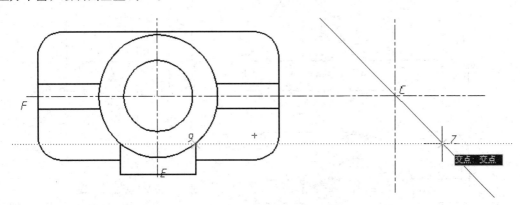

图 5.28　绘制左视图中重线

然后，调用修剪命令，修剪图形，得到前部立板在左视图中的投影。

c. 绘制前部立板圆孔。首先绘制各视图中圆孔的定位中心线，主视图中的圆，在左视图和俯视图中偏移复制中心线，获得孔的转向轮廓线，再利用辅助线法绘制左视图的相贯线。

● 调用偏移命令，输入偏移距离 40，向上偏移复制基准线 *GH*、*IJ*，再将偏移所得到的直线修改为"ZXX"图层，调整到合适的长短。

● 绘制主视图中的圆。调用"圆"命令，以交点 10 为圆心，12 为半径绘制主视图中孔的投影——圆。

● 绘制圆孔在俯视图中投影。调用偏移命令，输入偏移距离 12，将俯视图中的左右对称中心线 *B* 分别向两侧偏移复制。再将偏移所得到的直线修改为"XX"图层，修剪到合适的长短。

● 绘制圆孔在左视图中投影。调用偏移命令，输入偏移距离 12，将左视图中基准线 *IJ* 向上偏移所得的水平中心线分别向上、下复制。再将偏移所得到的直线修改为"XX"图层，修剪到合适的长短。

● 绘制左视图的相贯线。将"XSX"图层置为当前，利用相同方法绘制前部立板与圆筒在左视图中交线 *UV* 的方法，捕捉交点 11，绘制左视图中垂直辅助线，得到与中心线的交点 13。将"XX"图层置为当前，用三点法绘制圆弧，选择点 12、13、14 点，得到相贯线，结果如图 5.29 所示。

⑦ 编辑图形。

a. 删除多余的线。

b. 调用打断命令，在主视图和俯视图中间，打断中心线 *BE*。

c. 并调整各图线到合适的长短，完成全图，如图 5.1 所示。

（5）保存此文件。

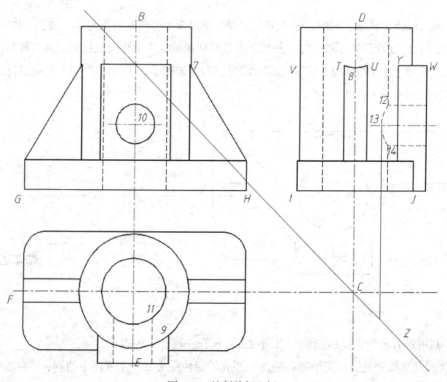

图 5.29　绘制前部立板

四、检测练习

1. 按 1 : 1 比例绘制图 5.30 所示的图形（不标注尺寸）。

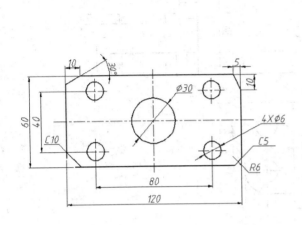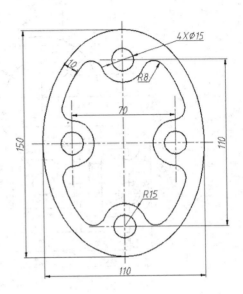

图 5.30 检测练习一

2. 按 1 : 1 比例绘制图 5.31 所示的三视图（不标注尺寸）。

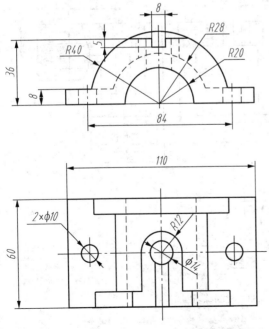

图 5.31 检测练习二

3. 按 1：1 比例绘制图 5.32 所示的三视图（不标注尺寸）。

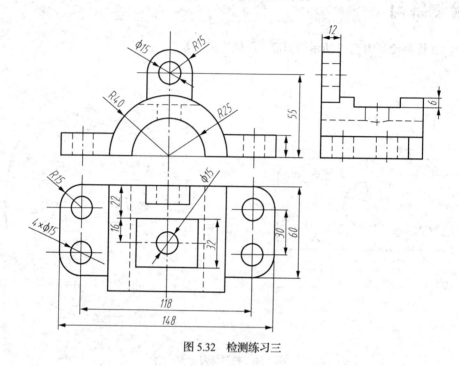

图 5.32   检测练习三

4. 按 1：1 比例绘制图 5.33 所示的三视图（不标注尺寸）。

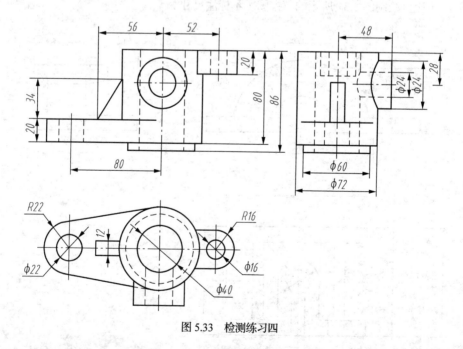

图 5.33   检测练习四

5. 按 1：1 比例绘制图 5.34 所示的三视图（不标注尺寸）。

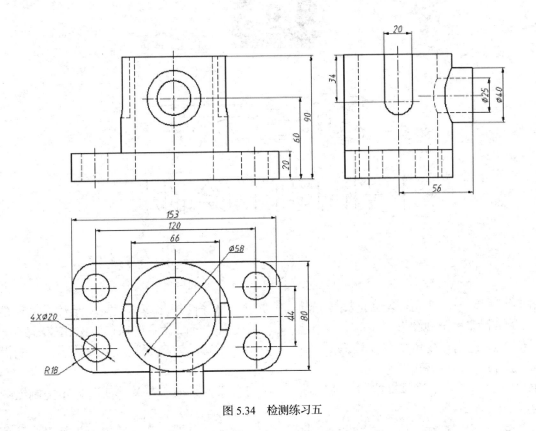

图 5.34　检测练习五

五、提高练习

按 1∶1 比例绘制图 5.35 所示的三视图（不标注尺寸）。

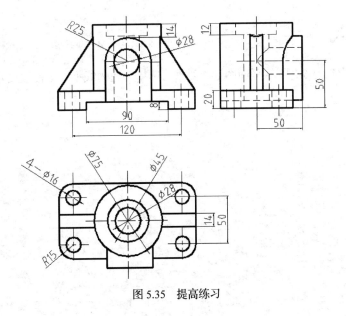

图 5.35　提高练习

Chapter 6

项目六

| 剖视图形的绘制 |

【能力目标】

1. 能够运用样条曲线、图案填充及其编辑命令绘制编辑剖视图形。
2. 能够简单运用渐变色填充及其编辑、多线绘图命令绘制编辑图形。
3. 能够运用缩放、平移显示控制绘图工具绘制与编辑图形。
4. 能够综合运用直线、圆、样条曲线、图案填充等绘图命令和偏移、修剪、图案填充编辑等修改命令绘制剖视图。

【知识目标】

1. 掌握样条曲线、图案填充及其编辑绘图、修改命令的操作方法和技巧。
2. 了解渐变色填充、多线绘图命令的操作方法。
3. 掌握缩放、平移等实时显示控制绘图工具的使用方法。

| 一、项目导入 |

用 1：1 的比例绘制图 6.1 所示平面图形。要求：选择合适的线型，不标注尺寸，不绘制图框与标题栏。

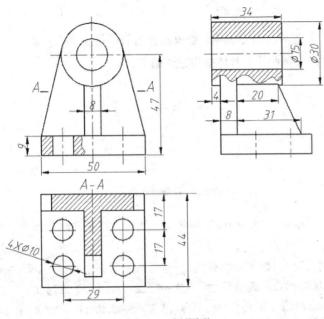

图 6.1 平面图形

二、项目知识

（一）样条曲线绘图命令

样条曲线是经过一系列指定点的光滑曲线，主要用于绘制不规则的曲线，如机械图样中的波浪线，地质地貌图中的轮廓线等。

在 AutoCAD 2010 中，执行绘制样条曲线命令的方法有以下 3 种。

（1）单击"绘图"工具栏中的"样条曲线"按钮 ~ 。

（2）选择"绘图" | "样条曲线"命令。

（3）在命令行中输入命令 spline。

执行绘制样条曲线命令后，命令行提示如下。

```
命令: _spline
指定第一个点或 [对象(O)]: (指定样条曲线的第一个点)
指定下一点: (指定样条曲线的下一点)
指定下一点或 [闭合(C)/拟合公差(F)] <起点切向>: (指定样条曲线的下一点)
指定下一点或 [闭合(C)/拟合公差(F)] <起点切向>: (按 Enter 键结束指定下一点)
指定起点切向: (拖动鼠标指定起点切向)
指定端点切向: (拖动鼠标指定端点切向)
```

其中各命令选项的功能介绍如下。

（1）对象：选择该命令选项，将二维或三维的二次或三次样条拟合多段线转换成等价的样条曲线并删除多段线。

（2）闭合（C）：选择该命令选项，将最后一点定义为与第一点一致并使它在连接处相切，这样可以闭合样条曲线。

（3）拟合公差（F）：选择该命令选项，修改拟合当前样条曲线的公差。

图 6.2 所示为绘制的样条曲线，具体操作方法如下。

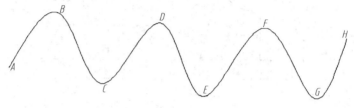

图 6.2　绘制样条曲线

单击"绘图"工具栏中的"样条曲线"按钮 ～，执行"样条曲线"命令，命令行提示如下。

命令：_spline
指定第一个点或 [对象(O)]：（指定样条曲线的起点）在 A 点处单击确定 A 点。（命令行提示）
指定下一点：（指定样条曲线的下一通过点）在 B 点处单击确定 B 点。（命令行提示）
指定下一点或 [闭合(C)/拟合公差(F)] <起点切向>：（指定样条曲线的下一通过点）在 C 点处单击确定 C 点。（命令行提示）
指定下一点或 [闭合(C)/拟合公差(F)] <起点切向>：（指定样条曲线的下一通过点）在 D 点处单击确定 D 点。（命令行提示）
指定下一点或 [闭合(C)/拟合公差(F)] <起点切向>：（指定样条曲线的下一通过点）在 E 点处单击确定 E 点。（命令行提示）
指定下一点或 [闭合(C)/拟合公差(F)] <起点切向>：（指定样条曲线的下一通过点）在 F 点处单击确定 F 点。（命令行提示）
指定下一点或 [闭合(C)/拟合公差(F)] <起点切向>：（指定样条曲线的下一通过点）在 G 点处单击确定 G 点。（命令行提示）
指定下一点或 [闭合(C)/拟合公差(F)] <起点切向>：（指定样条曲线的下一通过点）在 G 点处单击确定 G 点。（命令行提示）
指定下一点或 [闭合(C)/拟合公差(F)] <起点切向>：（结束样条曲线绘制，按 Enter 键）（命令行提示）
指定起点切向：（指定起点切向确定样条曲线起点方向）光标跳转至样条曲线起点位置，移动鼠标调整起点方向（见图 6.3），按 Enter 键起点方向确定。
指定端点切向：　光标跳转至样条曲线端点位置，移动鼠标调整端点方向（见图 6.4），按 Enter 键端点方向确定。

结束命令，结果如图 6.3 所示。

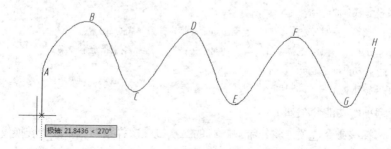

极轴: 21.8436 < 270°

图 6.3　指定起点方向

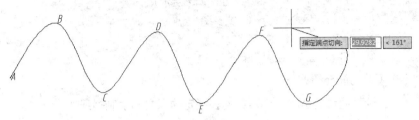

图 6.4 指定端点方向

  在绘制样条曲线时，命令结束需连续按 3 次 Enter 键，如样条曲线起点和端点方向任意，则可快速连续 3 次按 Enter 键，这可提高绘图速度。

使用样条曲线编辑命令，可以对已经绘制的样条曲线进行调整和修改。选择"修改"｜"对象"｜"样条曲线"命令，或在命令行中输入命令 splinedit，按 Enter 键，命令行提示如下。

```
命令: _splinedit
选择样条曲线:（选择要编辑的样条曲线）
输入选项 [拟合数据(F)/闭合(C)/移动顶点(M)/精度(R)/反转(E)/放弃(U)]:（选择编辑方法）
```

各命令选项的功能介绍如下。

（1）拟合数据（F）：选择此命令选项，命令行提示"输入拟合数据选项[添加（A）/闭合（C）/删除（D）/移动（M）/清理（P）/相切（T）/公差（L）/退出（X）]<退出>:"，选择相应的命令选项，以指定的方式拟合样条曲线。

（2）闭合（C）：选择此命令选项，闭合开放的样条曲线，使其在端点处切向连续。如果选择的样条曲线已经闭合，则该命令选项将变为"打开"。

（3）移动顶点（M）：选择此命令选项，重新定位样条曲线的控制顶点并且清理拟合点。

（4）精度（R）：选择此命令选项，精密调整样条曲线定义。选择此命令选项，命令行将提示"输入精度选项 [添加控制点（A）/提高阶数（E）/权值（W）/退出（X）]<退出>:"，用户可以对样条曲线进行调整精度、添加控制点、提高阶数和调整权值等操作。

（5）反转（E）：选择此命令选项，反转样条曲线的方向。

（6）放弃（U）：选择此命令选项，取消上一次编辑操作。

（二）多线绘图命令

多线是指由多条平行线组成的作为一个对象使用的图形对象。组成多线的平行线之间的距离和数目是可以调整的，多线常用于绘制建筑图中的墙体、电子线路图等平行线对象。

在 AutoCAD 2010 中，执行绘制多线命令的方法有以下两种。

（1）选择"绘图"｜"多线"命令。

（2）在命令行中输入命令 mline。

执行绘制多线命令后，命令行提示如下。

命令：_mline
当前设置：对正 = 上，比例=1.00，样式=STANDARD（系统提示）
指定起点或[对正(J)/比例(S)/样式(ST)]：（指定多线的起点）
指定下一点：（指定多线的下一点）
指定下一点或 [放弃(U)]：（按 Enter 键结束命令）

其中各命令选项的功能介绍如下。

（1）对正（J）：选择此命令选项，确定如何在指定的点之间绘制多线。

（2）比例（S）：选择此命令选项，控制多线的全局宽度。该比例不影响线型比例。

（3）样式（ST）：选择此命令选项，指定多线的样式。

多线的样式定义了组成多线的平行线的个数，以及多线拐角的方式。在 AutoCAD 2010 中，选择"格式" | "多线样式"命令，弹出"多线样式"对话框，如图 6.5 所示。该对话框的功能介绍如下。

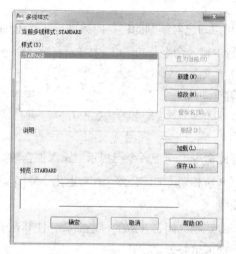

图 6.5　"多线样式"对话框

① "样式"列表框。该列表框中显示了当前已加载的所有多线样式。

② "置为当前"按钮。在"样式"列表框中选中已加载的多线样式，然后单击此按钮，即可将其设置为当前多线样式。

③ "新建"按钮。单击此按钮，弹出"创建新的多线样式"对话框，如图 6.6 所示。在该对话框中的"新样式名"文本框中输入新建多线样式的名称，然后单击"继续"按钮，弹出"新建多线样式"对话框，如图 6.7 所示，用户可以在该对话框中对多线的样式进行设置。

图 6.6　"创建新的多线样式"对话框

图 6.7 "新建多线样式"对话框

④"修改"按钮。在"样式"列表框中选中要修改的多线样式,单击此按钮,即可在弹出的"修改多线样式"对话框中对其进行修改。"修改多线样式"对话框中的选项与"新建多线样式"对话框中的选项相同。

⑤"重命名"按钮。在"样式"列表框中选中一个多线样式,单击此按钮即可对其重命名。

⑥"删除"按钮。在"样式"列表框中选中一个多线样式,单击此按钮即可将其删除。

⑦"加载"按钮。单击此按钮,弹出"加载多线样式"对话框,如图 6.8 所示,用户可以在该对话框中选取多线样式并将其加载到当前图形中。

⑧"保存"按钮。单击此按钮,将当前的多线样式保存为*.mln 文件。

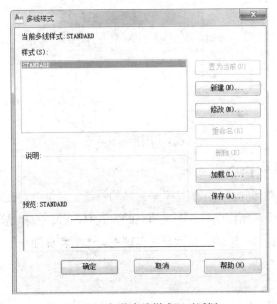

图 6.8 "加载多线样式"对话框

AutoCAD 为用户提供了专门用于编辑多线的命令，选择"修改"｜"对象"｜"多线"命令，弹出"多线编辑工具"对话框，如图6.9所示。该对话框中提供了多种多线编辑方法，效果如图6.10所示。

图 6.9　"多线编辑工具"对话框

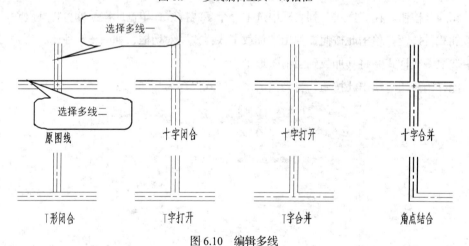

图 6.10　编辑多线

（三）图案填充绘图命令

使用 AutoCAD 绘制图形时，为了表达某一区域的特征，经常会对该区域进行图案填充，如机械图中的剖视图和建筑图中的断面图等。图案填充的方式有两种，一种是以图案填充区域，叫做图案填充；另一种是以渐变色填充区域，叫做渐变色填充。本节将详细介绍图案填充和渐变色填充的方法以及图案填充的编辑方法。

1. 图案填充命令

在 AutoCAD 2010 中，执行图案填充命令的方法有以下 3 种。

（1）单击"绘图"工具栏中的"图案填充"按钮 🔲。

（2）选择"绘图"｜"图案填充"命令。

（3）在命令行中输入命令 bhatch。

执行该命令后，弹出"图案填充和渐变色"对话框，如图6.11所示。该对话框中各选项功能详细介绍如下。

（1）"类型和图案"选项组：指定图案填充的类型和图案。该选项组中包含以下选项。

① "类型"下拉列表框。用于设置填充图案的类型。AutoCAD 提供了"预定义"、"用户定义"和"自定义"3种类型供用户选择。

② "图案"下拉列表框。在该下拉列表框中选择图案名称，或单击该下拉列表框右边的"预览"按钮 ⋯，在弹出的"填充图案选项板"对话框中选择其他图案类型进行设置，如图6.12所示。

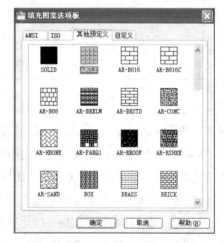

图6.11　"图案填充和渐变色"对话框　　　　图6.12　"填充图案选项板"对话框

③"样例"列表框。用于显示选定的图案。单击该列表框中的图案也可以弹出"填充图案选项板"对话框，并可以选择其他图案进行设置。

④"自定义图案"下拉列表框。用于将填充的图案设置为用户自定义的图案，用法与"图案"下拉列表框相同。该选项只有在"自定义"类型下才可用。

（2）"角度和比例"选项组：指定选定填充图案的角度和比例。该选项组包含以下选项。

①"角度"下拉列表框。指定填充图案的角度（相对当前 UCS 坐标系的 X 轴）。

②"比例"下拉列表框。放大或缩小预定义或自定义图案。只有将"类型"设置为"预定义"或"自定义"时，此选项才可用。

（3）"图案填充原点"选项组：控制填充图案生成的起始位置。某些图案填充需要与图案填充边界上的一点对齐。默认情况下，所有图案填充原点都对应于当前的 UCS 原点。

单击"图案填充和渐变色"对话框右下角的按钮 ⊙，弹出所有公共选项，如图 6.13 所示。

图 6.13　所有公共选项

（4）"边界"选项组：用于设置定义边界的方式。

① "拾取点"按钮 ⊞。根据围绕指定点构成封闭区域的现有对象确定边界。

② "选择对象"按钮 ⊡。根据构成封闭区域的选定对象确定边界。

（5）"选项"选项组：控制几个常用的图案填充或填充选项。

（6）"孤岛"选项组：指定在最外层边界内填充对象的方法。

（7）"边界保留"选项组：指定是否将边界保留为对象，并确定应用于这些对象的对象类型。选中"保留边界"复选框，然后在"对象类型"下拉列表中选择对象类型为"面域"或"多段线"。

（8）"边界集"选项组：定义当从指定点定义边界时要分析的对象集。当使用"选择对象"定义边界时，选定的边界集无效。

（9）"允许的间隙"选项组：设置将对象用做图案填充边界时可以忽略的最大间隙。默认值为 0，此值指定对象必须为封闭区域。

（10）"继承选项"选项组：使用此选项创建图案填充时，这些设置将控制图案填充原点的位置。

图 6.14 所示为图案填充效果。

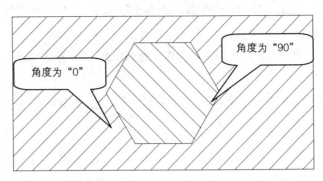

图 6.14　图案填充效果

2．渐变色填充绘图命令

在 AutoCAD 2010 中，执行渐变色填充命令的方法有以下 3 种。

（1）单击"绘图"工具栏中的"渐变色"按钮 ▦。

（2）选择"绘图"｜"渐变色"命令。

（3）在命令行中输入命令 gradient。

执行该命令后，弹出"图案填充和渐变色"对话框，选择"渐变色"选项卡，如图 6.15 所示。

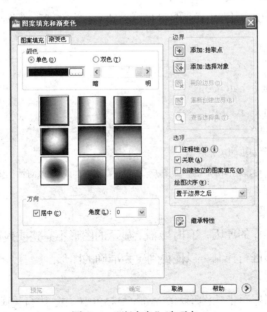

图 6.15　"渐变色"选项卡

该选项卡中各选项功能介绍如下。

（1）"颜色"选项组：定义要应用的渐变填充的外观。

① "单色"单选按钮。指定使用从较深色调到较浅色调平滑过渡的单色填充。

② "双色"单选按钮。指定在两种颜色之间平滑过渡的双色渐变填充。

（2）"方向"选项组：指定渐变色的角度及其是否对称。

①"居中"复选框。指定对称的渐变配置。如果没有选定此选项，渐变填充将朝左上方变化，创建光源在对象左边的图案。

②"角度"下拉列表框。指定渐变填充的角度。相对当前 UCS 指定角度，此选项与指定给图案填充的角度互不影响。

其他选项与"图案填充"选项卡中相同，这里就不再赘述，创建的渐变色填充的效果如图 6.16 所示。

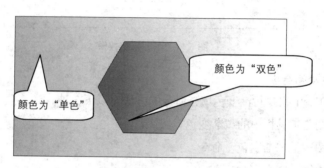

图 6.16　渐变色填充效果

（四）编辑填充图案命令

创建图案填充后，用户还可以对填充图案和填充边界进行编辑。执行编辑填充图案命令的方法有以下两种。

（1）选择"修改"｜"对象"｜"图案填充"命令。

（2）在命令行中输入命令 hatchedit。

执行此命令后，命令行提示如下。

命令：_hatchedit
选择图案填充对象：（选择要编辑的填充图案）
选择填充图案后，弹出"图案填充"对话框，如图 6.11 所示，用户可以在该对话框中对图案填充的图案、边界、旋转角度和比例等参数进行修改。

（五）重画和重生成

在绘制图形时，由于操作的原因，有时屏幕上显示的图形不完整或残留有光标点，此时可以使用重画或重生成命令对图形进行控制，以便得到更为准确的图形。

1. 图形的重画

重画命令用于重新绘制屏幕上的图形。在 AutoCAD 2010 中，执行重画命令的方法有以下两种。

（1）选择"视图"｜"重画"命令。

（2）在命令行中输入命令 redrawall。

执行该命令后，屏幕上原有的图形消失，系统接着重新将该图形绘制一遍。如果原来的图形中残留有光标点，那么重画后这些光标点会消失。

2. 图形的重生成

重生成命令用于重新生成屏幕上的图形数据。在 AutoCAD 2010 中，执行重生成命令的方法有以下两种。

（1）选择"视图"｜"重生成"命令。

（2）在命令行中输入命令 regen。

执行该命令后，重生成全部图形并在屏幕上显示出来。执行该命令时，系统需要把图形文件的原始数据全部重新计算一遍，形成显示文件后再显示出来，所以该命令生成图形所用的时间比较长。

（六）全屏显示（清理屏幕）

清屏命令用于清除视图窗口中的工具栏和可固定窗口（命令行除外），将普通的视图模式转换成专家模式，如图1.8所示。在 AutoCAD 2010 中，执行清屏命令的方法有以下3种。

（1）单击状态栏右下角的"全屏显示"按钮 。

（2）选择"视图"｜"清除屏幕"命令。

（3）按组合键"Ctrl+0"。

执行清屏命令后，视图模式即可切换成专家模式，再次执行清屏命令，又会切换到普通模式。在专家模式下，屏幕窗口只保留菜单栏、绘图窗口、命令行和状态栏，这样绘图窗口就得到了扩充，但要使用专家模式，用户就必须对 AutoCAD 的工具非常了解。

（七）图形的缩放

图形的缩放是指在视图区域内增加或减少图形对象的显示比例，但不会改变图形对象的实际尺寸和大小。在 AutoCAD 2010 中有很多缩放命令，单击"缩放"或"标准"工具栏中的相应按钮，或选择"视图"｜"缩放"菜单子命令即可执行缩放命令，如图6.17所示。

图6.17　"缩放"菜单及"缩放"工具栏

1．实时缩放

实时缩放是指利用定点设备，在逻辑范围内交互缩放。在 AutoCAD 2010 中，执行该命令的方法有以下3种。

（1）单击"标准"工具栏中的"实时缩放"按钮 。

（2）选择"视图"｜"缩放"｜"实时"命令。

（3）在命令行中输入命令 zoom。

执行该命令后，光标变为 。AutoCAD 以移动窗口高度的一半距离表示缩放比例为100%。在窗口的中点按住拾取键并垂直移动到窗口顶部则放大 100%。反之，在窗口的中点按住拾取键并垂直向下移动到窗口底部则缩小 100%。当达到放大极限时光标中加号消失，表示不能再放大；当达到缩小极限时光标中减号消失，表示不能再缩小。松开拾取键时缩放终止，可以在松开拾取键后将光标移动到图形的另一个位置，然后再按住拾取键便可从该位置继续缩放显示。

　　　如使用的是带有滚轮的 3 键鼠标，滚动滚轮就可实现实时缩放，向前滚动为放大，向后滚动为缩小。

2. 放大和缩小

　　放大和缩小命令可以直接在视图窗口中增加或减少图形显示的比例，从而放大或缩小观察图形。在 AutoCAD 2010 中，执行该命令的方法有以下两种。

　　（1）单击"标准"工具栏中的"放大"按钮 ⊕ 或"缩小"按钮 ⊖ 。

　　（2）选择"视图"｜"缩放"｜"放大"或"缩小"命令。

　　执行放大或缩小命令后，视图窗口中的图形会自动放大一倍或缩小 1/2。

3. 动态缩放

　　动态缩放是指在一个视图框中显示部分图形。视图框表示视口，用户可以改变它的大小，或在图形中移动该视图框。移动视图框或调整它的大小，即可平移或缩放图形，以充满整个视口。在 AutoCAD 2010 中，执行该命令的方法有以下 3 种。

　　（1）单击"缩放"工具栏中的"动态缩放"按钮 ⊕ 。

　　（2）选择"视图"｜"缩放"｜"动态"命令。

　　在命令行中输入命令 zoom。

　　执行该命令后，屏幕将临时切换到虚拟显示屏状态。

　　其中的蓝色虚线方框为图形界限或图形范围，用于显示图形界限和图形范围中较大的一个，绿色的虚线框为当前视图，黑色实线框为视图框。视图框有两种状态：一种是平移视图框，它的大小不能改变，只可任意移动；另一种是缩放视图框，它不能平移，但大小可以调节。单击即可在平移视图框和缩放视图框之间进行切换。

4. 比例缩放

　　比例缩放是指以指定的比例因子缩放显示。如果输入的值后面跟着"x"，则根据当前视图指定比例进行缩放；如果输入值，并在值后输入"xp"，则指定相对于图纸空间单位的比例进行缩放。在 AutoCAD 2010 中，执行该命令的方法有以下 3 种。

　　（1）单击"缩放"工具栏中的"比例缩放"按钮 ⊕ 。

　　（2）选择"视图"｜"缩放"｜"比例"命令。

　　（3）在命令行中输入命令 zoom。

　　执行该命令后，命令行提示如下。

输入比例因子 (nX 或 nXP)：（输入比例因子）

输入比例因子后，按 Enter 键即可缩放图形

5．窗口缩放

该命令是指缩放显示由两个角点定义的矩形窗口框定的区域。在 AutoCAD 2010 中，执行该命令的方法有以下 3 种。

（1）单击"标准"工具栏中的"窗口缩放"按钮 。

（2）选择"视图"|"缩放"|"窗口"命令。

（3）在命令行中输入命令 zoom。

执行该命令后，命令行提示如下。

命令：_zoom
指定窗口的角点，输入比例因子(nX 或 nXP)，或者[全部(A)/中心(C)/动态(D)/范围(E)/上一个(P)/比例(S)/窗口(W)/对象(O)] <实时>：输入"w"。
指定第一个角点：(指定窗口第一个角点)鼠标单击缩放对象的一个角点。(命令行提示)
指定对角点： (指定窗口对角点)鼠标单击缩放对象的对角点。

命令结束，系统将自动将窗口内图形以一定倍数放大并显示在屏幕中间。窗口缩放常用于对线条较多的局部图形绘制或编辑。

（八）实时平移对象

平移是另一种常用的控制图形显示的工具。图形的平移是指在视图区域内改变图形对象的显示位置，但不会改变图形对象的位置。在 AutoCAD 2010 中选择"视图"|"平移"菜单子命令即可执行平移命令，如图 6.18 所示。

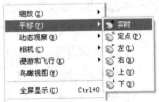

在"平移"菜单子命令中，绘图过程中常用的子命令是"实时"，常说成"实时平移"，下面仅对此命令作如下说明。

图 6.18 "平移"菜单子命令

在 AutoCAD 2010 中，执行"实时平移"命令的方法有以下 3 种。

（1）单击"标准"工具栏中的"实时平移"按钮 。

（2）选择"视图"|"平移"|"实时"菜单子命令。

（3）在命令行中输入命令 pan。

执行该命令后，光标变成了 形状，此时拖动鼠标即可平移图形。

如使用的是带有滚轮的三键鼠标，按住滚轮移动鼠标就可实现实时平移。

三、项目实施

（1）进入"AutoCAD 经典"工作空间，建立一新无样板图形文件，保存此空白文件，文件名为"图 6.1.dwg"，注意在绘图过程中每隔一段时间保存一次。

（2）设置绘图环境，设置图形界限，设定绘图区域的大小为 297×210，左下角点为坐标原点（此步骤现可省略）。

（3）设置图层，设置粗实线、中心线、虚线和细实线 4 个图层，图层参数如表 6.1 所示。

表 6.1　　　　　　　　　　　　　　图层设置参数

图层名	颜色	线型	线宽	用途
CSX	红色	Continuous	0.50mm	粗实线
ZXX	绿色	Center	0.25mm	中心线
XX	黄色	Dashed	0.25mm	虚线
XSX	青色	Continuous	0.25mm	细实线

（4）绘制图形，用 1：1 的比例绘制图 5.1 所示平面图形。要求：选择合适的线型，不绘制图框与标题栏，不标注尺寸。

参考步骤如下。

① 调整屏幕显示大小，打开"显示/隐藏线宽"和 "极轴追踪"状态按钮，在"草图设置"对话框中选择"对象捕捉"选项卡，设置"交点"、"端点"、"中点"、"圆心"等捕捉目标，并启用对象捕捉。

② 绘制基准线、主要位置线和辅助线。

a. 绘制基准线。分别将"ZXX"和"CSX"图层设置为当前图层，执行"直线"命令，绘制出主视图和俯视图的长度基准线（对称中心线），俯视图和左视图的宽度基准线，主视图和左视图的高度基准线。

b. 绘制主要位置线。执行"偏移"命令，以 47 为偏移距离将主视图和左视图高度基准线向上偏移，选中偏移直线，将其改为中心线。

c. 绘制辅助线。将"XSX"图层设置为当前图层，调用"构造线"命令，在俯视图宽度基准线左端点位置绘一水平线，在左视图宽度基准线下端点位置处绘一垂直线，过两直线交点绘一条 135° 的斜线，结果如图 6.19 所示。

③ 绘制底板。执行"直线"命令，根据尺寸先画特征视图（俯视图），再结合"三等规律"或尺寸完成其他两视图，绘图过程不再赘述，请用户自行完成，结果如图 6.20 所示。

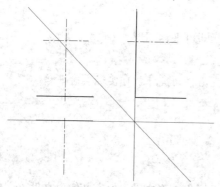

图 6.19　绘制基准线、主要位置线和辅助线

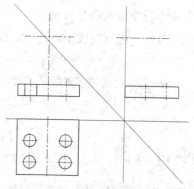

图 6.20　绘制底板

说明　　　在绘制剖视图时不主张先将表达对象画成视图（不可见线画成虚线），后修改为剖视图。

④ 绘制上方圆筒。由于俯视图采用剖视图表达，圆筒可以不画。执行"圆"命令，在主视图上绘制出 $\phi15$ 和 $\phi30$ 两圆，根据投影关系完成左视图相应视图，由于左视图采用局部剖视表达，故图线均采用"CSX"图层绘制。结果如图 6.21 所示。

⑤ 绘制肋板。执行"直线"命令，先在主视图和左视图根据尺寸绘制出肋板轮廓线；执行"构造线"线命令作出图 6.22 所示辅助线，执行"延伸"命令，延伸线段 AB 至辅助线处。执行"修剪"和"直线"命令，再根据投影关系完成左视图和俯视图有关图线，结果如图 6.22 所示。

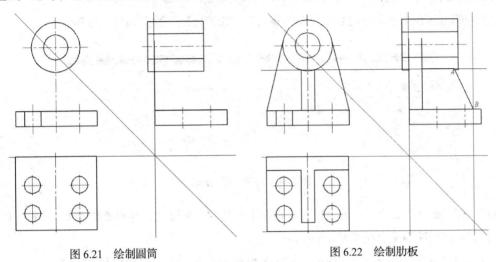

图 6.21　绘制圆筒　　　　　　　图 6.22　绘制肋板

⑥ 绘制剖面图。在主视图合适位置，执行"直线"命令，在确定的剖切线位置处绘制出长度为 5 的剖切线（在"CSX"图层），执行"构造线"命令，在剖切线位置处分别作图 6.23 所示辅助线。

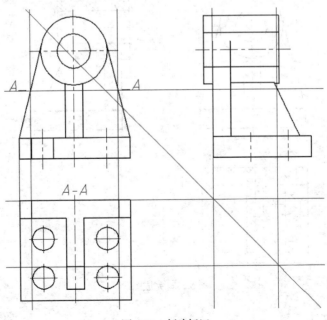

图 6.23　创建标记

执行"直线"命令，根据视图投影关系，借助于辅助线完成俯视图对应于剖切面位置处的轮廓线。

执行"多行文字"命令，命令行提示如下。

_mtext 当前文字样式："Standard" 当前文字高度：3.5

指定第一角点：用鼠标在主视图左边剖切线位置确定矩形一角点。

指定对角点或 [高度(H)/对正(J)/行距(L)/旋转(R)/样式(S)/宽度(W)]：用鼠标确定矩形另一角点，系统弹出图 6.24 所示"文字格式"对话框。输入字母"A"，单击"确定"按钮，完成标记字母"A"的创建。

用相同的方法在主视图左边和俯视图创建剖视图相关标记。结果如图 6.25 所示。

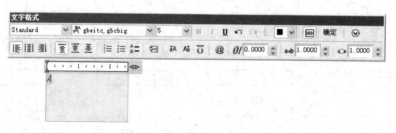

图 6.24 创建"A"标记

执行"样条曲线"命令，在左视图和俯视图上各绘制一波浪线，并调整其位置，执行"修剪"命令，修剪左视图肋板轮廓线长度和圆筒轮廓线。

执行"图案填充"命令，在主视图、俯视图和左视图中选择填充区域进行图案填充。

执行"删除"命令，删除所有辅助线。完成全图，结果如图 6.25 所示。

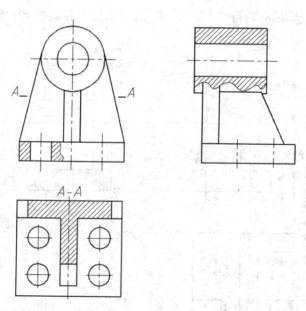

图 6.25 完成图

（5）保存此图形文件。

四、检测练习

1. 按 1：1 比例绘制图 6.26 所示的剖视图（不标注尺寸）。

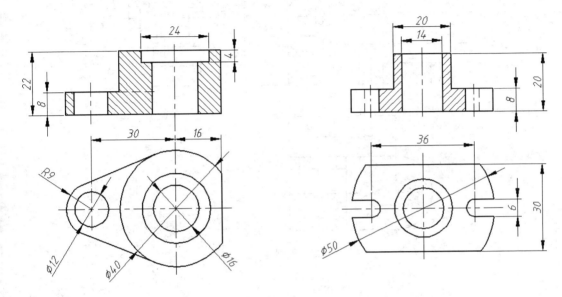

图 6.26 检测练习一

2. 按 1：1 比例绘制图 6.27 所示的剖视图（不标注尺寸）。

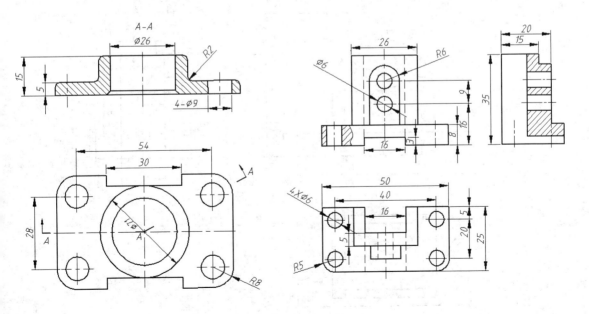

图 6.27 检测练习二

3. 按 1：1 比例绘制图 6.28 所示的剖视图（不标注尺寸）。

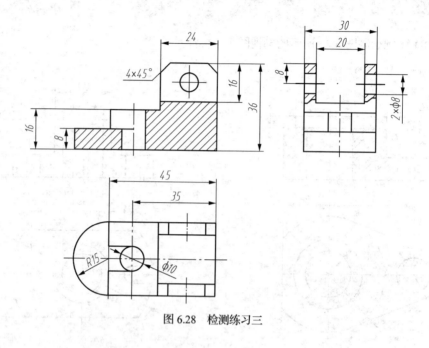

图 6.28　检测练习三

4. 按 1：1 比例绘制图 6.29 所示的剖视图（不标注尺寸）。

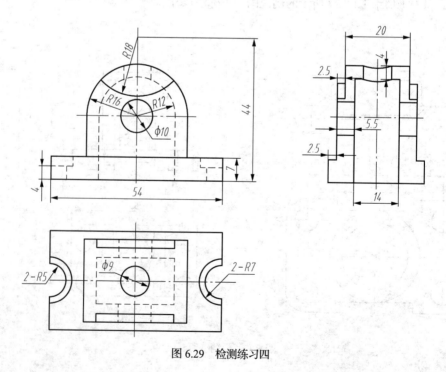

图 6.29　检测练习四

5. 按 1∶1 比例绘制图 6.30 所示的剖视图（主视图虚线可不绘制，不标注尺寸）。

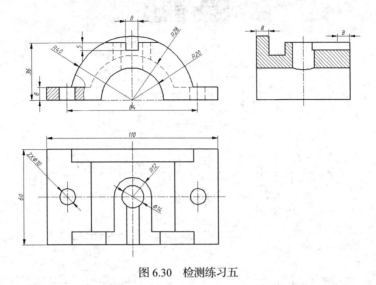

图 6.30 检测练习五

五、提高练习

按 1∶1 比例绘制图 6.31 所示的剖视图（不标注尺寸）。

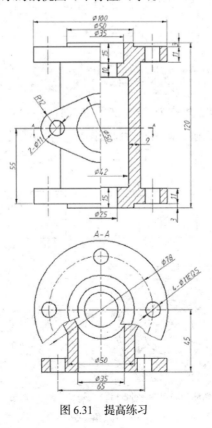

图 6.31 提高练习

Chapter 7

项目七

| 标准件和常用件的绘制 |

【能力目标】

1. 能够进行根据零件标注、标记要求定义文字样式。
2. 能够运用单行文字、多行文字、编辑文字命令进行文本输入和编辑。
3. 能够按照国标的要求，综合运用绘图和修改命令绘制标准件和常用件。

【知识目标】

1. 掌握定义文字样式的操作方法。
2. 掌握单行文字、多行文字、编辑文字命令的操作方法与技巧。

| 一、项目导入 |

任务一：绘制图 7.1 所示螺纹规格为 D =M20（GB/T6170—2000）的六角头螺母，要求：采用比例画法，布图匀称合理，图形正确，图素特性符合国标，不标注尺寸。

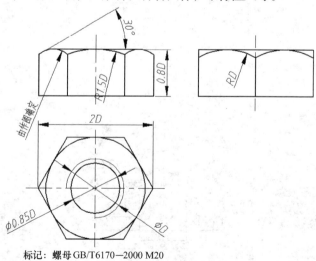

标记：螺母 GB/T6170—2000 M20

图 7.1　六角头螺母

任务二：创建图 7.2 所示的文字标注。

在标注文本之前，需要对文本的字体定义一种样式，字体样式是所有字体文件、字体大小宽度系数等参数的综合。

单行文字标注适用于标注文字较短的信息，如工程制图中的材料说明、机械制图中的部件名称等。

标注多行文字时，可以使用不同的字体和字号。多行文字适用于标注一些段落性的文字，如技术要求、装配说明等。

$$AutoCAD\ 2010\ \varnothing\ R\ EQS\ \varnothing 30^{+0.023}_{-0.010}\ \varnothing 40\pm 0.010\ \varnothing 50H6$$

图 7.2　文字标注

二、项目知识

（一）文字样式

1. 定义文字样式

在标注文本之前，需要对文本的字体定义一种样式，字体样式是所有字体文件、字体大小宽度系数等参数的综合。

在 AutoCAD 2010 中，系统默认的文字样式为"Standard"，用户还可以根据自己的需要，创建新的文字样式。执行创建文字样式命令的方法有以下 3 种。

（1）单击"样式"工具栏中的"文字样式"按钮。

（2）选择"格式" | "文字样式"命令。

（3）在命令行中输入命令 style。

执行此命令后，弹出"文字样式"对话框，如图 7.3 所示。

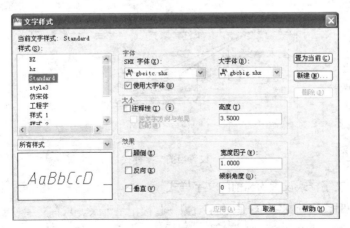

图 7.3　"文字样式"对话框

单击该对话框中的"新建"按钮，弹出"新建文字样式"对话框，如图 7.4 所示。

系统默认的新建文字样式名为"样式1",用户可以在"样式名"文本框中将该样式名修改为可识读(如"文本"、"尺寸标注")的名称。设置样式名后,单击"新建文字样式"对话框中的"确定"按钮返回到"文字样式"对话框,此时用户可以对新建文字样式的字体和效果进行设置,其中各选项功能介绍如下。

图7.4 "新建文字样式"对话框

(1)"样式名"下拉列表框:用于显示文字样式名、添加新样式以及重命名和删除现有样式。其下拉列表中包括已经定义的样式名并默认显示当前样式。

(2)"字体"选项组:该选项组用于更改文字样式的字体。文字的字体是通过字体文件定义的,每一种字体文件对应一种字体。字体分为两种。一种是 Windows 系列应用软件提供的普通字体,系统定义为 True Type 类型的字体;另一种是 AutoCAD 系统提供的字体文件,系统定义为大字体文件。如果选中"字体"选项组中的"使用大字体"复选框,则表示定义样式的文字为大字体;如果取消选中该复选框,则表示定义样式的文字为 True Type 类型的字体。

(3)"效果"选项组:该选项组用于设置字体的具体特征,如宽度比例、倾斜角度以及是否颠倒显示、反向或垂直对齐等。

2. 设置当前文字样式

在图形中创建文字时必须使用当前文字样式,如果想要换一种样式创建文字,需要将该样式设置为当前文字样式。在 AutoCAD 2010 中,设置当前文字样式有两种方法,其过程如下。

方法一:选择"格式"|"文字样式"命令,弹出"文字样式"对话框。

在该对话框中的"样式名"下拉列表中选择需要的文字样式。

单击"关闭"按钮。

方法二:单击"样式"工具栏"文字样式"后 按钮,弹出所有文字样式,选择所需样式单击,即将该样式设置为当前文字样式。图 7.5 所示操作即为将文字样式"Standard" 设置为当前文字样式。

图7.5 设置当前文字样式

这样就将选中的文字样式设置为当前的文字样式。

在创建文字对象时,当前文字样式与文字对象一起被记录下来。只有文字对象不存在时,才能删除与其对应的文字样式。

(二)文字标注

文字标注是绘制图形过程中的一项重要内容。在 AutoCAD 中,文字标注有两种方式:一种是标注单行文字，执行命令后只能输入一行文字；另一种是标注多行文字，执行命令后一次可以输入多行文字，系统会根据文本窗口的大小自动设置换行。本节将详细介绍这两种文字标注方法。

1. 标注单行文字

单行文字标注适用于标注文字较短的信息，如工程制图中的材料说明、机械制图中的部件名称等。在 AutoCAD 2010 中，执行创建单行文字命令的方法有以下 3 种。

（1）单击"文字"工具栏中的"单行文字"按钮Ａ。

（2）选择"绘图" | "文字" | "单行文字"命令。

（3）在命令行中输入命令 dtext 后按 Enter 键。

执行该命令后，命令行提示如下。

```
命令：_dtext
当前文字样式：Standard  当前文字高度：10（系统提示）
指定文字的起点或[对正(J)/样式(S)]：（指定单行文字的起点）
指定高度 <10>：（输入文字的高度）
指定文字的旋转角度 <0>：（输入文字的旋转角度）
输入文字：（输入文字）
输入文字：（按 Enter 键结束命令）
```

其中各命令选项的功能介绍如下。

（1）对正（J）：选择该命令选项，设置单行文字的对齐方式，同时命令行提示如下。

输入选项[对齐（A）/调整（F）/中心（C）/中间（M）/右（R）/左上（TL）/中上（TC）/右上（TR）/左中（ML）/正中（MC）/右中（MR）/左下（BL）/中下（BC）/右下（BR）]：

其中各命令选项功能介绍如下。

① 对齐（A）：通过指定基线端点来指定文字的高度和方向。

② 调整（F）：指定文字按照由两点定义的方向和一个高度值布满一个区域，只适用于水平方向的文字。

③ 中心（M）：从基线的水平中心对齐文字，此基线是由用户给出的点指定的。

④ 中间（M）：文字在基线的水平中点和指定高度的垂直中点上对齐。中间对齐的文字不保持在基线上。

⑤ 右（R）：在由用户给出的点指定的基线上靠右对正文字。

⑥ 左上（TL）：在指定为文字顶点的点上靠左对正文字，只适用于水平方向的文字。

⑦ 中上（TC）：以指定为文字顶点的点居中对正文字，只适用于水平方向的文字。

⑧ 右上（TR）：以指定为文字顶点的点靠右对正文字，只适用于水平方向的文字。

⑨ 左中（ML）：在指定为文字中间点的点上靠左对正文字，只适用于水平方向的文字。

⑩ 正中（MC）：在文字的中央水平和垂直居中对正文字，只适用于水平方向的文字。

⑪ 右中（MR）：以指定为文字的中间点的点靠右对正文字，只适用于水平方向的文字。

⑫ 左下（BL）：以指定为基线的点靠左对正文字，只适用于水平方向的文字。

⑬ 中下（BC）：以指定为基线的点居中对正文字，只适用于水平方向的文字。

⑭ 右下（BR）：以指定为基线的点靠右对正文字，只适用于水平方向的文字。

（2）样式（S）：选择该命令选项，设置当前文字使用的样式。

2. 标注多行文字

标注多行文字时，可以使用不同的字体和字号。多行文字适用于标注一些段落性的文字，如技术要求、装配说明等。在 AutoCAD 2010 中，执行创建多行文字命令的方法有以下 3 种。

（1）单击"文字"工具栏中的"多行文字"按钮 A 。

（2）选择"绘图" | "文字" | "多行文字"命令。

（3）在命令行中输入命令 mtext 后按 Enter 键。

执行该命令后，命令行提示如下。

```
命令：_mtext
当前文字样式："样式 1"当前文字高度：30（系统提示）
指定第一角点：（在绘图窗口中指定多行文本编辑窗口的第一个角点）
指定对角点或 [高度(H)/对正(J)/行距(L)/旋转(R)/样式(S)/宽度(W)]：（指定多行文本编辑窗口的第二个角点）
```

其中各命令选项功能介绍如下。

（1）高度（H）：选择该命令选项，指定用于多行文字字符的文字高度。

（2）对正（J）：选择该命令选项，根据文字边界确定新文字或选定文字的文字对齐和文字走向。

（3）行距（L）：选择该命令选项，指定多行文字对象的行距。行距是一行文字的底部（或基线）与下一行文字底部之间的垂直距离。

（4）旋转（R）：选择该命令选项，指定文字边界的旋转角度。

（5）样式（S）：选择该命令选项，指定用于多行文字的文字样式。

（6）宽度（W）：选择该命令选项，指定文字边界的宽度。

指定第二个角点后，在绘图窗口中弹出图 7.6 所示的多行文本编辑器。

图 7.6　多行文本编辑器

"文字格式"编辑器用来控制多行文字的样式及文字的显示效果。其中各选项的功能介绍如下。

（1）"文字样式"下拉列表框：用于设置多行文字的文字样式。

（2）"字体"下拉列表框：用于设置多行文字的字体。

（3）"文字高度"下拉列表框：用于确定文字的字符高度。在下拉列表中选择文字高度或直接在文本框中输入文字高度。

（4）"堆叠/非堆叠文字"按钮 ᵇ：单击此按钮，将创建堆叠文字。在 AutoCAD 2010 中，创建的堆叠文字有 3 种形式。

第一种格式为 "+0.02 – 0.01"，效果如图 7.8（a）所示。

第二种格式为 "4/5"，效果如图 7.8（b）所示。

第三种格式为 "6#7"，效果如图 7.8（c）所示。

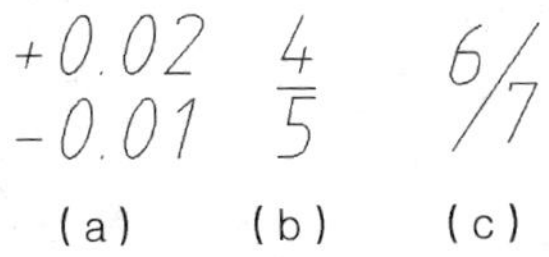

（a）　　　（b）　　　（c）

图 7.7　文字堆叠效果

在创建堆叠文字时，首先要选中文字对象，然后再单击 ᵇ 按钮，例如要创建图 7.7（a）所示的堆叠文字，就必须在多行文本框中输入"+0.02– 0.01"后选中"+0.01– 0.01"，然后再单击 ᵇ 按钮即可。

（5）"文字颜色"下拉列表框：用来设置或改变文本的颜色。

（三）编辑文字

在图形中标注文字后，用户还可以对标注的文字进行编辑。在 AutoCAD 2010 中，编辑文字的方法有以下两种：用"编辑文字"命令编辑文字和用"特性"选项板编辑文字，以下分别进行介绍。

1. 用"编辑文字"命令进行编辑

在 AutoCAD 2010 中，执行"编辑文字"命令的方法有以下 4 种。

（1）单击"文字"工具栏中的"编辑文字"按钮 A⁄。

（2）选择"修改" | "对象" | "文字" | "编辑"命令。

（3）在命令行中输入命令 ddedit。

（4）双击需要编辑的文字对象。

执行该命令后，命令行提示如下。

```
命令: _ddedit
选择注释对象或 [放弃(U)]:（选择要编辑的文字对象）
```

选中要编辑的文字对象后，按 Delete 键删除文字内容或直接输入新的文字内容，按 Enter 键结束编辑文字命令。

2. 用"特性"选项板编辑文字

"特性"选项板用于显示图形中选中对象的所有特性，在图形中选中要编辑的文字对象后打开"特性"选项板，此时在该选项板中可以看到该文字对象的所有特性，图 7.8 和图 7.9 所示为单行文字和多行文字在"特性"选项板中显示的属性。

在"特性"选项板中单击需要修改的文字特性后的属性，即可对其进行修改，但不是所有的文字属性都可以进行修改。

如果只是对文字等简单内容进行修改，最简便的方法就是在选中对象后屏幕弹出的界面中直接修改，界面如图 7.10 所示，请用户自己操作一下，体验其便捷性。

图 7.8　单行文字特性

图 7.9　多行文字特性

多行文字	
图层	CSX
内容	\A1；　　多行文字适用于标注一些段落性的汉字、符号和数字，如零件图的技术要求、装配说明等。
样式	Standard
注释性	否
对正	左上
文字高度	3.5
旋转	0

图 7.10　文字修改

三、项目实施

任务一：

（1）调整屏幕显示大小，打开"显示/隐藏线宽"状态按钮，进入"AutoCAD 经典"工作空间，建立一新无样板图形文件，保存此空白文件，文件名为"图 7.1.dwg"，注意在绘图过程中每隔一段时间保存一次。

（2）设置图层，设置粗实线、中心线和文字 3 个图层，图层参数如表 7.1 所示。

表 7.1　　　　　　　　　　　　　　　　　图层设置参数

图层名	颜色	线型	线宽	用途
CSX	红色	Continuous	0.50mm	粗实线
ZXX	绿色	Center	0.25mm	中心线
WZ	青色	Continuous	0.25mm	文字标注

（3）绘制图形，绘制图 7.1 所示螺纹规格为 d=M20（GB/T6170—2000）的六角头螺母，并写出螺母规定标记，要求：采用比例画法，布图匀称合理，图形正确，图素特性符合国标，不标注尺寸。

参考步骤如下。

① 调整屏幕显示大小，打开"显示/隐藏线宽" 和 "极轴追踪"状态按钮，在"草图设置"对话框中选择"对象捕捉"选项卡，设置"交点"、"端点"、"中点"、"圆心"等捕捉目标，并启用对象捕捉。

② 绘制螺母基本视图轮廓形状。将"ZXX"图层置为当前，执行"直线"命令，在主视图、左视图和俯视图位置分别绘制出中心线，将"CSX"置为当前，执行"直线"命令，在主视图位置以长度 40（2D）、高度 16（0.8D）绘制出一矩形；在俯视图位置以内接圆直径 ϕ20（D）绘制出一正六边形；根据投影关系在主视图补画出对应轮廓线，在左视图完成对应视图。结果如图 7.11 所示。

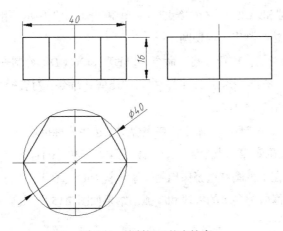

图 7.11　绘制螺母基本轮廓

　　图示尺寸是为方便说明绘图过程需进行的尺寸标注，在实际绘图时标准件是不需要进行尺寸标注的。

③ 绘制主、俯视图圆弧。在主视图位置处，执行"圆"命令，以 E 点为圆心，30（1.5D）为半径绘制一辅助圆，再以辅助圆下方象限点为圆心，30 为半径绘制一圆，交 BD 线于点 D。执行"直线"命令，绘制辅助直线 CD 和 AB，点 C 为 CD 与 AC 交点，执行"圆弧"命令，以 C、AB 中点和 D 三点绘圆弧。

在左视图位置处，执行"直线"命令，绘制辅助线 GH，执行"圆"命令，以 GH 中点为圆心，20（D）为半径，绘制一辅助圆，再以辅助圆下方象限点为圆心，20（D）为半径作一圆。结果如图 7.12 所示。

执行"镜像"命令，将所需要的轮廓线镜像出对称的另一部分，执行"修剪"和"删除"命令，修剪和删除掉多余线段。结果如图 7.13 所示。

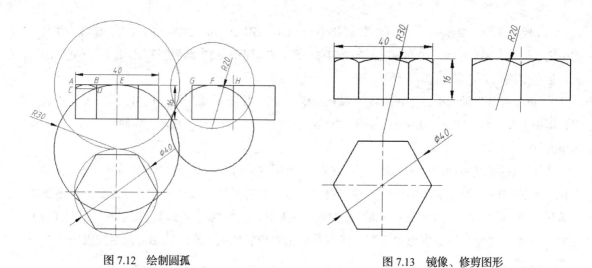

图 7.12 绘制圆弧

图 7.13 镜像、修剪图形

④ 绘制俯视图内切圆和螺纹。执行"绘图"菜单中"圆"|"相切、相切、相切"（A）命令，分别选择正六边形任 3 条边绘制出一内切圆。

将"XSX"图层置为当前，执行"圆"命令，以直径 $\phi20$（D）绘制一圆，再将"CSX"图层置为当前，以直径 $\phi17$（0.85D）绘制另一圆，执行"修剪"命令，对直径为 $\phi20$ 进行修剪，修剪掉左下四分之一。结果如图 7.14 所示。

⑤ 绘制 30° 倒角。执行"直线"命令，在主视图左边用鼠标拾取点 C（见图 7.15）为线段起点，输入坐标"@10<30"确定第二点绘制出一条倾斜角度为 30° 的直线。

执行"镜像"命令，在主视图右边镜像出另一条倾斜 150° 直线。

执行"修剪"命令，修剪掉多余的线段和圆弧，结果如图 7.15 所示。

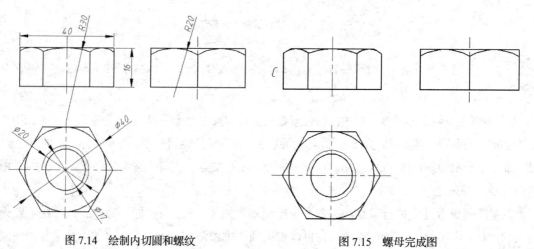

图 7.14 绘制内切圆和螺纹

图 7.15 螺母完成图

（4）保存文件。

任务二：

在当前文件下创建图 7.2 所示的文字标注。用户也可单独创建新文件。

参考步骤如下。

（1）创建文字样式。单击"样式"工具栏中的"文字样式"按钮。执行此命令后，弹出"文字样式"对话框，如图 7.16 所示。

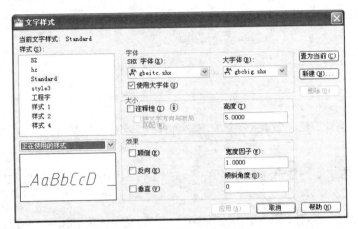

图 7.16　"文字样式"对话框

单击"新建"按钮，弹出"新建文字样式"对话框，如图 7.17 所示。

在"样式名"处输入"文字"，单击"确定"按钮，该对话框消失，返回到图 7.17 所示对话框。在此对话框中选择或设置如下内容：

图 7.17　"新建文字样式"对话框

"SHX"字体（X）选择"gbeitc.shx"；选中"使用大字体"复选框；在"大字体"（B）选择"gbcbig.shx"；"高度"设置为"5"或"7"（用户根据需要设置标准字高），其他内容均为默认值。

单击"应用"按钮，关闭对话框，设置一用于文字标注的文字样式。

　　　　AutoCAD 2010 提供了符合标注要求的字体形文件：gbenor.shx 、gbcbig.shx 和 gbeitc.shx、gbcbig.shx 文件（形文件是 AutoCAD 用于定义字体或符号库的文件，其源文件的扩展名是 shp，扩展名为 shx 的形文件是编译后的文件）。其中，gbenor.shx 和 gbeitc.shx 文件分别用于标注直体和斜体字母与数字；gbcbig.shx 则用于标注中文。系统默认的文字样式的"SHX"字体（X）为 txt.shx，标注出的汉字为长仿宋字，但字母和数字则是由文件 txt.shx 定义的字体，不能完全满足制图要求。

（2）创建文字内容。将"文字"图层和"文字"文字样式置为当前，单击"绘图"工具栏中"多行文字"按钮，命令行提示：

_mtext 当前文字样式："文字"文字高度：5 注释性：否

指定第一角点：在屏幕需标注文字处单击确定一点。

指定对角点或 [高度(H)/对正(J)/行距(L)/旋转(R)/样式(S)/宽度(W)/栏(C)]：移动鼠标单击确定第二点，即指定了文字标注的区域。此时弹出图 7.18 所示"文字格式"界面。

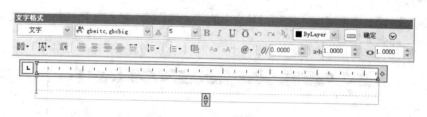

图 7.18 "文字格式"界面

在光标位置处输入以下内容：

"在标注文本之前，需要对文本的字体定义一种样式，字体样式是所有字体文件、字体大小宽度系数等参数的综合。

单行文字标注适用于标注文字较短的信息，如工程制图中的材料说明、机械制图中的部件名称等。

标注多行文字时，可以使用不同的字体和字号。多行文字适用于标注一些段落性的文字，如技术要求、装配说明等。

AutoCAD 2010 %%C R EQS %%C30+0.023^-0.010 %%C40%%P0.010　%%C50H6"

选中"+0.023^-0.010"，单击"堆叠"按钮 ⬝，结果如图 7.19 所示。至此完成文字标注。

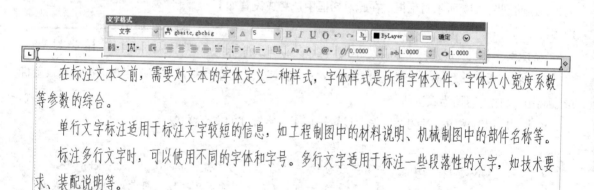

图 7.19

（3）再次保存此文件。

┃四、检测练习

1. 绘制图 7.20 所示螺栓规格为 d=M20，公称长度 l=80mm（GB/T5782—2000）的六角头螺栓，要求：采用比例画法，布图匀称合理，图形正确，图素特性符合国标，不标注尺寸。

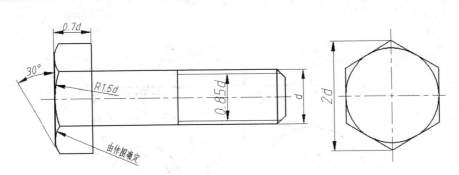

标记：螺栓 GB/T5782—2000 M20×80

图 7.20　六角头螺栓

螺栓尾部倒角尺寸自定义。

2. 绘制图 7.21 所示代号为 6208（GB/T 276）滚动轴承，要求：采用比例画法，布图匀称合理，图形正确，图素特性符合国标，不标注尺寸。

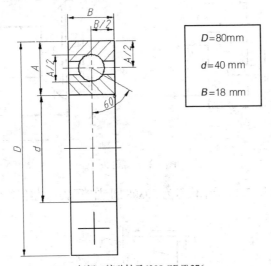

$D=80mm$

$d=40\ mm$

$B=18\ mm$

标记：滚动轴承6208 GB/T 276

图 7.21　滚动轴承

滚动轴承另一半可采用简化画法。

用比例画法，完成图 7.22 所示公称直径为 $d=20mm$ 的平垫圈和弹簧垫圈的绘制（不标注尺寸）。

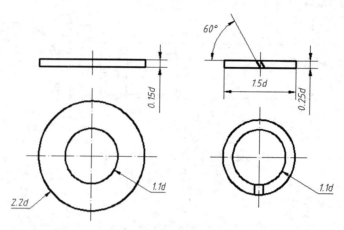

图 7.22　平垫圈和弹簧垫圈

3. 已知螺钉的头部如图 7.23 所示，用比例画法，完成公称直径为 d=10mm，公称长度 l=30mm（M10×30），螺纹长度为 27mm（开槽圆柱头）和 22mm（开槽沉头）的螺钉的绘制（不标注尺寸）。

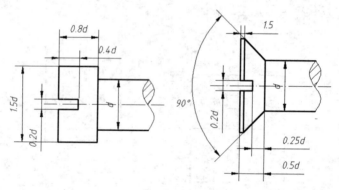

图 7.23　螺钉头

4. 用比例画法，完成图 7.24 所示代号为 30308 圆锥滚子轴承的绘制（不标注尺寸）。

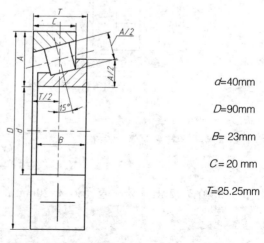

d=40mm

D=90mm

B= 23mm

C= 20 mm

T=25.25mm

图 7.24　圆锥滚子轴承

5. 自定义尺寸完成图 7.25 所示圆柱螺旋压缩弹簧的绘制（不标注尺寸）。

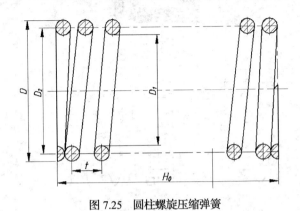

图 7.25 圆柱螺旋压缩弹簧

五、提高练习

用比例画法，完成图 7.26 所示螺栓联接图形的绘制，其中 T_1、T_2、T_3 和 T_4 尺寸自定义（不标注尺寸）。

在绘制螺栓联接图时，用户也可以采用简化的方法绘制螺母和螺栓头结构。

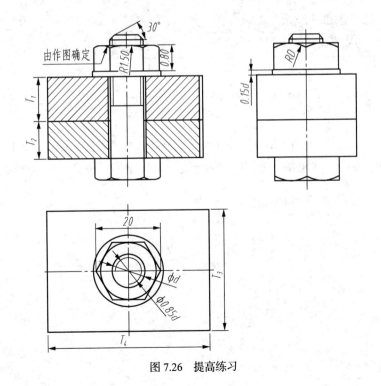

图 7.26 提高练习

项目八

| 圆柱直齿齿轮减速器从动轴零件图绘制 |

【能力目标】

1. 能够根据零件尺寸标注要求设置尺寸标注样式。

2. 能够运用线性标注、对齐标注、半径标注、直径标注、角度标注、基线标注、连续标注命令进行尺寸及尺寸公差标注。

3. 能够综合运用绘图、修改命令绘制轴类零件图并进行尺寸及尺寸公差标注。

【知识目标】

1. 掌握尺寸标注样式的设置方法。

2. 掌握线性标注、对齐标注、半径标注、直径标注、角度标注、基线标注、连续标注及尺寸公差标注命令的操作方法。

| 一、项目导入

选择合适图幅，按 1 : 1 的比例绘制图 8.1 所示的直齿圆柱齿轮减速器从动轴零件图。要求：布图匀称，图形正确，线型符合国标，标注尺寸和尺寸公差，填写"技术要求"及标题栏，但不标注表面粗糙度和形位公差。

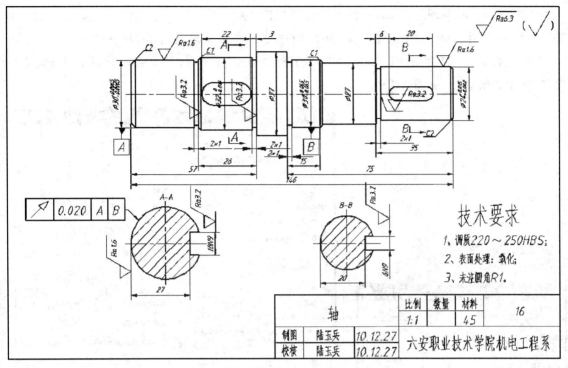

图 8.1　直齿圆柱齿轮减速器从动轴零件图

二、项目知识

（一）设置尺寸标注样式

在 AutoCAD 2010 中，尺寸标注的样式可以由用户自己定义，根据不同的需要，可以在一幅图形中创建多种尺寸标注样式。单击"标注"工具栏中的"标注样式"按钮 ，或选择"格式"｜"标注样式"命令，弹出"标注样式管理器"对话框，如图 8.2 所示，用户可以在该对话框中创建和修改尺寸标注样式。

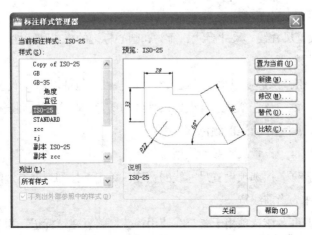

图 8.2　"标注样式管理器"对话框

单击"标注样式管理器"对话框中的"新建"按钮，弹出"创建新标注样式"对话框，如图8.3所示。用户可以在该对话框中设置新建尺寸标注样式的名称和基础样式，以及该尺寸标注样式应用的范围，然后单击"继续"按钮，在弹出的"新建标注样式：副本（2）ISO-25"对话框中设置尺寸标注样式的各项参数，如图8.4所示。

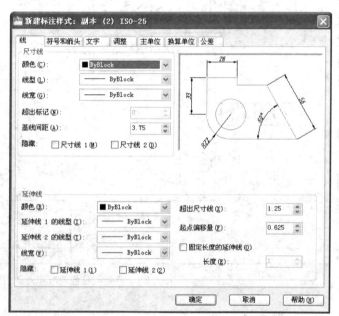

图8.3 "创建新标注样式"对话框　　　　图8.4 "新建标注样式：副本（2）ISO-25"对话框

如果用户需要对已经创建的尺寸标注样式进行修改，则可以在"标注样式管理器"对话框中的"样式"列表框中选中要修改的尺寸标注样式，然后单击该对话框中的"修改"按钮，弹出"修改标注样式：ISO-25"对话框，该对话框中的选项与"新建标注样式：副本（2）ISO-25"对话框中的选项相同，用户可以对各选项的参数值重新设置，以便修改尺寸标注样式。

该对话框中共有7个选项卡，分别用于设置与尺寸标注有关的各项参数。

1. 线

"线"选项卡用于设置尺寸线、尺寸界线、箭头和圆心标记的格式和特性，如图8.4所示，该选项卡中各选项的功能介绍如下。

（1）"尺寸线"选项组：该选项组用于设置尺寸线的特性。包括以下6个选项。

①"颜色"下拉列表框。该选项显示并设置尺寸线的颜色。单击下拉列表框右边的按钮，在弹出的下拉列表中选择一种颜色作为当前颜色。

②"线型"下拉列表框。设置尺寸线的线型。

③"线宽"下拉列表框。该选项设置尺寸线的宽度。单击下拉列表框右边的按钮，在弹出的下拉列表中选择一种线宽作为当前线宽。

④"超出标记"微调框。该选项用于指定在使用箭头倾斜、建筑标记、积分标记或无箭头标记时，尺寸线伸出尺寸界线的长度。只有当使用箭头倾斜、建筑标记、积分标记或无箭头标记时，该

选项才可用。

⑤"基线间距"微调框。该选项用于设置基线标注的尺寸线之间的间距。

⑥"隐藏"复选框。该选项用于隐藏尺寸线。选中"尺寸线1"或"尺寸线2"复选框，即可隐藏尺寸线。

（2）"延伸线"选项组：该选项组用于设置尺寸界线的特性。包括以下8项内容。

①"颜色"下拉列表框。该选项用于设置尺寸界线的颜色。

②"延伸线1"下拉列表框。设置第一条尺寸界线的线型。

③"延伸线2"下拉列表框。设置第二条尺寸界线的线型。

④"线宽"下拉列表框。设置尺寸界线的线宽。

⑤"隐藏"复选区域。该选项用于设置是否显示或隐藏第一条和第二条尺寸界线。

⑥"超出尺寸线"微调框。该选项用于设置尺寸界线超出尺寸线的距离。

⑦"起点偏移量"微调框。该选项用于设置尺寸界线的起点到标注定义点的距离。

⑧"固定长度的尺寸线"复选框。设置尺寸界线从尺寸线开始到标注原点的总长度。可以在该选项组中的"长度"文本框中直接输入尺寸界线的长度。

2. 符号和箭头

"符号和箭头"选项卡用于设置箭头、圆心标记、弧长符号和半径折弯标注的角度，如图8.5所示。

图8.5　"符号和箭头"选项卡

该选项卡中各选项功能介绍如下。

（1）"箭头"选项组：该选项组用于控制标注箭头的外观。

①"第一个"下拉列表框。设置第一条尺寸线的箭头。当改变第一个箭头的类型时，第二个箭头将自动改变以同第一个箭头相匹配。

②"第二个"下拉列表框。设置第二条尺寸线的箭头。

③"引线"下拉列表框。设置尺寸标注的引线。

④"箭头大小"下拉列表框。显示和设置箭头的大小。

（2）"圆心标记"选项组。该选项组用于控制直径标注和半径标注的圆心标记和中心线的外观。

①"无"单选按钮。选中此单选按钮，不创建圆心标记或中心线。

②"标记"单选按钮。选中此单选按钮，创建圆心标记。

③"直线"单选按钮。选中此单选按钮，创建中心线。

④"大小"微调框。显示和设置圆心标记或中心线的大小。只有在选中"标记"或"直线"单选按钮时才有效。

（3）"折断标注"选项组：该选项组用于显示和设置折断标注折断处间距大小。

"折断大小"微调框用于调整 "折断标注"折断处间距大小。

（4）"弧长符号"选项组：该选项组用于控制弧长标注中圆弧符号的显示。

①"标注文字的前缀"单选按钮。选中此单选按钮，将弧长符号放在标注文字的前面。

②"标注文字的上方"单选按钮。选中此单选按钮，将弧长符号放在标注文字的上方。

③"无"单选按钮。选中此单选按钮，不显示弧长符号。

（5）"半径折弯标注"选项组：该选项组控制折弯（Z字型）半径标注的显示。折弯半径标注通常在中心点位于页面外部时创建。折弯角度是指确定用于连接半径标注的尺寸界线和尺寸线的横向直线的角度。用户可以直接在"折弯角度"数值框中输入角度值。

（6）"线性折弯标注"选项组：控制线性标注折弯的显示。当标注不能精确表示实际尺寸时，通常将折弯线添加到线性标注中。通常，实际尺寸比所需值小。

"折弯高度因子"微调框用于通过形成折弯的角度的两个顶点之间的距离确定折弯高度。

3. 文字

"文字"选项卡用于设置标注文字的特性，如图 8.6 所示。

该选项卡中各选项功能介绍如下。

（1）"文字外观"选项组：该选项组用于控制标注文字的格式和大小。包括以下 6 个选项。

①"文字样式"下拉列表框。该选项用于显示和设置标注文字的当前样式。

②"文字颜色"下拉列表框。该选项用于显示和设置标注文字的颜色。

③"填充颜色"下拉列表框。该选项用于显示和设置标注文字的背景色。

④"文字高度"微调框。该选项用于显示和设置当前标注文字样式的高度，在微调框中直接输入数值即可。

⑤"分数高度比例"微调框。该选项用于设置比例因子，计算标注分数和公差的文字高度。

⑥"绘制文字边框"复选框。选中此复选框，将在标注文字外绘制一个边框。

（2）"文字位置"选项组：该选项组用于控制标注文字的位置。包括以下 3 个选项。

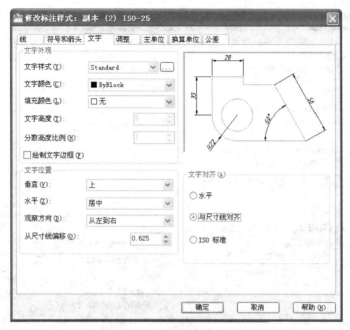

图 8.6　"文字"选项卡

①"垂直"下拉列表框。该选项用于控制标注文字相对于尺寸线的垂直对正。其他标注设置也会影响标注文字的垂直对正。单击该下拉列表框右边的 按钮，在弹出的下拉列表中选择标注文字的垂直位置，其中包括置中（将标注文字放在尺寸线中间）、上方（将标注文字放在尺寸线上方）、外部（将标注文字放在距离定义点最近的尺寸线一侧）和 JIS（按照日本工业标准放置标注文字）。

②"水平"下拉列表框。该选项用于控制标注文字在尺寸线方向上相对于尺寸界线的水平位置。单击下拉列表框右边的 按钮，在弹出的下拉列表中选择标注文字的水平位置，共有 5 个选项可供选择，分别为置中、第一条尺寸界线、第二条尺寸界线、第一条尺寸界线上方和第二条尺寸界线上方。

③"从尺寸线偏移"微调框。该选项用于显示和设置当前文字间距，即断开尺寸线以容纳标注文字时与标注文字的距离。

（3）"文字对齐"选项组：该选项组用于控制标注文字的方向（水平或对齐）在尺寸界线的内部或外部。其中包括如下 3 种对齐方式。

①"水平"单选按钮。选中此单选按钮，标注文字将水平放置。

②"与尺寸线对齐"单选按钮。选中此单选按钮，标注文字方向与尺寸线方向一致。

③"ISO 标准"单选按钮。选中此单选按钮，标注文字按 ISO 标准放置，即当文字在延伸线内时，文字与尺寸线对齐，当文字在延伸线外时，文字水平排列。

4. 调整

"调整"选项卡用于设置尺寸线、箭头和文字的放置规则，如图 8.7 所示。

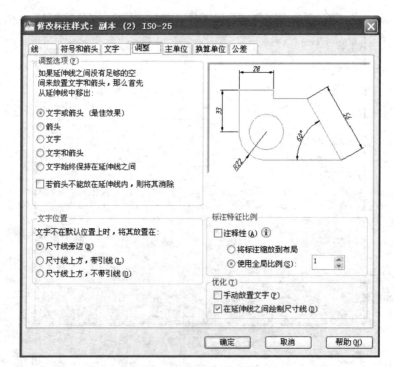

图 8.7 "调整"选项卡

该选项卡中各选项功能介绍如下。

（1）"调整选项"选项组：该选项组的功能是根据尺寸界线之间的可用空间控制将文字和箭头放置在尺寸界线内部还是外部。此选项组可进一步调整标注文字、尺寸线和尺寸箭头的位置。包括以下 6 个选项。

①"文字或箭头"单选按钮。选中此单选按钮，根据最佳调整方案将文字或箭头移动到尺寸界线外。

②"箭头"单选按钮。选中此单选按钮，先将箭头移动到尺寸界线外，然后再移动文字。

③"文字"单选按钮。选中此单选按钮，先将文字移动到尺寸界线外，然后再移动箭头。

④"文字和箭头"单选按钮。选中此单选按钮，当尺寸界线间的空间不足以容纳文字和箭头时，将箭头和文字都移出。

⑤"文字始终保持在尺寸界线之间"单选按钮。选中此单选按钮，始终将文字放置在尺寸界线之间。

⑥"若不能放在尺寸界线内，则消除箭头"复选框。选中此复选框，如果尺寸界线之间的空间不足以容纳箭头，则不显示标注箭头。

（2）"文字位置"选项组：该选项组用于控制文字移动时的反应，指定当文字不在默认位置时，将其放置的位置。AutoCAD 系统提供了如下 3 种位置。

①"尺寸线旁边"单选按钮。选中此单选按钮，尺寸线将随标注文字移动。

②"尺寸线上方，带引线"单选按钮。选中此单选按钮，尺寸线不随文字移动。如果将文字从尺寸线移开，AutoCAD 将创建引线连接文字和尺寸线。

③"尺寸线上方，不带引线"单选按钮。选中此单选按钮，尺寸线不随文字移动。如果将文字从尺寸线移开，文字不与尺寸线相连。

（3）"标注特征比例"选项组：该选项组用于设置全局标注比例值或图纸空间缩放比例。如果选中"使用全局比例"单选按钮，可对全局尺寸标注设置缩放比例，此比例不改变尺寸的测量值；如果选中"将标注缩放到布局"单选按钮，可根据当前模型空间的缩放关系设置比例。

（4）"优化"选项组：该选项组提供放置标注文字的其他选项，其中包括"手动放置文字"和"在尺寸界线之间绘制尺寸线"复选框。

5. 主单位

"主单位"选项卡用于设置标注主单位特性，如图 8.8 所示。

图 8.8　"主单位"选项卡

该选项卡中各选项功能介绍如下。

（1）"线性标注"选项组：该选项组用于设置线性标注的格式和精度。

①"单位格式"下拉列表框。该选项用于为除角度外的各类标注设置当前单位格式。

②"精度"下拉列表框。该选项用于显示和设置标注文字的小数位。

③"分数格式"下拉列表框。该选项用于设置分数格式。

④"小数分隔符"下拉列表框。该选项用于设置小数格式的分隔符。

⑤"舍入"微调框。该选项用于设置非角度标注测量值的舍入规则。

⑥ "前缀" 文本框。该选项用于设置在标注文字前面包含一个前缀。

⑦ "后缀" 文本框。该选项用于设置在标注文字后面包含一个后缀。

⑧ "测量单位比例" 选项。该选项用于设置线性缩放比例。

⑨ "消零" 选项。该选项控制是否显示尺寸标注中的前导和后续消零。

（2）"角度标注" 选项组：该选项组用于显示和设置角度标注的当前角度格式。

① "单位格式" 下拉列表框。该选项用于设置角度单位格式。

② "精度" 下拉列表框。该选项用于显示和设置角度标注的小数位。

③ "消零" 选项。控制前导和后续消零。

6. 换算单位

"换算单位" 选项卡用于设置辅助标注单位特性，如图 8.9 所示。选中 "显示换算单位" 复选框，其他选项才可用。

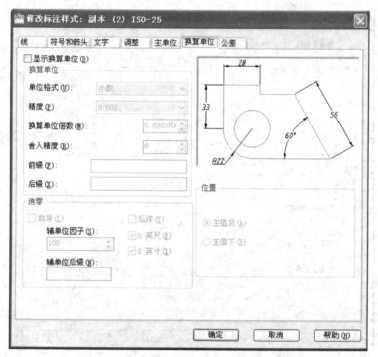

图 8.9　"换算单位" 选项卡

（1）"换算单位" 选项组：该选项组用于显示和设置除角度之外的所有标注成员的当前单位格式。

① "单位格式" 下拉列表框。该选项用于设置换算单位格式。

② "精度" 下拉列表框。该选项根据所选的 "单位" 或 "角度" 格式设置小数位。

③ "换算单位倍数" 微调框。该选项用于设置原单位转换成换算单位的换算系数。

④ "舍入精度" 微调框。该选项用于为换算单位设置舍入规则。角度标注不应用舍入值。

⑤ "前缀" 文本框。在换算标注文字前面包含一个前缀。

⑥ "后缀" 文本框。在换算标注文字后面包含一个后缀。

（2）"消零"选项组：该选项用于控制前导和后续消零。

（3）"位置"选项组：该选项组用于控制换算单位在标注文字中的位置。选中"主值后"单选按钮，将换算单位放在标注文字主单位的后面；选中"主值下"单选按钮，将换算单位放在标注文字主单位的下面。

7. 公差

"公差"选项卡用于设置标注公差，如图 8.10 所示。

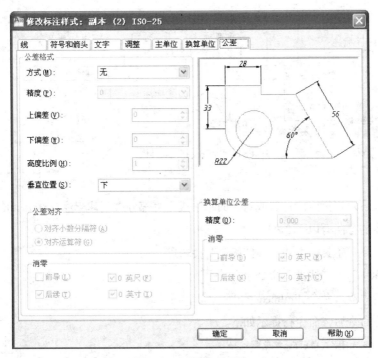

图 8.10　"公差"选项卡

该选项卡中各选项功能介绍如下。

（1）"公差格式"选项组：该选项组用于控制标注文字中的公差格式。

① "方式"下拉列表框。该选项用于设置公差的方式。

② "精度"下拉列表框。该选项用于显示和设置公差文字中的小数位。

③ "上偏差"微调框。该选项用于显示和设置最大公差或上偏差值。选择"对称"公差时，AutoCAD 将此值用于公差。

④ "下偏差"微调框。该选项用于显示和设置最小公差或下偏差值。

⑤ "高度比例"微调框。该选项用于设置比例因子，计算标注分数和公差的文字高度。

⑥ "垂直位置"下拉列表框。该选项用于控制对称公差和极限公差的文字对正。选择"上"选项时，公差文字与标注文字的顶部对齐；选择"中"选项时，公差文字与标注文字的中间对齐；选择"下"选项时，公差文字与标注文字的底部对齐。

（2）"换算单位公差"选项组。该选项组用于设置公差换算单位格式，其中"精度"选项用于设

置换算单位公差值精度。

（二）标注尺寸

AutoCAD 2010 为用户提供了多种尺寸标注命令，用户可以利用这些命令对图形进行线性标注、对齐标注、角度标注、基线标注、连续标注、半径标注、直径标注、快速标注、快速引线标注、坐标标注、圆心标注、形位公差标注、弧长标注和折弯标注，这些标注命令集中列在"标注"工具栏上，如图 8.11 所示。本节将介绍这些尺寸标注命令的使用方法。

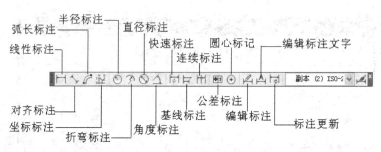

图 8.11　"标注"工具栏

1. 线性标注

使用线性标注可以用指定的位置或对象的水平或垂直部分来创建标注。在 AutoCAD 2010 中，执行线性标注命令的方法有以下 3 种。

（1）单击"标注"工具栏中的"线性标注"按钮囗。

（2）选择"标注" | "线性"命令。

（3）在命令行中输入命令 dimlinear。

执行线性标注命令后，命令行提示如下。

> 命令: _dimlinear（执行线性标注命令）
> 指定第一条尺寸界线原点或<选择对象>：（指定第一条尺寸界线的端点）
> 指定第二条尺寸界线原点：（指定第二条尺寸界线的端点）
> 指定尺寸线位置或[多行文字(M)/文字(T)/角度(A)/水平(H)/垂直(V)/旋转(R)]：（拖动鼠标指定尺寸线的位置）
> 标注文字 = 300.00（系统提示测量数据）

其中各命令选项的功能介绍如下。

（1）指定尺寸线位置：拖动鼠标确定尺寸线位置。

（2）多行文字（M）：选择此命令选项，弹出"文字格式"编辑器，其中尺寸测量的数据已经被固定，用户可以在数据的前面或后面输入文本。

（3）文字（T）：选择此命令选项，将在命令行自定义标注文字。

（4）角度（A）：选择此命令选项，将修改标注文字的角度。

（5）水平（H）：选择此命令选项，将创建水平线性标注。

（6）垂直（V）：选择此命令选项，将创建垂直线性标注。

（7）旋转（R）：选择此命令选项，将创建旋转线性标注。

图 8.12 所示为创建的线性标注。

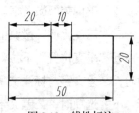

图 8.12　线性标注

2. 对齐标注

使用对齐标注可以创建与指定位置或对象平行的标注。执行对齐标注命令的方法有以下 3 种。

（1）单击"标注"工具栏中的"对齐标注"按钮 。

（2）选择"标注" | "对齐"命令。

（3）在命令行中输入命令 dimaligned。

执行对齐标注命令后，命令行提示如下。

```
命令: _dimaligned
指定第一条尺寸界线原点或<选择对象>: （指定第一条尺寸界线原点）
指定第二条尺寸界线原点: （指定第二条尺寸界线原点）
指定尺寸线位置或[多行文字(M)/文字(T)/角度(A)]: （拖动鼠标确定尺寸线的位置或选择其他命令选项）
标注文字 = 27.44 （系统显示测量数据）
```

其中各命令选项的功能介绍如下。

（1）指定尺寸线位置：选择此命令选项，拖动鼠标确定尺寸线的位置。

（2）多行文字（M）：选择此命令选项将弹出"文字格式"编辑器，其中尺寸测量的数据已经被固定，用户可以在数据的前面或后面输入文本。

（3）文字（T）：选择此命令选项，将以单行文字的形式输入标注文字。

（4）角度（A）：选择此命令选项，将设置标注文字的旋转角度。

对齐标注的效果如图 8.13 所示。

图 8.13　对齐标注

3. 角度标注

角度标注用于测量圆和圆弧的角度、两条直线间的角度以及三点间的角度。在 AutoCAD 2010 中，执行角度标注命令的方法有以下 3 种。

（1）单击"标注"工具栏中的"角度标注"按钮 。

（2）选择"标注" | "角度"命令。

（3）在命令行中输入命令 dimangular。

执行角度标注命令后，命令行提示如下。

```
命令: _dimangular
选择圆弧、圆、直线或<指定顶点>: （选择要标注的对象）
选择的对象不同，命令行提示也不同。如果选择的对象为圆弧，则命令行提示如下。
指定标注弧线位置或[多行文字(M)/文字(T)/角度(A)]: （选择圆弧）
标注文字 = 210 （系统显示测量数据）
如果选择的对象为圆，则命令行提示如下。
选择圆弧、圆、直线或<指定顶点>: （选择圆）
指定角的第二个端点: （在该圆上指定另一个测量端点）
指定标注弧线位置或[多行文字(M)/文字(T)/角度(A)]: （拖动鼠标确定尺寸线的位置）
标注文字 = 84 （系统显示测量数据）
```

如果选择的对象为直线，则命令行提示如下。

```
选择圆弧、圆、直线或<指定顶点>: （选择角的一条边）
选择第二条直线: （选择角的另一条边）
```

指定标注弧线位置或[多行文字(M)/文字(T)/角度(A)]：（拖动鼠标确定尺寸线的位置）

标注文字 = 45（系统显示测量数据）

执行角度标注命令后，如果直接按 Enter 键，则选择"指定顶点"选项，命令行提示如下。

命令：_dimangular

选择圆弧、圆、直线或<指定顶点>：（直接按 Enter 键）

指定角的顶点：（捕捉测量角的顶点）

指定角的第一个端点：（捕捉测量角的第一个端点）

指定角的第二个端点：（捕捉测量角的第二个端点）

指定标注弧线位置或[多行文字(M)/文字(T)/角度(A)]：（拖动鼠标确定尺寸线的位置）

标注文字 = 125（系统显示测量数据）

角度标注的效果如图 8.14 所示。

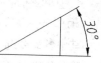

图 8.14　角度标注

4. 基线标注

基线标注是从同一基线处测量的多个标注。在创建基线标注之前，必须创建线性、对齐或角度标注。在 AutoCAD 2010 中，执行基线标注命令的方法有以下 3 种。

（1）单击"标注"工具栏中的"基线标注"按钮。

（2）选择"标注" | "基线"命令。

（3）在命令行中输入命令 dimbaseline。

执行基线标注命令后，命令行提示如下。

命令：_dimbaseline

指定第二条尺寸界线原点或[放弃(U)/选择(S)]<选择>：（指定下一个尺寸标注原点）

标注文字=60（系统显示测量数据）

其中各命令选项的功能介绍如下。

（1）指定第二条尺寸界线原点：选择此命令选项，将确定第二条尺寸界线。

（2）放弃（U）：选择此命令选项，取消最近一次操作。

（3）选择（S）：选择此命令选项，命令行提示"选择基准标注"，用拾取框选择新的基准标注。

基线标注的效果如图 8.15 所示。

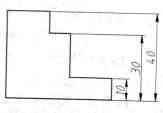

图 8.15　基线标注

5. 连续标注

连续标注是指创建首尾相连的多个标注。在创建连续标注之前，必须创建线性、对齐或角度标注。在 AutoCAD 2010 中，执行连续标注命令的方法有以下 3 种。

（1）单击"标注"工具栏中的"连续标注"按钮。

（2）选择"标注" | "连续"命令。

（3）在命令行中输入命令 dimcontinue。

和基线标注一样，在执行连续标注之前要建立或选择一个线性、坐标或角度标注作为基准标注，然后执行连续标注命令。命令行提示如下。

命令：_dimcontinue
指定第二条尺寸界线原点或[放弃(U)/选择(S)]<选择>：（指定第二条尺寸界线原点）
标注文字=64.23（系统显示测量数据）

其中各命令选项的功能介绍如下。

（1）指定第二条尺寸界线原点：选择此命令选项，将确定第二条尺寸界线。

（2）放弃（U）：选择此命令选项，返回到最近上一次操作。

（3）选择（S）：选择此命令选项，命令行提示"选择连续标注"，用拾取框选择新的连续标注。

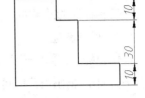

图8.16　连续标注

连续标注的效果如图8.16所示。

6. 半径标注

半径标注是使用可选的中心线或中心标记测量圆弧和圆的半径。在AutoCAD 2010中，执行半径标注命令的方法有以下3种。

（1）单击"标注"工具栏中的"半径标注"按钮。

（2）选择"标注"｜"半径"命令。

（3）在命令行中输入命令dimradius。

执行半径标注命令后，命令行提示如下。

命令：_dimradius
选择圆弧或圆：（选择要测量的圆弧或圆）
标注文字=10（系统显示测量数据）
指定尺寸线位置或[多行文字(M)/文字(T)/角度(A)]：（拖动鼠标确定尺寸线位置）

其中各命令选项的功能介绍如下。

（1）指定尺寸线位置：选择此命令选项，拖动鼠标确定尺寸线的位置。

（2）多行文字（M）：选择此命令选项将弹出"文字格式"编辑器，其中尺寸测量的数据已经被固定，用户可以在数据的前面或后面输入文本，但必须在输入的半径值前加符号"R"，否则半径值前没有半径符号"R"。

（3）文字（T）：选择此命令选项，将以单行文字的形式输入标注文字。

（4）角度（A）：选择此命令选项，将设置标注文字的旋转角度。

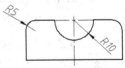

半径标注的效果如图8.17所示。

图8.17　半径标注

7. 直径标注

直径标注是使用可选的中心线或中心标记测量圆弧和圆的直径。在AutoCAD 2010中，执行直径标注命令的方法有以下3种。

（1）单击"标注"工具栏中的"直径标注"按钮。

（2）选择"标注"｜"直径"命令。

（3）在命令行中输入命令dimdiameter。

执行直径标注命令后，命令行提示如下。

```
命令：_dimdiameter
选择圆弧或圆：（选择要测量的圆或圆弧）
标注文字=12（系统显示测量数据）
指定尺寸线位置或[多行文字(M)/文字(T)/角度(A)]：（拖动鼠标确定尺寸线位置）
```

直径标注的效果如图 8.18 所示。

8. 快速标注

快速标注是向图形中添加测量注释的过程，用户可以为各种对象沿各个方向快速创建标注。可用于快速标注的基本标注类型包括线性标注、半径和直径标注、角度标注、坐标标注和弧长标注。在 AutoCAD 2010 中，执行快速标注命令的方法有以下 3 种。

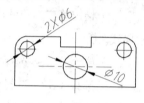

图 8.18　直径标注

（1）单击"标注"工具栏中的"快速标注"按钮 。

（2）选择"标注" | "快速标注"命令。

（3）在命令行中输入命令 qdim。

执行快速标注命令后，命令行提示如下。

```
命令：_qdim
关联标注优先级=端点（系统提示）
选择要标注的几何图形：（选择要标注的对象）
选择要标注的几何图形：（按 Enter 键结束对象选择）
指定尺寸线位置或[连续(C)/并列(S)/基线(B)/坐标(O)/半径(R)/直径(D)/基准点(P)/编辑(E)/设置(T)]<
连续>：（拖动鼠标确定尺寸线的位置）
```

其中各命令选项功能介绍如下。

（1）指定尺寸线位置：选择此命令选项，拖动鼠标确定尺寸线的位置。

（2）连续（C）：选择此命令选项，指定多个标注对象，即可创建一系列连续标注。

（3）并列（S）：选择此命令选项，指定多个标注对象，即可创建一系列并列标注。

（4）基线（B）：选择此命令选项，指定多个标注对象，即可创建一系列基线标注。

（5）坐标（O）：选择此命令选项，指定多个标注对象，即可创建一系列坐标标注。

（6）半径（R）：选择此命令选项，指定多个标注对象，即可创建一系列半径标注。

（7）直径（D）：选择此命令选项，指定多个标注对象，即可创建一系列直径标注。

（8）基准点（P）：为基线和坐标标注设置新的基准点。选择此命令选项后，命令行提示"选择新的基准点"，指定新基准点后，返回到上一提示。

（9）编辑（E）：编辑一系列标注。选择此命令选项后，命令行提示："指定要删除的标注点或[添加（A）/退出（X）]<退出>"，指定点后返回到上一提示。

（10）设置（T）：为指定尺寸界线原点设置默认对象捕捉。选择此命令选项后，命令行提示"关联标注优先级[端点（E）/交点（I）]<端点>"，选择命令选项后按 Enter 键返回到上一提示。

快速标注的效果如图 8.19 所示。

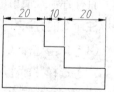

图 8.19　快速标注

三、项目实施

（1）进入"AutoCAD 经典"工作空间，建立一新无样板图形文件，保存此空白文件，文件名为"图 8.1.dwg"，注意在绘图过程中每隔一段时间保存一次。

（2）设置图层，设置粗实线、中心线、文字标注和尺寸标注 4 个图层，图层参数如表 8.1 所示。

表 8.1 图层设置参数

图层名	颜色	线型	线宽	用途
CSX	红色	Continuous	0.50mm	粗实线
ZXX	绿色	Center	0.25mm	中心线
WZ	黄色	Continuous	0.25mm	文字标注
CCBZ	青色	Continuous	0.25mm	尺寸标注

（3）设置绘图环境，绘制边框线、图框线和标题栏，设定边框大小为 297×210，图幅为保留装订边格式。绘制过程如下。

在"XSX"图层，执行"直线"命令，绘制长为 297 和宽为 210 矩形（也可运用"矩形"命令绘制，但绘制矩形后需执行"分解"命令对矩形进行分解），执行"偏移"命令，将左边向内偏移25，将上、下和右边均向内偏移 5，执行"修剪"命令修剪各线两端的图框矩形，修改图框为"CSX"图层。

在图框右下角按机械制图要求绘制标题栏，标题栏长为 130，宽为 4×7=28，各单元格宽度尺寸参照机械制图简化标题栏尺寸要求。结果如图 8.20 所示。

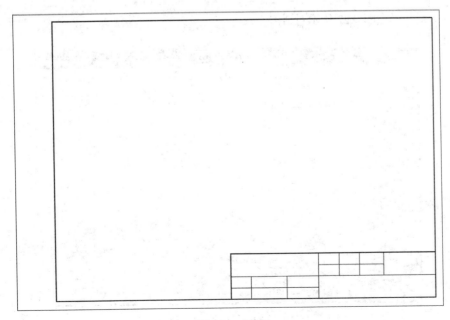

图 8.20　图幅

为方便下次使用相同格式图幅，可将此格式图幅保存为"样板文件"，操作过程如下。

执行"文件"｜"另存为"选择"AutoCAD 图形样板"，如图 8.21 所示。

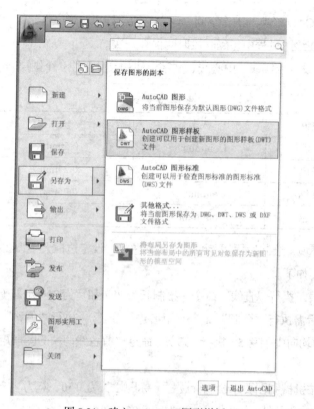

图 8.21　建立 AutoCAD 图形样板

执行命令后，弹出图 8.22 所示对话框。

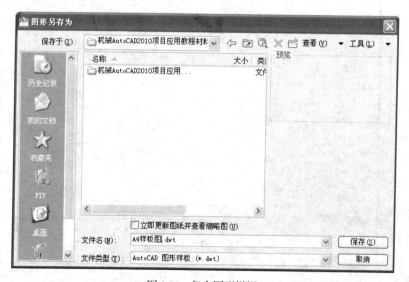

图 8.22　保存图形样板

修改保存路径和位置，修改文件名为"A4 样板图.dwt"，单击"保存"按钮。即建立一样板文件。

> 为方便绘图，用户也可将"图层"、"文字样式"、"尺寸标注样式"等样式绘图环境参数设置完毕后再创建样板文件，用户可根据绘图需要创建出"A3 样板图"、"A2 样板图"和"A1 样板图"等样板文件。

（4）绘制图形，选择合适图幅，按 1：1 的比例绘制图 8.1 所示的直齿圆柱齿轮减速器从动轴零件图。要求：布图匀称，图形正确，线型符合国标，标注尺寸和尺寸公差，填写"技术要求"及标题栏，但不标注表面粗糙度和形位公差。

参考步骤如下。

① 调整屏幕显示大小，打开"显示/隐藏线宽"和"极轴追踪"状态按钮，在"草图设置"对话框中选择"对象捕捉"选项卡，设置"交点"、"端点"、"中点"、"圆心"等捕捉目标，并启用对象捕捉。

② 绘制基准线。执行"直线"命令，在"ZXX"图层，绘制长度约为 150 轴向对称线，在"CSX"图层，绘制长度为 37 径向对称线 AB，执行"移动"命令或运用夹点功能调整两线相互位置，结果如图 8.23 所示。

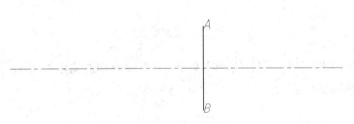

图 8.23 绘制基准线

③ 绘制各轴段。在绘制各轴段时可暂不绘制轴段上倒角、圆角和键槽等结构，即"先整体后细节"。

执行"偏移"命令，将径向基准 AB 以偏距 14（146-57-75=14）偏移出该段另一线段 CD；执行"直线"命令，连接两线段上下两端。

执行"偏移"命令，将线段 CD 向左偏移 26 得线段 EF，将中心对称线分别向上向下偏移 16，改变中心线偏移后两线段的线型。

执行"修剪"和"删除"命令，修剪和删除掉多余的线段，结果如图 8.24 所示。

执行"偏移"命令，将基准 AB 向右偏移 15 得线段 GH，线段 CD 向左偏移 57，将中心对称线分别向上向下偏移 15，改变中心线偏移后两线段的线型。

执行"修剪"和"删除"命令，修剪和删除掉多余的线段，结果如图 8.25 所示。

运用相同的方法和步骤分别绘制出 IJ 和 KL 段，结果如图 8.26 所示。

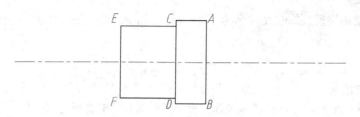

图 8.24　绘制轴段一

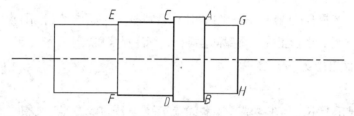

图 8.25　绘制轴段二

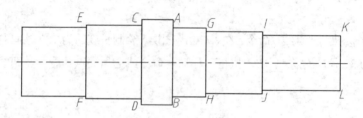

图 8.26　绘制轴段三

④ 绘制 4 个 2×1 退刀槽。执行"偏移"命令，将线段 *IJ* 向右偏移 2，线段 *IK* 和 *JL* 分别向下、向上偏移 1，结果如图 8.27 所示。

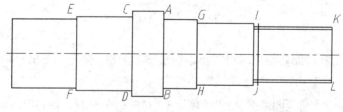

图 8.27　绘制退刀槽一

执行"修剪"和"删除"命令，修剪和删除掉多余的线段，结果如图 8.28 所示。

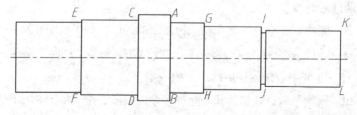

图 8.28　绘制退刀槽二

运用相同的方法和步骤分别绘制出其他各段退刀槽，结果如图 8.29 所示。

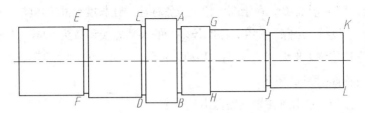

图 8.29　绘制退刀槽三

⑤ 绘制 C2 和 C1 倒角。执行"倒角"命令，分别设置倒角距离为 2 和 1，对需要倒角的各段进行倒角，结果如图 8.30 所示。

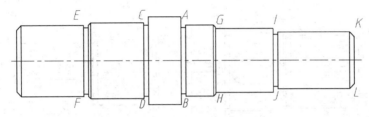

图 8.30　绘制倒角

⑥ 绘制键槽。执行"偏移"命令，将线段 CD 分别以偏距 8（3+5=8）和 20（3+22-5=20）向左偏移出两线段，与中心线交点分别为 M 和 N。

执行"圆"命令，分别以点 M 和 N 为圆心，半径为 5 绘两圆，再执行"直线"命令，分别以两圆象限点为端点绘两线段，结果如图 8.31 所示。

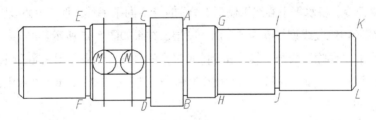

图 8.31　绘制键槽一

执行"修剪"和"删除"命令，修剪和删除掉多余的线段。

运用相同的方法和步骤分别绘制出另一键槽。结果如图 8.32 所示。

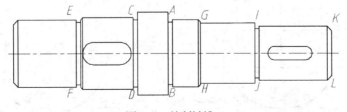

图 8.32　绘制键槽二

⑦ 绘制剖切符号、投影箭头和标记字母。执行"直线"命令，在 EC 轴段处绘制一长度为 3.5

的垂直线段。

执行"线性尺寸"标注命令，在绘图区任一位置标注一任长度尺寸（步骤一）；执行"分解"命令，将该尺寸分解；执行"删除"命令，删除掉多余的尺寸界线和箭头（步骤二）；运用夹点功能调整尺寸线长度至合适位置（步骤三）；执行"移动"命令，将留下的尺寸线和箭头移动到垂直线段处（步骤四）。绘图过程如图 8.33 所示。

执行"镜像"命令，在对称位置处镜像出另一半。

运用相同的方法和步骤分别绘制出另一个。

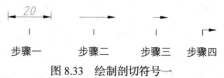

步骤一　　步骤二　　步骤三　步骤四

图 8.33　绘制剖切符号一

将"XSX"图层置为当前，执行"多行文字"在剖切符号旁创建字母 *A* 和 *B*。结果如图 8.34 所示。

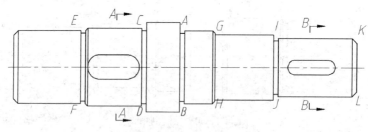

图 8.34　绘制剖切符号二

⑧ 绘制两断面图。将"ZXX"图层置为当前，绘制长度约为 40 互相垂直两对称中心线，运用夹点功能调整两中心线长短，使两线段中点和交点正好重合。

将"CSX"图层置为当前，以两中心线交点为圆心，半径为 $\phi 15$ 绘制一圆。

执行"偏移"命令，将水平中心线以偏距 5 分别向上、向下偏移，垂直中心线以偏距 12 向右偏移，再分别将偏移所得线段线型修改为"CSX"图层，结果如图 8.35 所示。

执行"修剪"和"删除"命令，修剪和删除掉多余的线段。结果如图 8.36 所示。

将"XSX"图层置为当前，执行"图案填充"命令，选择图 8.36 所示 4 个象限区域作为填充区域，完成剖面线绘制。

执行"多行文字"在断面图上方创建内容为"*A-A*"剖视图标记。运用相同的方法和步骤绘制出"*B-B*"断面图。结果如图 8.37 所示。

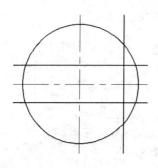

图 8.35　绘制断面图一

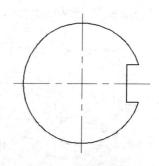

图 8.36　绘制断面图二

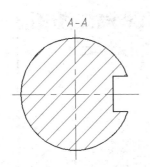
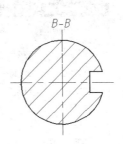

图 8.37　绘制断面图三

⑨ 设置尺寸标注样式。将"XSX"图层置为当前，创建一"尺寸标注"文字样式，将文字高度设置为"0"，其余内容设置同"项目七"中"文字"文字样式，这里不再赘述。

　　在建立尺寸标注文字类型时，应将文字高度设置为"0"，如果文字类型的文字高度值不为"0"，则"标注样式"对话框中"文字"选项卡中的"文字高度"命令将不起作用。

单击样式工具栏中"标注样式"按钮或选择"格式"菜单中"标注样式"命令，可新建一个的标注样式，同时打开"标注样式管理器"对话框，如图 8.38 所示。

单击"新建"按钮，系统弹出"创建新标注样式"对话框，如图 8.39 所示。

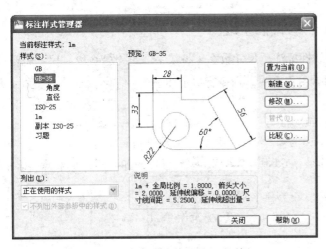

图 8.38　"标注样式管理器"对话框　　　　　　　图 8.39　"创建新标注样式"对话框

在"新样式名（N）"位置处输入样式的名称"尺寸标注"，单击"继续"按钮，"创建新标注样式"对话框消失，弹出"新建标注样式：尺寸标注"对话框，如图 8.40 所示。

在此对话框中根据机械制图标准要求进行参数设置，主要设置参数如下。

"箭头大小"设为"3.5"（比尺寸标注文字字高小一号）；"文字样式"选择为"尺寸标注"；"文字高度"设为"5"；"主单位"选择为"0.00"；"小数分隔符"选择为"."（句点），其他选项均采用默认值。

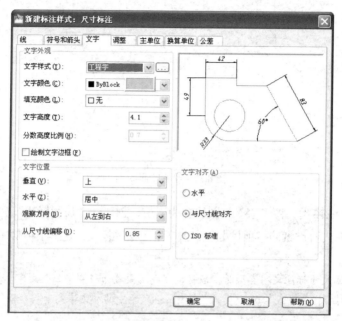

图 8.40 "新建标注样式：尺寸标注"对话框

设置完毕，单击"确定"按钮，这时将得到一个名为"尺寸标注"标注样式。

⑩ 尺寸标注。调用图 8.41 所示"尺寸标注"工具栏。

图 8.41 "尺寸标注"工具栏

a. 执行"线性标注"标注出所有轴向线性标注，尺寸数字（将数字"2"改为"2×1"）需要修改的尺寸标注操作过程如下。执行"线性尺寸"命令，命令行提示如下。

命令：_dimlinear
指定第一条尺寸界线原点或<选择对象>：用鼠标单击轴上第一点作为第一条尺寸界线原点。（命令行提示）
指定第二条尺寸界线原点：用鼠标单击轴上第二点作为第二条尺寸界线原点。（命令行提示）
指定尺寸线位置或[多行文字(M)/文字(T)/角度(A)/水平(H)/垂直(V)/旋转(R)]：输入"t"按 Enter 键，选择"单行文字"输入尺寸数字方式。
输入标注文字<2>：输入"2X1"按 Enter 键（"X"为大写字母）。（命令行提示）
指定尺寸线位置或[多行文字(M)/文字(T)/角度(A)/水平(H)/垂直(V)/旋转(R)]：
标注文字 = 2

指定合适位置单击，命令结束。

运用相同的方法完成两断面图尺寸数字"10N9"、"6N9"及其他尺寸标注。

b. 执行"线性标注"标注出所有径向尺寸，由于径向尺寸数字前需加"ϕ"等号，并需标注尺寸公差，故需要修改的尺寸数字，如标注左端轴段ϕ30尺寸，操作过程如下。执行"线性尺寸"命令，命令行提示如下。

命令：_dimlinear
指定第一条尺寸界线原点或<选择对象>：用鼠标单击轴上第一点作为第一条尺寸界线原点。（命令行提示）
指定第二条尺寸界线原点：用鼠标单击轴上第二点作为第二条尺寸界线原点。（命令行提示）

指定尺寸线位置或[多行文字（M）/文字（T）/角度（A）/水平(H)/垂直（V）/旋转（R）]：输入"M"按 Enter 键，选择"多行文字"输入尺寸数字方式。此时弹出图 8.42 所示"多行文字"界面。

图 8.42　"多行文字"界面

在光标位置处输入标注文字"%%C30+0.0065^-0.0065"（删除原内容，但用户也可保留原内容，此时只需在原内容前输入"%%C"，移动光标在原内容后输入"+0.0065^-0.0065"），选中"+0.0065^-0.0065"，单击按钮，单击"确定"按钮，完成尺寸数字修改。命令行提示：

指定尺寸线位置或[多行文字(M)/文字(T)/角度(A)/水平(H)/垂直(V)/旋转(R)]：
标注文字 = 2

指定合适位置单击，命令结束。

运用相同的方法完成其他径向尺寸标注。结果如图 8.41 所示。

⑪ 倒角尺寸标注。执行"直线"命令，在倒角斜边端点位置处绘延长线并水平弯折绘一水平线。执行"多行文字"命令，在水平线上标注"C1"和"C2"。

⑫ 填写标题栏和"技术要求"。执行"多行文字"或"单行文字"命令均可在标题栏单元格中填写文字内容，

a. 执行"多行文字"，操作过程如下。

执行"多行文字"命令，命令行提示如下。

命令: _mtext
当前文字样式: "文字"　文字高度: 5　注释性: 否
指定第一角点: 单击拾取拐点 A。

指定对角点或[高度（H）/对正（J）/行距（L）/旋转（R）/样式（S）/宽度（W）/栏（C）]：单击拾取拐点 B，确定矩形区域方式，如图 8.43 所示。

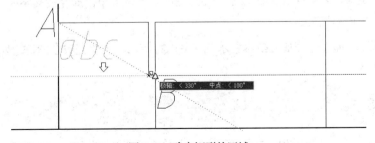

图 8.43　确定矩形的区域

单击拾取拐点 B 后，系统弹出"文字格式"对话框。在光标处输入文字内容，（如"制图"），选中文字内容，单击"多行文字对正"按钮，在弹出的下拉菜单中选择"正中"后，文字内容即在所选定的单元格中"居中"，结果如图 8.44 所示。

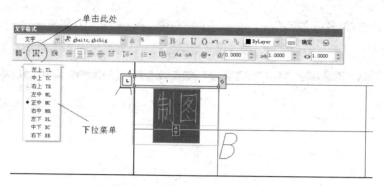

图 8.44 文字输入

用户可用相同的方法填写其他内容，在填写"名称"和"单位名称"的字号可放大一号或二号。

b. 执行"单行文字"操作过程如下。

执行"直线"命令，在单元格中绘制一对角线作为辅助线。

执行"绘图" | "文字" | "单行文字"命令，命令行提示如下。

> 命令：_dtext
> 当前文字样式："文字" 文字高度：5.0000 注释性：否
> 指定文字的起点或[对正(J)/样式(S)]：输入"j"按 Enter 键。（命令行提示）
> 输入选项[对齐(A)/布满(F)/居中(C)/中间(M)/右对齐(R)/左上(TL)/中上(TC)/右上(TR)/左中(ML)/正中(MC)/右中(MR)/左下(BL)/中下(BC)/右下(BR)]：选择"正中（MC）"。（命令行提示）

指定文字的中间点：用鼠标拾取辅助线中点，如图 8.45 所示。（命令行提示）

指定文字的旋转角度<0>：按 Enter 键，系统弹出图 8.46 所示界面。

图 8.45 做辅助线

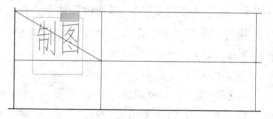

图 8.46 文字输入界面

在光标处输入文字内容（如"制图"）后，在绘图区其他位置单击即完成文字内容输入。用相同的方法完成其他文字内容输入。

执行"多行文字"命令，完成"技术要求"文字内容输入。至此完成全图，结果如图 8.1 所示。

（5）保存此文件。

四、检测练习

1. 选择合适图幅，按 1∶1 的比例绘制图 8.47 所示的直齿圆柱齿轮减速器齿轮轴零件图。要求：布图匀称，图形正确，线型符合国标，标注尺寸和尺寸公差，填写技术要求及标题栏，但不标注表面粗糙度和形位公差。

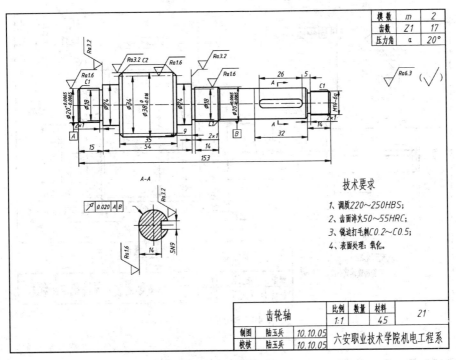

图 8.47　检测练习一

2. 选择合适图幅，按 1∶1 的比例绘制图 8.48 所示的轴零件图。要求：布图匀称，图形正确，线型符合国标，标注尺寸和尺寸公差，填写技术要求及标题栏，但不标注表面粗糙度和形位公差。

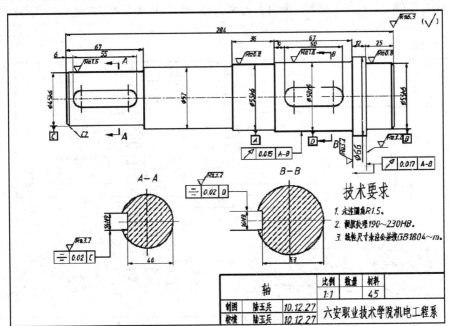

图 8.48　检测练习二

3. 选择合适图幅，按 1∶1 的比例绘制图 8.49 所示的齿轮轴零件图。要求：布图匀称，图形正确，线型符合国标，标注尺寸和公差，填写技术要求及标题栏，但不标注表面粗糙度。

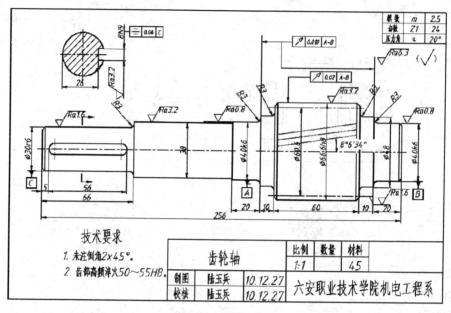

图 8.49 检测练习三

五、提高练习

选择合适图幅，按 1:1 的比例绘制图 8.50 所示的直齿圆柱齿轮减速器从动轴零件图。要求：布图匀称，图形正确，线型符合国标，标注尺寸和公差，填写技术要求及标题栏，但不标注表面粗糙度。

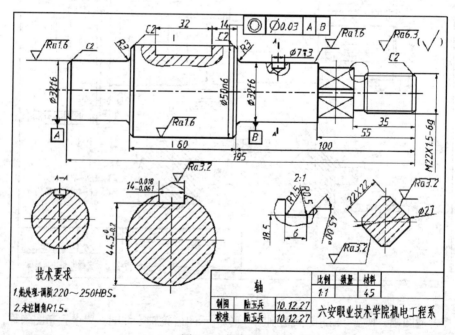

图 8.50 提高练习

项目九

| 圆柱直齿齿轮减速器从动齿轮零件图绘制 |

【能力目标】

1. 能够运用夹点常用编辑功能修改编辑图形。
2. 能够运用快速引线标注、圆心标记、形位公差标注、折弯标注等命令进行尺寸标注。
3. 能够简单运用坐标标注、弧长标注命令进行尺寸标注及标注替换与更新。
4. 能够运用绘图、修改命令绘制盘类零件图并进行尺寸、尺寸公差及形位公差标注。

【知识目标】

1. 掌握夹点常用编辑功能的操作方法和技巧。
2. 掌握快速引线标注、圆心标记、形位公差标注、折弯标注命令的操作方法。
3. 了解坐标标注、弧长标注、标注替换与更新等命令的操作方法。

| 一、项目导入 |

选择合适的图幅，按 1 : 1 的比例绘制图 9.1 所示的直齿圆柱齿轮减速器齿轮零件图。要求：布图匀称，图形正确，线型符合国标，标注尺寸和尺寸公差，形位公差，填写技术要求及标题栏，但不标注表面粗糙度。

| 二、项目知识 |

（一）夹点编辑

在编辑图形之前，选择对象时，在对象上将显示出若干个小方框，这些小方框用来标记被选中对象上的控制点，这些控制点称之为"夹点"，如图 9.2 所示 。夹点根据操作进程不同分为未选中的夹点、选中的夹点和悬停的夹点，用户可以在"工具"｜"选项"｜"选择集"对话框中设置其大小和颜色，如图 9.3 所示。

夹点是一种集成的编辑模式，提供了一种方便、快捷的编辑操作途径。例如，使用夹点可以对对象进行拉伸、移动、旋转、缩放及镜像等操作。在 AutoCAD 中，用户可以使用夹点对图形进行简单编辑，夹点编辑方式包含了 5 种编辑方法：拉伸、移动、旋转、比例缩放和镜像。

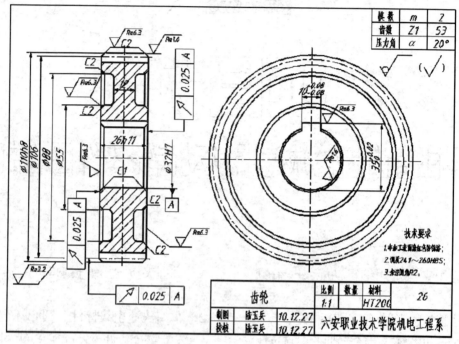

图 9.1　直齿圆柱齿轮减速器齿轮零件图

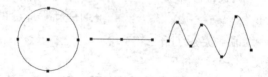

图 9.2　圆、直线和样条曲线夹点

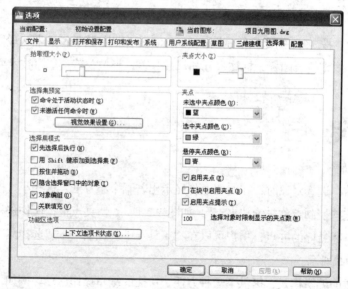

图 9.3　"选择集"对话框

在不执行任何命令的情况下选择对象，显示其夹点，把十字光标靠近夹点并单击，激活夹点编辑状态，其中一个夹点作为拉伸的基点，此时，AutoCAD 自动进入"拉伸"编辑方式，命令行将显示如下提示信息。

```
** 拉伸 **
指定拉伸点或[基点(B)/复制(C)/放弃(U)/退出(X)]：连续按 Enter 键，就可以在所有编辑方式间切换。切换如下：
** 移动 **
指定移动点或[基点(B)/复制(C)/放弃(U)/退出(X)]：
** 旋转 **
指定旋转角度或[基点(B)/复制(C)/放弃(U)/参照(R)/退出(X)]：
** 比例缩放 **
指定比例因子或[基点(B)/复制(C)/放弃(U)/参照(R)/退出(X)]：
** 镜像 **
指定第二点或[基点(B)/复制(C)/放弃(U)/退出(X)]：
```

在激活夹点后，再单击鼠标右键，弹出快捷菜单，如图 9.4 所示，通过此菜单就可以选择某种编辑方法。

在不同的编辑方式间切换时，AutoCAD 为每种编辑方法提供的选项基本相同，其中"基点（B）"、"复制（C）"选项是所有编辑方式所共有的。

"基点（B）"：该选项使用户可以拾取某一个点作为编辑过程的基点。例如，当进入了旋转编辑模式，并要指定一个点作为旋转中心时，就使用"基点（B）"选项。默认情况下，编辑的基点是热夹点（选中的夹点）。

"复制（C）"：如果用户在编辑的同时还需复制对象，则选取此选项。

默认情况下，指定拉伸点（可以通过输入点的坐标或者直接用鼠标指针拾取点）后，AutoCAD 将把对象拉伸或移动到新的位置。对于某些夹点，移动时只能移动对象而不能拉伸对象，如文字、块、直线中点、圆心、椭圆中心和点对象上的夹点。

图 9.4　快捷菜单

（二）快速引线标注

快速引线标注由带箭头的引线和注释文字两部分组成，多用于标注文字或形位公差。在 AutoCAD 2010 中，执行快速引线标注命令的方式是在命令行中输入命令 qleader。

执行引线标注命令后，命令行提示如下。

```
指定第一个引线点或[设置(S)]<设置>：（指定引线的起点）
```

如果选择"指定第一个引线点"命令选项，则命令行提示如下。

```
指定下一点：（指定引线的转折点）
指定下一点：（指定引线的另一个端点）
指定文字宽度<0>：（指定文字的宽度）
输入注释文字的第一行<多行文字(M)>：（输入文字，按 Enter 键结束标注）
```

直接按 Enter 键选择"设置（S）"命令选项，弹出"引线设置"对话框，如图 9.5 所示。

该对话框中包含 3 个选项卡，其功能介绍如下。

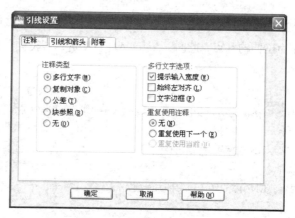

图 9.5　"引线设置"对话框

（1）"注释"选项卡：该选项卡用于设置注释类型、多行文字和重复使用注释选项，如图 9.5 所示。其中"注释类型"选项组用于设置引线注释的类型，"多行文字选项"选项组用于对多行文字进行设置，并且只有选择了多行文字注释类型时，该选项才可用。"重复使用注释"选项组用于设置引线注释重复使用的选项。

（2）"引线和箭头"选项卡：该选项卡用于设置引线和箭头特性，如图 9.6 所示。其中"引线"选项组用于设置引线格式；"点数"选项组用于设置引线的节点数，系统默认为 3，最少为 2，即引线为一条线段，也可以在"最大值"微调框中输入节点数；"箭头"选项组用于指定引线箭头的样式，系统提供了 21 种箭头样式；"角度约束"选项组用于设置第一条引线线段和第二条引线线段的角度约束，系统提供了 6 种角度可供选择。

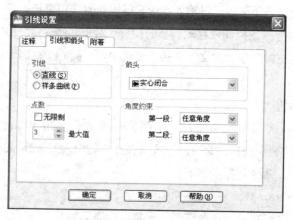

图 9.6　"引线和箭头"选项卡

（3）"附着"选项卡：该选项卡用于设置引线附着到多行文字的位置，如图 9.7 所示。该选项卡中包括 5 种文字与引线间的相对位置关系，这 5 种关系分别是"第一行顶部"、"第一行中间"、"多行文字中间"、"最后一行中间"和"最后一行底部"，这 5 个选项都有"文字在左边"和"文字在右边"之分。如果选中"最后一行加下划线"复选框，则前面这 5 项均不可用。引线标注的效果如图 9.8 所示。

图9.7 "附着"选项卡

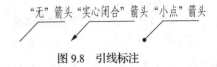

图9.8 引线标注

 引线标注也可运用"多重引线（mleader）"命令完成，用户可根据要求选用，具体内容参见"项目十一"中"项目知识（五）多重引线标注"。

（三）坐标标注

坐标标注是测量原点到标注特征点的垂直距离。这种标注保持特征点与基准点的精确偏移量，从而避免增大误差。在AutoCAD 2010中，执行坐标标注命令的方法有以下3种。

（1）单击"标注"工具栏中的"坐标标注"按钮。

（2）选择"标准"｜"坐标"命令。

（3）在命令行中输入命令dimordinate。

执行坐标标注命令后，命令行提示如下。

```
命令: _dimordinate
指定点坐标:（指定要测量的坐标点）
指定引线端点或[X基准(X)/Y基准(Y)/多行文字(M)/文字(T)/角度(A)]:（指定引线端点）
```

其中各命令选项的功能介绍如下。

（1）指定引线端点：选择此命令选项，使用点坐标和引线端点的坐标差可确定它是X坐标标注还是Y坐标标注。如果Y坐标的坐标差较大，标注测量X坐标，否则测量Y坐标。

（2）X基准（X）：选择此命令选项，测量X坐标并确定引线和标注文字的方向。

（3）Y基准（Y）：选择此命令选项，测量Y坐标并确定引线和标注文字的方向。

（4）多行文字（M）：选择此命令选项，弹出"文字格式"编辑器，向其中输入要标注的文字后，再确定引线端点。

（5）文字（T）：选择此命令选项，在命令行自定义标注文字。

（6）角度（A）：选择此命令选项，修改标注文字的角度。

图9.9所示为创建的坐标标注。

图9.9 坐标标注

（四）圆心标记

圆心标记是创建圆和圆弧的圆心标记或中心线。在 AutoCAD 2010 中，执行圆心标记命令的方法有以下 3 种。

（1）单击"标注"工具栏中的"圆心标记"按钮⊕。

（2）选择"标注"｜"圆心标记"命令。

（3）在命令行中输入命令 dimcenter。

执行圆心标记命令后，命令行提示如下。

> 命令：_dimcenter
> 选择圆弧或圆：（选择要标记的圆弧或圆）

圆心标记的样式有 3 种，如图 9.10 所示。该样式可以通过"新建标注样式"对话框中的"直线和箭头"选项卡中的"圆心标记"选项组对其类型和大小进行设置。

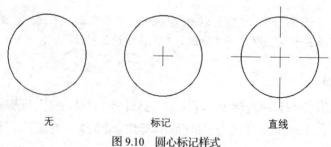

无　　　　　　　标记　　　　　　　直线

图 9.10　圆心标记样式

（五）弧长标注

弧长标注用于测量圆弧或多段线弧线段上的距离。在 AutoCAD 2010 中，执行弧长标注命令的方法有以下 3 种。

（1）单击"标注"工具栏中的"弧长标注"按钮⌒。

（2）选择"标注"｜"弧长"命令。

（3）在命令行中输入命令 dimarc。

执行弧长标注命令后，命令行提示如下。

> 命令：_dimarc
> 选择弧线段或多段线弧线段：（选择要标注的弧线段）
> 指定弧长标注位置或[多行文字(M)/文字(T)/角度(A)/部分(P)/引线(L)]：（指定尺寸线的位置）
> 标注文字 = 64.24（系统显示测量数据）

其中各命令选项的功能介绍如下。

（1）多行文字（M）：选择此命令选项，显示在位文字编辑器，可用它来编辑标注文字。可在生成的测量值前后输入前缀或后缀。

（2）文字（T）：选择此命令选项，在命令行自定义标注文字。生成的标注测量值显示在尖括号中。

（3）角度（A）：选择此命令选项，修改标注文字的角度。

（4）部分（P）：选择此命令选项，缩短弧长标注的长度。

（5）引线（L）：选择此命令选项，添加引线对象。

弧长标注的效果如图 9.11 所示。

（六）形位公差标注

形位公差表示特征的形状、轮廓、方向、位置和跳动的允许偏差。可以通过特征控制框来添加形位公差，这些框中包含单个标注的所有公差信息。

AutoCAD 形位公差的组成如图 9.12 所示。

图 9.11 弧长标注

图 9.12 形位公差的组成

在 AutoCAD 2010 中，执行形位公差标注命令的方法有以下 3 种。

（1）单击"标注"工具栏中的"公差"按钮。

（2）选择"标注" | "公差"命令。

（3）在命令行中直接输入命令 tolerance。

执行形位公差命令后，弹出"形位公差"对话框，如图 9.13 所示

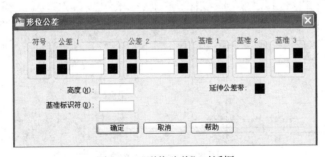

图 9.13 "形位公差"对话框

该对话框中各选项功能介绍如下。

（1）符号：单击此选项组中的■图标，打开"特征符号"面板，如图 9.14 所示，在该面板中选择合适的特征符号。

（2）公差 1 和公差 2：单击文本框左边的■图标，添加直径符号，此时该图标变为⌀图标；可以在中间的文本框中输入公差值；单击文本框右边的■图标，打开"附加符号"面板，如图 9.15 所示，在该对话框中选择合适的图标。

（3）基准 1、基准 2 和基准 3：该选项组中的文本框用于创建基准参照值，直接在文本框中输入数值即可。单击文本框右边的■图标，打开"附加符号"面板，如图 9.15 所示，在该对话框中可选

择合适的图标。

图 9.14　"特征符号"面板

图 9.15　"附加符号"面板

（4）高度：直接在文本框中输入数值，指定公差带的高度。

（5）基准标识符：在文本框中输入字母，创建由参照字母组成的基准标识符。

（6）延伸公差带：单击■图标，在投影公差带值的后面插入投影公差带符号，此时该图标变为⑫形状。图 9.16 所示为创建的形位公差标注。

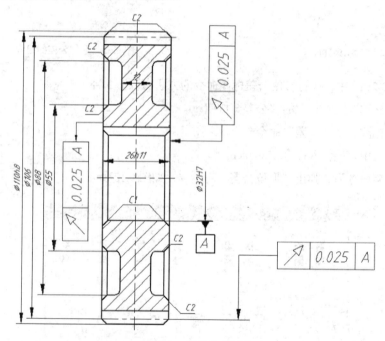

图 9.16　形位公差标注

（七）折弯标注

折弯标注用于标注圆弧或圆的中心位于布局外并且无法在其实际位置显示的圆弧或圆。在 AutoCAD 2010 中，执行折弯标注命令的方法有以下 3 种。

（1）单击"标注"工具栏中的"弧长标注"按钮 。

（2）选择"标注"｜"折弯"命令。

（3）在命令行中输入命令 dimjogged。

执行折弯标注命令后，命令行提示如下：

```
命令: _dimjogged
选择圆弧或圆:（选择要标注的圆或圆弧）
```

指定中心位置替代：（指定一点替代中心点）

标注文字 = 60.6（系统提示测量数据）

指定尺寸线位置或[多行文字(M)/文字(T)/角度(A)]：（拖动鼠标指定尺寸线的位置）

指定折弯位置：（拖动鼠标指定折弯的位置）

折弯标注的效果如图 9.17 所示。

（八）编辑尺寸标注

在 AutoCAD 2010 中，可以对已标注对象的文字、位置和样式等内容进行修改，以下介绍用 dimedit 命令和 dimtedit 命令来对尺寸标注进行编辑。

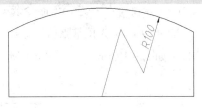

图 9.17　折弯标注

1. 使用 DIMEDIT 命令编辑尺寸标注

Dimedit 命令用于编辑对象的文字和尺寸界线，在命令行中输入该命令后，命令行提示如下。

命令：dimedit

输入标注编辑类型[默认(H)/新建(N)/旋转(R)/倾斜(O)]<默认>：（选择编辑方式）

其中各命令选项功能介绍如下。

（1）默认（H）：选择该命令选项，将旋转标注文字移回默认位置。

（2）新建（N）：选择此命令选项，打开"文字格式"编辑器，在该编辑器中可更改标注文字。

（3）旋转（R）：旋转标注文字。

（4）倾斜（O）：选择该命令选项，调整线性标注尺寸界线的倾斜角度，倾斜角度为 90°，效果如图 9.18（b）所示。

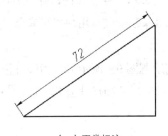
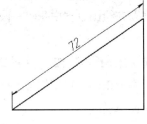

（a）正常标注　　　　　　　　　　（b）倾斜90°

图 9.18　编辑尺寸界线的倾斜角度

2. 使用 DIMTEDIT 命令编辑

Dimtedit 命令用于移动和旋转标注文字，在命令行中输入该命令后，命令行提示如下。

命令：dimtedit

选择标注：（选择要编辑的尺寸标注）

指定标注文字的新位置或[左(L)/右(R)/中心(C)/默认(H)/角度(A)]：（指定标注文字的新位置）

其中各命令选项的功能介绍如下。

（1）左（L）：选择该命令选项，沿尺寸线的左边对正标注文字。本选项只适用于线性、直径和半径标注。

（2）右（R）：选择该命令选项，沿尺寸线的右边对正标注文字。本选项只适用于线性、直径和半径标注。

（3）中心（C）：选择该命令选项，将标注文字放在尺寸线的中间。

（4）默认（H）：选择该命令选项，将标注文字移回默认位置。

（5）角度（A）：选择该命令选项，修改标注文字的角度。

图 9.19（a）为正常默认尺寸标注，当其编辑尺寸"左（L）"、"右（R）"和"角度（A）"标注的效果如图 9.19（b）、（c）、（d）所示。

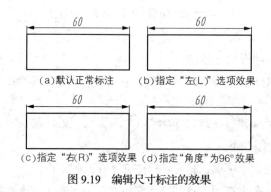

（a）默认正常标注　　　（b）指定"左（L）"选项效果

（c）指定"右（R）"选项效果　（d）指定"角度"为96°效果

图 9.19　编辑尺寸标注的效果

三、项目实施

（1）进入"AutoCAD 经典"工作空间，调用"项目八"样板文件，并"另存为"此文件，文件名为"图 9.1.dwg"，注意在绘图过程中每隔一段时间保存一次。用户也可参照"项目八"创建一无样板图形文件。

（2）绘制图形，选择合适图幅，按 1∶1 的比例绘制图 9.1 所示的直齿圆柱齿轮减速器齿轮零件图。要求：布图匀称，图形正确，线型符合国标，标注尺寸和尺寸公差，形位公差，填写技术要求及标题栏，但不标注表面粗糙度。

参考步骤如下。

① 调整屏幕显示大小，打开"显示/隐藏线宽"和"极轴追踪"状态按钮，在"草图设置"对话框中选择"对象捕捉"选项卡，设置"交点"、"端点"、"中点"、"圆心"等捕捉目标，并启用对象捕捉。

② 绘制基准线。执行"直线"命令，在"ZXX"图层，绘制主视图和左视图轴向对称线和径向对称线，调整两两相交直线间位置关系，结果如图 9.20 所示。

③ 绘制端面轮廓线、"三线"（齿顶线、齿根线和分度线）和三圆（齿顶圆、齿根圆和分度圆）。

执行"偏移"命令，在主视图上将径向对称线分别向左右偏移 13，修改偏移线为"CSX"图层。

执行"偏移"命令，在主视图上将轴向对称线分别向上、下偏移 55、53 和 50.5，并修改偏距为 55 和 50.5，修改偏移线为"CSX"图层。

执行"圆"命令，在左视图以对称线交点为圆心，分别在"CSX"、"ZXX"和"SXX"图层绘制半径为 55、53 和 50.5 的圆。

图 9.20　绘制基准线

执行"修剪"命令，在主视图分别修剪有关图线，结果如图 9.21 所示。

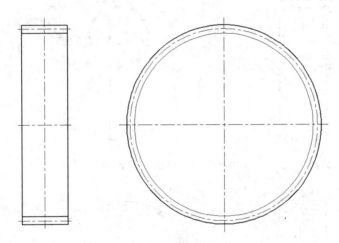

图 9.21　绘制端面轮廓线、三线、三圆

④ 绘制轮毂线（圆）和键槽。在主视图，执行"偏移"命令，将轴向中心线向下偏移 16 得线段 AB，修改线段 AB 为"CSX"图层，执行"修剪"命令，修剪线段 AB。再次执行"偏移"命令，将线段 AB 向上偏移 35 得线段 CD。

在左视图，执行"圆"命令，以半径尺 16 绘制圆，执行"偏移"命令，以偏距 5 将垂直中心线分别向左、右偏移得两直线，修改两线为"CSX"图层，设两线交圆于点 E 和 F，执行"直线"命令，根据投影关系，在两线间对齐于 CD 作一线段 GH，在主视图对齐于 E 或 F 绘制线段 IJ。

在主视图，执行"倒角"命令，绘制 C1 倒角（设"修剪"命令为"不修剪"模式），执行"直线"命令补画出倒角后的轮廓线。

在左视图，执行"圆"命令，绘制倒角圆（也可将 ϕ32 向外偏移"1"）。结果如图 9.22 所示。

执行"修剪"命令，修剪多余线段，结果如图 9.23 所示。

⑤ 绘制轮辐槽。在主视图，执行"偏移"命令，分别以偏距 44 和 27.5 向上、向下偏移，修偏移后线段为"CSX"图层，执行"修剪"命令，修剪有关图线。在左视图，执行"圆"命令，以半

径 *R*44 和 *R*27.5 绘制两圆。

在主视图，执行"倒角"命令，绘制 C2 倒角（设"修剪"命令为"不修剪"模式），执行"直线"命令补画出倒角后的轮廓线。

在左视图，执行"圆"命令，绘制两倒角圆（也可将 ϕ88 和 ϕ55 分别向外向内偏移 2。）

在主视图，执行"偏移"命令，将径向对称线以偏距 6 分别向左向右偏移，修改偏移线为"CSX"图层；执行"修剪"命令，分别以偏距 44 和 27.5 偏移线为边界，修剪偏移线；再以偏距 6 偏移线为边界，修剪有关图线。结果如图 9.24 所示。

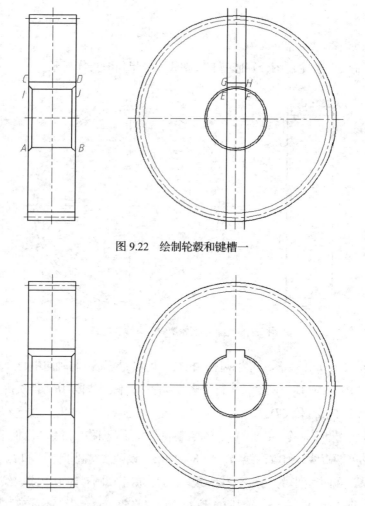

图 9.22　绘制轮毂和键槽一

图 9.23　绘制轮毂和键槽二

⑥ 绘制轮齿倒角和剖面线。在主视图，执行"倒角"命令，在轮齿位置绘制"C2"倒角（修改"修剪"命令为"修剪"模式）。

执行"图案填充"命令，在剖视区域进行图案填充，结果如图 9.25 所示。

⑦ 设置尺寸标注样式，标注尺寸及尺寸公差。用户可重新设置尺寸标注样式，也可调用"项目八"设置的尺寸标注样式，过程此处不再赘述。

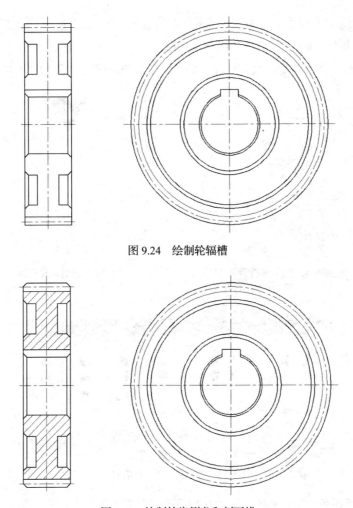

图 9.24　绘制轮辐槽

图 9.25　绘制轮齿倒角和剖面线

执行"尺寸标注"工具栏相应按钮，完成图 9.1 中所有尺寸、尺寸公差和倒角的尺寸标注。

⑧ 绘制齿轮参数表格，填写标题栏、齿轮参数和技术要求。

执行"直线"和"偏移"命令，在图框左上角绘制一宽度为 3 × 15=45，高度为 3 × 7=21 表格。

执行"多行文字"命令，在标题栏、齿轮参数表和绘图区合适位置填写标题栏，齿轮齿数、模数和压力角，技术要求等内容。

⑨ 标注形位公差。

a. 创建"基准符号"，在"XSX"图层，执行"直线"命令，按尺寸绘制图 9.26 所示符号，绘制过程略。

执行"solid"命令，在三角形中"涂黑"。

执行"多行文字"命令，在方框内填写基准代码（如"A"），结果如图 9.27 所示。

b. 标注"基准符号"，执行"复制"命令，拾取图 9.27 所示三角形上边中点为"基点"，在齿轮零件图上适当位置复制出基准符号。

c. 标注形位公差，现以齿轮左端面"圆跳动"位置公差为例说明形位公差标注方法。

执行 QLeader 命令，有图形上绘制带箭头的引线。

单击"尺寸标注"工具栏上"公差标注"按钮，系统弹出图 9.28 所示"形位公差"对话框。

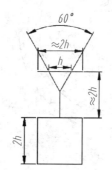

图 9.26　绘制基准符号一

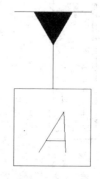

图 9.27　绘制基准符号二

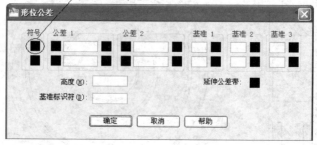

图 9.28　"形位公差"对话框

单击"符号"下黑色方块，系统弹出图 9.29 所示"特征符号"对话框，单击"圆跳动"形位公差符号。

单击"公差 1"下方空格区，填写"0.025"，在"基准 1"下方空格区，填写"A"，单击"确定"按钮，命令行提示如下。

输入公差位置：捕捉引线端点单击鼠标，即完成形位公差标注。

用相同的方法完成其他形位公差标注。至此完成全图，结果如图 9.1 所示。

（3）保存此文件。

图 9.29　"特征符号"对话框

四、检测练习

1. 选择合适图幅，按 1：1 的比例绘制图 9.30 所示的直齿圆柱齿轮减速器输出、输入端嵌入端盖零件图。要求：布图匀称，图形正确，线型符合国标，标注尺寸和尺寸公差，形位公差，填写技术要求及标题栏，但不标注表面粗糙度。

2. 选择合适图幅，按 1：1 的比例绘制图 9.31 所示的直齿圆柱齿轮减速器封闭端嵌入端盖零件图。要求：布图匀称，图形正确，线型符合国标，标注尺寸和尺寸公差，形位公差，填写技术要求及标题栏，但不标注表面粗糙度。

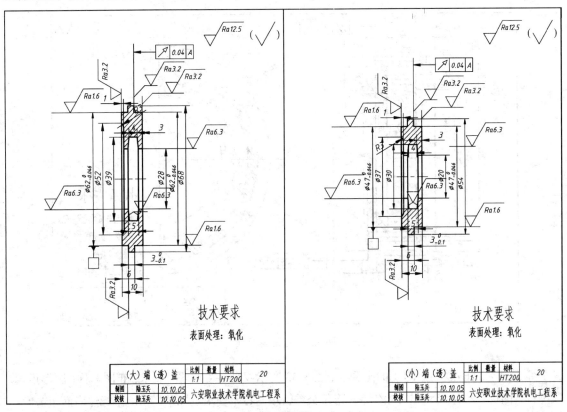

图 9.30　检测练习一

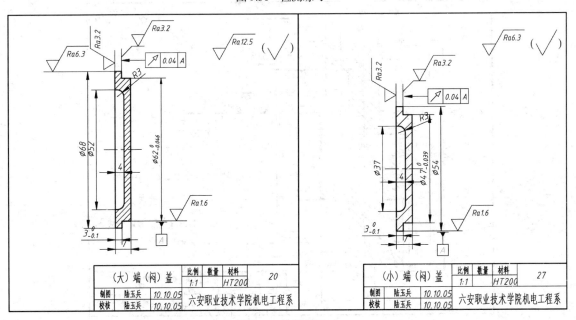

图 9.31　检测练习二

3. 选择合适图幅，按 1：1 的比例绘制图 9.32 所示端盖零件图。要求：布图匀称，图形正确，线型符合国标，标注尺寸和尺寸公差，形位公差，填写技术要求及标题栏，但不标注表面粗糙度。

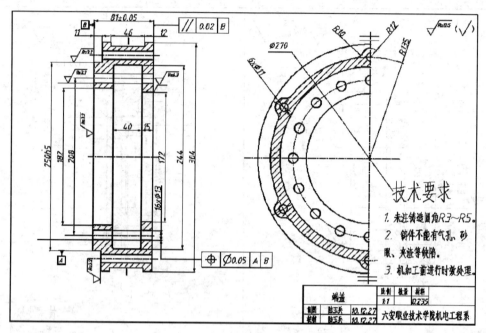

图 9.32　检测练习三

4. 选择合适图幅，按 1：1 的比例绘制图 9.33 所示 V 带轮零件图。要求：布图匀称，图形正确，线型符合国标，标注尺寸和尺寸公差，形位公差，填写技术要求及标题栏，但不标注表面粗糙度。

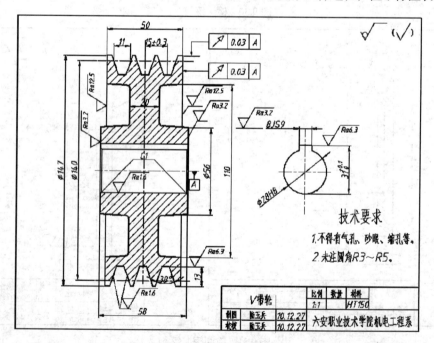

图 9.33　检测练习四

五、提高练习

选择合适图幅，按 1 : 1 的比例绘制图 9.34 所示端盖零件图。要求：布图匀称，图形正确，线型符合国标，标注尺寸和尺寸公差，形位公差，填写技术要求及标题栏，但不标注表面粗糙度。

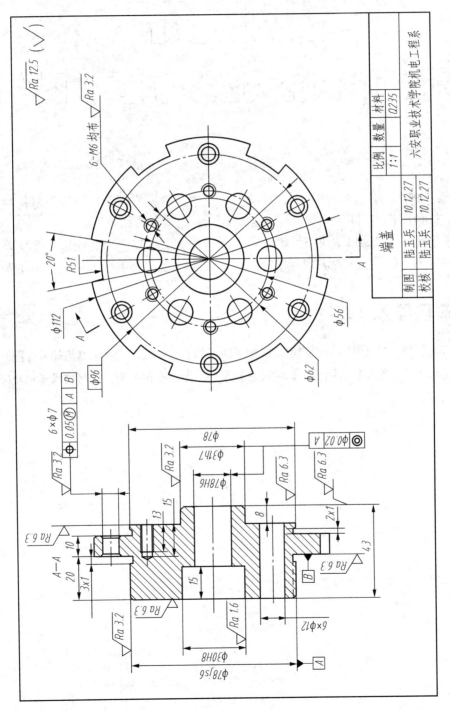

图 9.34 提高练习

项目十

| 圆柱直齿齿轮减速器机座零件图绘制 |

【能力目标】

1. 能够运用图块创建、定义图块属性等命令创建机械图样中常用标准符号。
2. 能够运用插入块、编辑图块属性等命令进行机械图样标准符号标注和标记。

【知识目标】

1. 掌握机械图样标准符号标注和标记创建方法和技巧。
2. 掌握建立图块、定义图块属性、插入块、编辑图块属性命令的操作方法。

| 一、项目导入

选择合适图幅，按 1：1 的比例绘制图 10.1 所示的直齿圆柱齿轮减速器齿轮零件图。要求：布图匀称，图形正确，线型符合国标，标注尺寸和尺寸公差，形位公差，填写技术要求及标题栏，标注表面粗糙度。

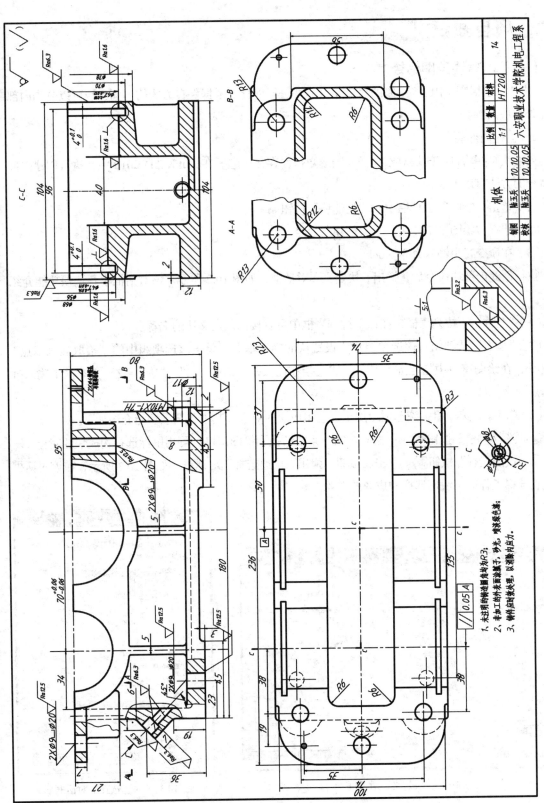

图 10.1　直齿圆柱齿轮减速器齿轮零件图

二、项目知识

（一）创建块绘图命令

创建块是将图形中已经绘制的对象组合后并进行保存，根据保存方式的不同，块可以分为内部块和外部块两种。

1. 创建内部块

内部块是指将创建的块对象与当前图形数据保存在一起。在 AutoCAD 2010 中，执行创建内部块命令的方法有以下 3 种。

（1）单击"绘图"工具栏中的"创建块"按钮 。

（2）选择"绘图"｜"块"｜"创建"命令。

（3）在命令行中输入命令 block。

执行创建内部块命令后，弹出"块定义"对话框，如图 10.2 所示。该对话框中各选项功能介绍如下。

（1）"名称"下拉列表框：在该下拉列表框中可直接输入定义块的名称。

（2）"基点"选项组：该选项组用于设置块的插入基点。单击该选项组中的"拾取插入基点"按钮 ，在绘图窗口中指定插入基点，或直接在该按钮下边的"X"，"Y"，"Z"文本框中输入插入基点的坐标值。

（3）"对象"选项组：该选项组用于设置组成块的对象，其中各选项功能介绍如下。

① "选择对象"按钮 。单击此按钮，系统切换到绘图窗口，可用鼠标选择构成块的对象。

② "快速选择"按钮 。单击此按钮，弹出"快速选择"对话框，如图 10.3 所示，在该对话框中设置选择条件即可快速选择构成块的对象。

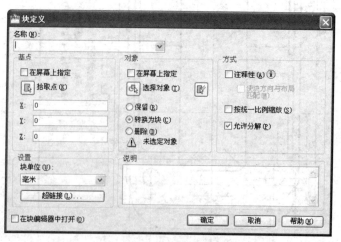

图 10.2　"块定义"对话框

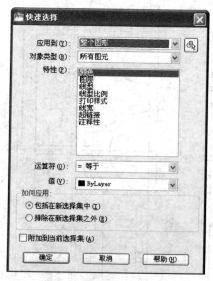

图 10.3　"快速选择"对话框

③ "保留"单选按钮。选中此单选按钮，创建块以后，将选定的对象保留在图形中，用户可以用该图形与创建的块进行对比。

④ "转换为块"单选按钮。选中此单选按钮，创建块以后，将选定的对象转换成图形中的块实例。

⑤ "删除"单选按钮。选中此单选按钮，创建块以后，从图形中删除选定的对象。

（4）"方式"选项组。

① "注释"列表框。指定块的文字说明。

② "按统一比例缩放"复选框。选中此复选框，按统一比例缩放插入的块。

③ "允许分解"复选框。选中此复选框，将块参照进行分解。

（5）"设置"选项组：该选项组用于指定块的设置。

① "块单位"下拉列表框。指定块参照的插入单位。

② "超链接"按钮。单击此按钮，可以在弹出的"插入超链接"对话框中将某个超链接与块定义相关联。

（6）"在块编辑器中打开"复选框：选中此复选框，单击"确定"按钮后，在"块编辑器"中打开当前的块定义。

2. 创建外部块

外部块是指将创建的块与图形数据分开进行保存，这样当其他图形需要插入该块时，只需指定插入路径即可。在 AutoCAD 2010 中，执行创建外部块命令的方法如下。

在命令行中输入命令"W（Wblock）"后按 Enter 键，弹出"写块"对话框，如图 10.4 所示。

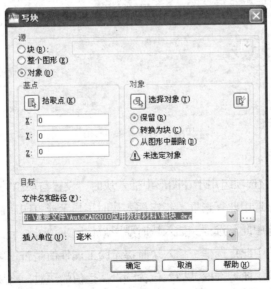

图 10.4 "写块"对话框

该对话框中各选项的功能介绍如下。

（1）"源"选项组：该选项组用于指定块和对象，将其保存为文件并指定插入点。

（2）"基点"选项组：指定块的基点。单击"拾取插入基点"按钮，切换到绘图窗口的指定基点，或直接在其下的文本框中输入基点的坐标值。

（3）"对象"选项组：设置用于创建块的对象。

（4）"目标"选项组：该选项组用于指定文件的新名称和新位置以及插入块时所使用的测量单位。完成各项设置后，单击"确定"按钮即可创建外部块。

（二）创建与编辑块属性

块属性是指块的一些非图形信息，如零件的名称、编号、材料、价格等。在创建块之前，用户可以先定义块的属性，然后将其与选定的图形一起创建成块，必要时还可以对其进行修改。

1. 创建块属性

在 AutoCAD 2010 中，执行创建块属性命令的方法有以下两种。

（1）选择"绘图"｜"块"｜"定义属性"命令。

（2）在命令行中输入命令 attdef。

执行该命令后，弹出"属性定义"对话框，如图 10.5 所示。

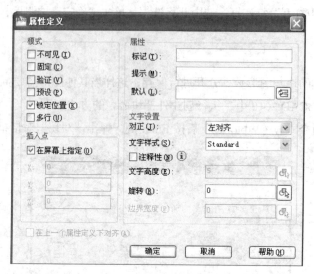

图 10.5 "属性定义"对话框

其中各选项的功能介绍如下。

（1）"模式"选项组：该选项组用于在图形中插入块时，设置与块相关联的属性值选项。

① "不可见"复选框。选中此复选框，指定插入块时不显示或打印属性值。

② "固定"复选框。选中此复选框，插入块时赋予属性固定值。

③ "验证"复选框。选中此复选框，插入块时提示验证属性值是否正确。

④ "预设"复选框。选中此复选框，插入包含预设属性值的块时，将属性设置为默认值。

⑤ "锁定位置"复选框。锁定块参照中属性的位置。解锁后，属性可以相对于使用夹点编辑的块的其他部分移动，并且可以调整多行文字属性的大小。

⑥ "多行"复选框。指定属性值可以包含多行文字。选定此选项后，可以指定属性边界宽度。

（2）"属性"选项组：该选项组用于设置属性数值。

①"标记"文本框。输入属性标签，标识图形中每次出现的属性。

②"提示"文本框。输入属性提示，指定在插入包含该属性定义的块时显示的提示。如果不输入提示，属性标记将作为提示。

③"值"文本框。输入默认的属性值。

③"插入点"选项组。该选项组用于设置属性的插入位置。

④"文字选项"选项组。该选项组用于设置属性文字的对正、样式、高度和旋转角度。

完成各项设置后，单击"确定"按钮，即可定义块的属性。

2. 编辑块属性

定义块属性后，用户还可以对其进行编辑。在 AutoCAD 2010 中，选择修改菜单子命令可以执行多种编辑命令，对块属性的修改也可以通过选择"修改"｜"对象"｜"文字"｜"编辑"命令，然后在命令行"选择注释对象或[放弃（U）]："的提示下选择要修改的属性，弹出"编辑属性定义"对话框，如图 10.6 所示。

该对话框中有 3 个文本框，分别用于编辑属性的标记、提示和默认值，用户可以在文本框中输入新的属性定义对其进行编辑。

如要选中具有属性的块，则执行该命令后弹出"增强属性编辑器"对话框，如图 10.7 所示。

图 10.6　"编辑属性定义"对话框

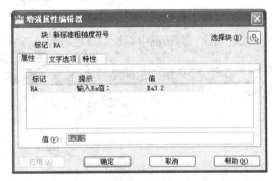

图 10.7　"增强属性编辑器"对话框

该对话框中有 3 个选项卡，分别用于设置块属性的属性、文字选项和特性，以下分别进行介绍。

①"属性"选项卡：该选项卡中显示了当前每个属性的标记、提示和值。用户可以查看这些块属性，但只能对块属性的值进行修改，如图 10.7 所示。

②"文字选项"选项卡：该选项卡列出了定义属性文字在图形中显示方式的特性。用户可以根据需要对块属性的文字样式、对正方式、高度、旋转、宽度比例、倾斜角度等特性进行修改，如图 10.8 所示。

③"特性"选项卡：该选项卡显示了块属性的图层、线型、颜色、线宽和打印样式，用户可以根据需要对其进行修改，如图 10.9 所示。

图 10.8 "文字选项"选项卡 　　　　　　　　图 10.9 "特性"选项卡

（三）块属性管理器

属性管理器用于对当前图形中所有的块属性进行管理。在 AutoCAD 2010 中，打开块属性管理器的方法有两种。

（1）选择"修改"｜"对象"｜"属性"｜"块属性管理器"命令。

（2）在命令行中输入命令 battman。

执行该命令后，弹出"块属性管理器"对话框，如图 10.10 所示。该对话框中列出了当前图形中具有属性的块的各种特性，单击该对话框中的"选择块"按钮，可以选择查看其他具有属性的块的特性，或在"块"下拉列表中选择其他块的名称，也可以查看这些具有属性的块的特性。

利用"块属性管理器"对话框查看块的特性时，还可以单击该对话框中的"编辑"按钮，在弹出的"编辑属性"对话框中对块的属性特性进行修改，如图 10.11 所示。

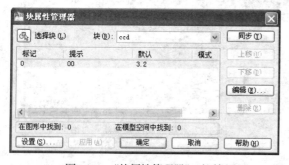
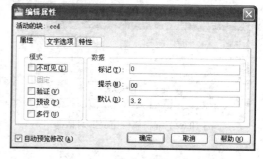

图 10.10 "块属性管理器"对话框 　　　　　　　图 10.11 "编辑属性"对话框

（四）插入块绘图命令

在绘制图形时，可以根据需要将已经创建的图块以任意比例和旋转角度插入到图形中的任意位置。在 AutoCAD 2010 中，系统提供了 4 种插入块的方法，下面分别进行介绍。

1. 利用命令行插入块

在命令行中输入命令"insert"后按 Enter 键，命令行提示如下。

```
命令: _insert
输入块名或[?]<块名>:（输入插入块的名称）
单位: 毫米　转换: 1.0000（系统提示）
```

指定插入点或[基点(B)/比例(S)/X/Y/Z/旋转(R)/预览比例(PS)/PX/PY/PZ/预览旋转(PR)]：（指定块的插入点）

输入 X 比例因子，指定对角点，或[角点(C)/XYZ]<1>：（指定 X 轴方向上的缩放比例）

输入 Y 比例因子或<使用 X 比例因子>：（指定 Y 轴方向上的缩放比例）

指定旋转角度<0>：（指定插入块的旋转角度）

其中各命令选项功能介绍如下。

（1）?：选择该命令选项，列出当前图形中定义的所有块。

（2）基点（B）：选择该命令选项，将块临时放置到其当前所在的图形中，并允许在将块参考拖动到位时，为其指定新基点，这不会影响为块参照定义的实际基点。

（3）比例（S）：选择该命令选项，设置 X，Y 和 Z 轴的比例因子。

（4）X/Y/Z：选择该命令选项，指定 X/Y/Z 的比例因子。

（5）旋转（R）：选择该命令选项，设置块插入的旋转角度。

（6）预览比例（PS）：选择该命令选项，设置 X，Y 和 Z 轴的比例因子，以控制块被拖动到位时的显示。

（7）PX/PY/PZ：选择该命令选项，设置 X/Y/Z 轴比例因子，以控制块被拖动到位时的显示。

（8）预览旋转（PR）：选择该命令选项，设置块被拖动到位时的旋转角度。

2．利用对话框插入块

使用命令行插入块时，用户只能插入内部块，而无法插入外部块。如果需要在图形中插入外部块，则可以使用对话框插入块。使用对话框插入块时，用户不仅可以插入内部块，而且还可以通过指定外部块的存储路径插入指定的外部块。在 AutoCAD 2010 中执行对话框插入块命令的方法有以下 3 种。

（1）单击"绘图"工具栏中的"插入块"按钮。

（2）选择"插入"｜"块"命令。

（3）在命令行中输入命令 insert 或 ddinsert。

执行该命令后，弹出"插入"对话框，如图 10.12 所示。

该对话框中各选项的功能介绍如下。

（1）"名称"下拉列表框：该下拉列表框用于指定要插入块的名称，或指定要作为块插入的文件的名称。

（2）"路径"显示框：该显示框用于显示选中块的路径。

（3）"插入点"选项组：该选项组用于指定块的插入点。选中"在屏幕上指定"复选框，则在绘图窗口中指定块的插入点，否则在"X"，"Y"和"Z"文本框中输入插入点的坐标。

图 10.12　"插入"对话框

（4）"缩放比例"选项组：该选项组用于指定插入块的缩放比例。选中"在屏幕上指定"复选框，则在绘图窗口中用鼠标拖动块来指定缩放比例，也可在"X"，"Y"和"Z"文本框中输入坐标轴方向上的缩放比例。

（5）"旋转"选项组：该选项组用于指定插入块的旋转角度。选中"在屏幕上指定"复选框，则在绘图窗口中指定旋转角度，否则在"角度"文本框中输入插入块的旋转角度。

（6）"块单位"选项组：该选项组用于显示有关块单位的信息，包括块的单位和比例。

（7）"分解"复选框：选中此复选框，分解块并插入该块的各个部分。参数设置完成后，单击"确定"按钮即可插入块。

3. 以拖放方式插入块

以拖放方式插入块是指使用鼠标将图块文件从文件夹、资源管理器或设计中心窗口中拖放到当前图形中，这样就可以插入指定的块了。

（1）文件夹：打开存放块的文件夹，然后单击文件夹窗口右上角的"向下还原"按钮，将其悬浮在 AutoCAD 窗口上。

选中块文件后用鼠标将其拖动到打开的 AutoCAD 图形文件中，此时命令行提示如下。

```
命令: _-INSERT 输入块名或[?]<电池>: "C:\Documents and Settings\zz\桌面\v\书架.dwg"（系统提示）
单位: 无单位　转换:　1.0000（系统提示）
指定插入点或[基点(B)/比例(S)/X/Y/Z/旋转(R)]:（指定块的插入点）
输入 X 比例因子, 指定对角点, 或[角点(C)/XYZ(XYZ)]<1>:（指定块在 X 轴上的比例因子）
输入 Y 比例因子或<使用 X 比例因子>:（指定块在 Y 轴上的比例因子）
指定旋转角度<0>:（指定插入块的旋转角度）
```

从文件夹中拖动图形文件到当前图形中时，如果图形文件中有多个对象，则这些对象将被作为一组对象以块的形式插入到当前图形中。

（2）Windows 资源管理器：在"我的电脑"或任意文件夹上右击，在弹出的快捷菜单中选择"资源管理器"命令，打开 Windows 资源管理器窗口。

Windows 资源管理器悬浮在当前打开的 AutoCAD 窗口上，然后在 Windows 资源管理器右边的显示框中选中要插入的块，用鼠标将其拖动到打开的 AutoCAD 图形文件中，并根据命令行的提示指定插入点、X 轴和 Y 轴的比例因子及旋转角度，这样就可以将选中的图形以块的形式插入到当前图形中。

（3）多重插入块

多重插入块实质上是以阵列的方式在当前图形中插入多个相同的块。多重插入块的命令为 minsert，在命令行中输入命令 minsert 后按 Enter 键，命令行提示如下。

```
命令: minsert
输入块名或[?]<电池>:（输入块名）
单位: 毫米　转换:　1.0000（系统提示）
指定插入点或[基点(B) /比例(S)/X/Y/Z/旋转(R)/预览比例(PS)/PX/PY/PZ/预览旋转(PR)]:（指定插入点）
输入 X 比例因子, 指定对角点, 或[角点(C)/XYZ]<1>:（指定 X 轴的比例因子）
输入 Y 比例因子或<使用 X 比例因子>:（指定 Y 轴的比例因子）
指定旋转角度<0>:（指定块的旋转角度）
```

输入行数(---)<1>：（指定插入块的行数）

输入列数(|||)<1>：（指定插入块的列数）

输入行间距或指定单位单元（---）：（输入行间距）

指定列间距（|||）：（输入列间距）

多重插入块的效果如图 10.13 所示。

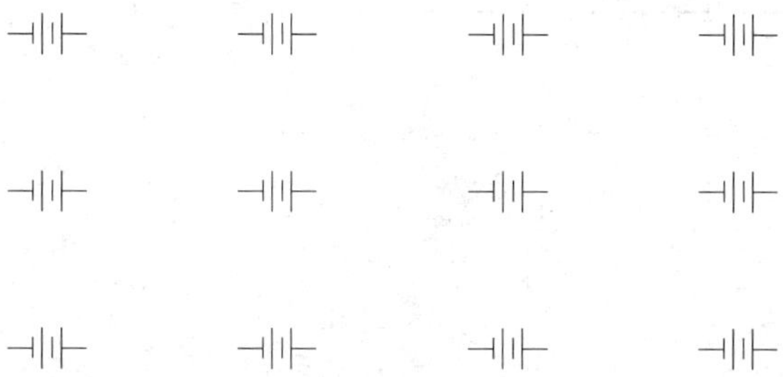

图 10.13　多重插入块

三、项目实施

（1）进入"AutoCAD 经典"工作空间，调用"项目八"样板文件，修改为"A2"图幅，并"另存为"此文件，文件名为"图 10.1.dwg"，注意在绘图过程中每隔一段时间保存一次。用户也可参照"项目八"创建一无样板图形文件。

（2）绘制图形，选择合适图幅，按 1∶1 的比例绘制图 10.1 所示的直齿圆柱齿轮减速器齿轮零件图。要求：布图匀称，图形正确，线型符合国标，标注尺寸和尺寸公差，形位公差，填写技术要求及标题栏，标注表面粗糙度。

参考步骤如下。

> 图 10.14～图 10.19，图 10.21～图 10.23 所示尺寸为说明绘制过程进行的尺寸标注，不是图形的最终尺寸。

① 调整屏幕显示大小，打开"显示/隐藏线宽"和"极轴追踪"状态按钮，在"草图设置"对话框中选择"对象捕捉"选项卡，设置"交点"、"端点"、"中点"、"圆心"等捕捉目标，并启用对象捕捉。

② 绘制基准线和主要位置线。

执行"直线"命令，在"ZXX"和"CSX"图层，根据尺寸绘制主视图、俯视图和左视图基准线和主要位置线，并调整有关图线间位置关系，结果如图 10.14 所示。

③ 绘制底板和箱壁轮廓线。

在"XX"和"CSX"图层，执行"直线"、"圆"、"圆角"、"偏移"和"修剪"等命令，根据尺寸〔其中尺寸（40）和（70）是计算数据，不是实际尺寸标注〕绘制图 10.15 所示底板及其孔和箱壁轮廓线。在表达方案中已确定不画或将与其他结构合为一体的轮廓线可暂不绘制。结果如图 10.15 所示。

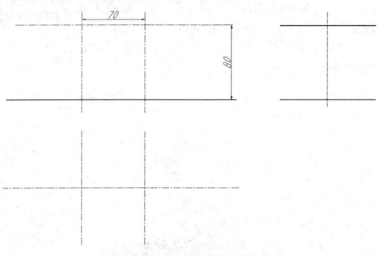

图 10.14　绘制基准线和主要位置线

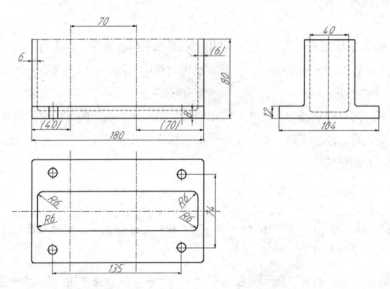

图 10.15　绘制底板和箱壁轮廓线

④ 绘制连接板结构。在 "ZXX"、"XX" 和 "CSX" 图层，执行 "直线"、"圆"、"圆角"、"复制"、"偏移" 和 "修剪" 等命令，根据尺寸绘制图 10.16 所示连接板及其连接孔、销孔轮廓线。在俯视图中修改底板被连接板遮挡部分轮廓线为虚线，在表达方案中已确定不画或将与其他结构合为一体的轮廓线可暂不绘制。结果如图 10.16 所示。

⑤ 绘制轴承安装孔及其端面和肋结构。在 "CSX" 图层，执行 "直线"、"圆"、"镜像"、"偏移" 和 "修剪" 等命令，根据尺寸绘制如图 10.17 所示轴承安装孔及其端面和肋结构轮廓线。在左视图中修改内腔壁虚线为粗实线，左视图为阶梯剖视图，需注意投影对应关系。结果如图 10.17 所示。

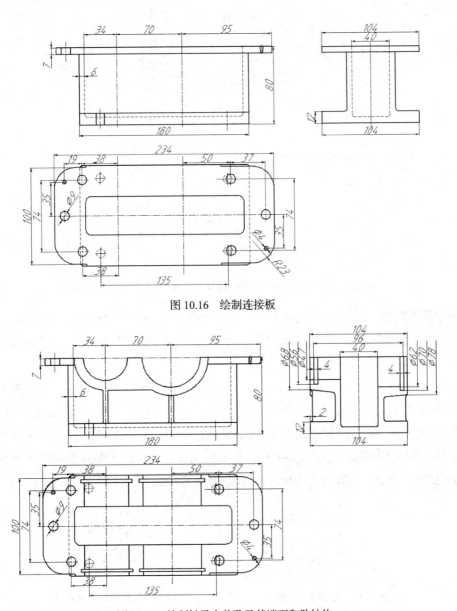

图 10.16　绘制连接板

图 10.17　绘制轴承安装孔及其端面和肋结构

⑥ 绘制连接板螺栓连接孔及凸台结构。在"ZXX"、"XX"和"CSX"图层，执行"直线"、"圆"、"圆角"、"复制"、"偏移"和"修剪"等命令，根据尺寸绘制图 10.18 所示连接板螺栓连接孔及凸台结构轮廓线。在俯视图中由于其结构被遮挡但又需要表达其结构和位置，所以在"XX"图层中绘制其结构。由于在俯视图中采用虚线绘制，不便于进行尺寸标注，故需采用局部剖视图重新表达。

执行"复制"命令，局部复制俯视两边结构；执行"样条曲线"命令，在合适位置绘制 4 段曲线；执行"修剪"命令，以曲线为边界修剪复制的图线；执行"偏移"命令，将内腔轮廓线向外以壁厚 6 偏移，执行"图案填充"命令，在箱壁内外轮廓线间填充剖面线。结果如图 10.18 所示。

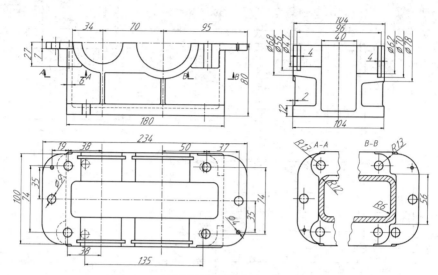

图 10.18　绘制连接板螺栓连接孔及凸台结构

⑦ 绘制底板凹槽、油标孔和放油孔结构。在"ZXX"、"XX"和"CSX"图层，执行"直线"、"圆"、"圆角"、"复制"、"偏移"和"修剪"等命令，根据尺寸绘制图 10.19 所示底板凹槽、油标孔和放油孔结构廓线。具体方法如下。

底板凹槽结构绘制，执行"偏移"命令，分别以偏距 3、45 和 45 将底部边线、左边和右边边线向上、向右和向左偏移；执行"修剪"命令，修剪偏移线；执行"圆角"命令，对凹槽内角进行圆角。

油标孔结构绘制，在视图旁边位置，根据油标孔结构局部视图，按尺寸（长度尺寸自定义）水平绘制油标孔局部视图（不填充剖面线），其中尺寸 25 和 12 为自定义尺寸，绘制结果如图 10.19 所示。

执行"旋转"命令，将图 10.25 旋转-45°，结果如图 10.20 所示。

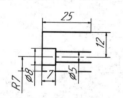

图 10.19　绘制油标孔结构一

图 10.20　绘制油标孔结构二

执行"偏移"命令，在主视图以偏距 7 和 36 偏移出油标孔位置点，执行"移动"命令，将图 10.20 移动至位置点处，结果如图 10.21 所示。

执行"修剪"命令，修剪有关图线，执行"圆角"命令，对结合面进行圆角。由于油标孔端面结构尺寸不便标注，故需绘制一局部视图。结果如图 10.22 所示。

放油孔结构绘制，执行"直线"、"圆角"、"偏移"和"修剪"等命令，根据尺寸绘制图 10.23 所示放油孔结构廓线和螺纹，其中尺寸 1 和 3 为自定义尺寸，只要使螺纹孔工艺结构合理即可。根据投影关系，在左视图绘制放油孔视图。

底板凹槽、油标孔和放油孔结构绘制结果如图 10.24 所示。

⑧ 绘制局部剖视图和局部放大图。执行"样条曲线"、"修剪"和"图案填充"命令，在各采用

局部剖视图区域，绘制样条曲线，修剪有关图线并填充剖面线。修改有关图线图层。值得注意的是，在油标孔位置处避免剖面线与轮廓线平行，可将此处剖面线角度调整为30°。

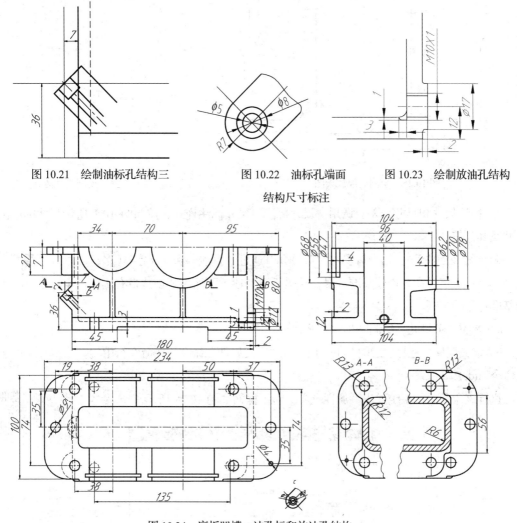

图 10.21　绘制油标孔结构三　　图 10.22　油标孔端面　　图 10.23　绘制放油孔结构
结构尺寸标注

图 10.24　底板凹槽、油孔标和放油孔结构

考虑在左视图轴承安装孔凹槽结构不便于标注表面粗糙度，可采用局部放大图重新表达。局部放大图绘制过程如下。

执行"圆"命令，在需要放大表达的区域绘制一圆；执行"直线"命令，在圆上绘制一引线；执行"多行文字"命令，在引线上方注写符号"I"，结果如图 10.25 所示。

执行"复制"命令，将圆连同圆内和与圆相交的图线一起复制至另一位置；执行"缩放"命令，将复制后的图形放大 5 倍；执行"修剪"命令，以圆为边界修剪各图线；执行"样条曲线"命令，在修剪后各线段的端点绘制一曲线；执行"图案填充"命令，在剖视区域填充上剖面线；执行"直线"命令，在放大后的图形上方绘一长度约为"10"线段；执行"多行文字"命令，在线段上方注写符号"I"，在线段下方注写"5：1"字样。结果如图 10.26 所示。

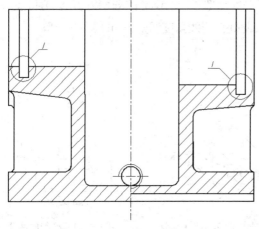

图 10.25　绘制局部放大图一

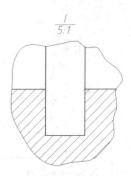

图 10.26　绘制局部放大图二

⑨ 标注尺寸和尺寸公差。调用"尺寸标注"尺寸标注样式，按照图 10.1 所示尺寸标注出全部尺寸及其公差。

⑩ 形位公差标注。用户可参照"项目九"通过"直线"和"文字"（多行文字或单行文字）命令创建基准符号，这里不再赘述。下面讲述创建带有属性的基准符号的步骤。

a. 参照"项目九"绘制图 10.27 所示图形。

b. 定义属性，选择"绘图"｜"块"｜"定义属性"命令（在命令行中输入命令 attdef）

执行该命令后，系统弹出"属性定义"对话框，如图 10.28 所示。

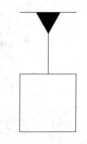

图 10.27　基准符号

图 10.28　"属性定义"对话框

在对话框中，设置如下参数："标记"处填写"J"（"基准"汉语拼音首字母）；"提示"处填写"请输入基准代号:"；"默认"处填写"A"；"对正"选择"正中"；"文字样式"选择"文字"（项目八定义），其他选项为默认项。设置完参数后单击"确定"按钮，此时命令行提示如下。

指定起点：单击鼠标左键，在方格中拾取一点，即在方格出现"J"字符，由于"J"字符偏离方格中央，需用鼠标将"J"拖动到合适位置，结果如图10.29所示。

c. 创建外部图块，在命令行中输入命令"W（Wblock）"后按 Enter键，弹出"写块"对话框，如图10.30所示。

单击"拾取点"按钮，"写块"对话框消失返回到绘图区，在图10.30所示符号中拾取"三角形"上边中点，"写块"对话框重新弹出；单击"选择对象"按钮，"写块"对话框消失返回到绘图区，按图10.30所示全部选中后按 Enter键，"写块"对话框再一次弹出，在"文件名和路径"处指定存储位置并命名（命名为"新标准基准代号"），单击"确定"按钮，至此完成一带有属性的基准符号。

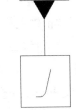

图10.29 绘制基准符号

d. 插入基准符号，单击"绘图"工具栏中的"插入块"按钮（选择"插入"｜"块"命令或在命令行中输入命令 insert 或 ddinsert）。执行该命令后，弹出"插入"对话框，如图10.31所示。

图10.30 "写块"对话框

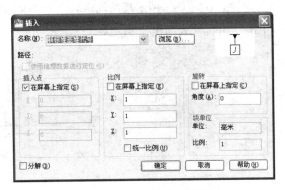

图10.31 "插入"对话框

单击"浏览"按钮，按照存储路径找到"新标准基准代号"，单击"确定"按钮，在图形上单击即完成一基准符号标注。继续执行"插入块"命令，完成其他基准符号标注。

⑪ 表面粗糙度标注。

a. 绘制图10.32所示图形。

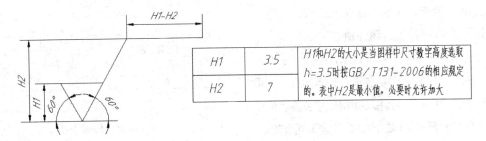

| H1 | 3.5 |
| H2 | 7 |

H1和H2的大小是当图样中尺寸数字高度选取 h=3.5时按GB/T131-2006的相应规定的。表中H2是最小值，必要时允许加大

图10.32 表面粗糙度标注

b. 定义属性，执行"定义属性"命令后，系统弹出图 10.28 所示"属性定义"对话框。

在对话框中，设置如下参数："标记"处填写 CCD（"粗糙度"汉语拼音首字母）；"提示"处填写"请输入粗糙度值："；"默认"处填写 Ra3.2；"对正"选择"正中"；"文字样式"选择"文字"（项目八定义），其他选项为默认项。设置完参数后单击"确定"按钮，此时命令行提示如下。

指定起点：单击鼠标左键，在水平线下方中间位置拾取一点，即在此处出现 CCD 字符，由于 CCD 字符偏离指定位置，需用鼠标将 CCD 拖动到合适位置，结果如图 10.33 所示。

图 10.33 粗糙度符号

c. 创建外部图块，方法同前。

d. 标注表面粗糙度符号，执行"插入块"命令，按照图 10.1 所示标注方法完成全部粗糙度标注。

⑫ 填写标题栏和技术要求。参照"项目八"完成标题栏和技术要求填写。至此完成全图。

（3）保存此文件。

四、检测练习

1. 按图 10.34（a）所示尺寸创建名称为"CCD"表面粗糙度属性图块，完成图 10.34（b）所示平面图形，并标注表面粗糙度。

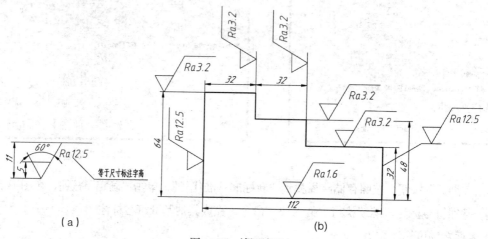

（a）　　　　　　　　　　　　　　　　　　　（b）

图 10.34 检测练习一

2. 按图 10.35 所示尺寸创建名称为"简化标题栏"标题栏属性图块。要求：零件名称、制图人和制图日期、审核人和审核日期、比例、数量、材料、图号和单位设置为属性值。

3. 选择合适图幅，按 1∶1 的比例绘制图 10.36 所示的齿轮泵泵体零件图。要求：布图匀称，图形正确，线型符合国标，标注尺寸和尺寸公差，形位公差，填写技术要求及标题栏，标注表面粗糙度。

图 10.35 检测练习二

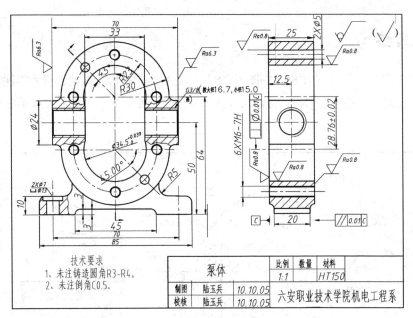

图 10.36　检测练习三

4. 选择合适图幅，按 1∶1 的比例绘制图 10.37 所示的蜗轮箱零件图。要求：布图匀称，图形正确，线型符合国标，标注尺寸和尺寸公差，形位公差，填写技术要求及标题栏，标注表面粗糙度。

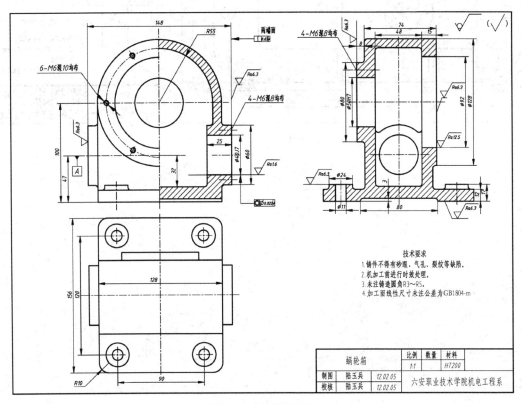

图 10.37　检测练习四

五、提高练习

　　选择合适图幅，按 1：1 的比例绘制图 10.38 所示的直齿圆柱齿轮减速器机盖零件图。要求：布图匀称，图形正确，线型符合国标，标注尺寸和尺寸公差，形位公差，填写技术要求及标题栏，标注表面粗糙度。

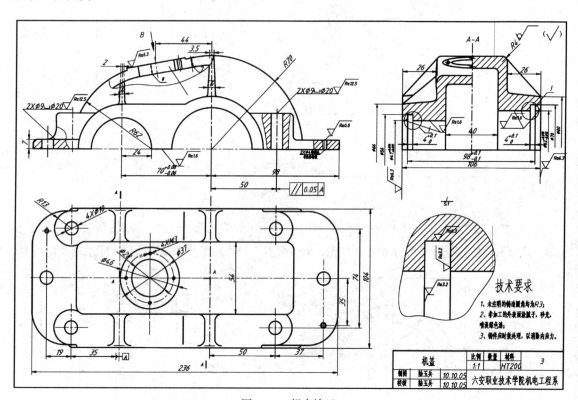

图 10.38　提高练习

项目十一

| 圆柱直齿齿轮减速器装配图绘制 |

【能力目标】

1. 能够运用表格样式和表格命令创建装配图明细栏。
2. 能够运用多重引线样式和多重引线命令编制装配图零件序号。
3. 能够运用"复制粘贴功能拼装画法"绘制装配图。

【知识目标】

1. 掌握表格样式、绘制表格、修改表格等命令的使用方法。
2. 掌握多重引线样式和多重引线等命令的使用方法。
3. 掌握多重引线编制装配图零件序号的操作方法。

| 一、项目导入 |

根据直齿圆柱齿轮减速器各零件图，选择合适图幅，按 1∶1 的比例"拼装"图 11.1 所示的一级直齿圆柱齿轮减速器装配图。要求：布图匀称，图形正确，线型符合国标，标注装配尺寸，编写零件序号，填写技术要求、标题栏及明细栏。

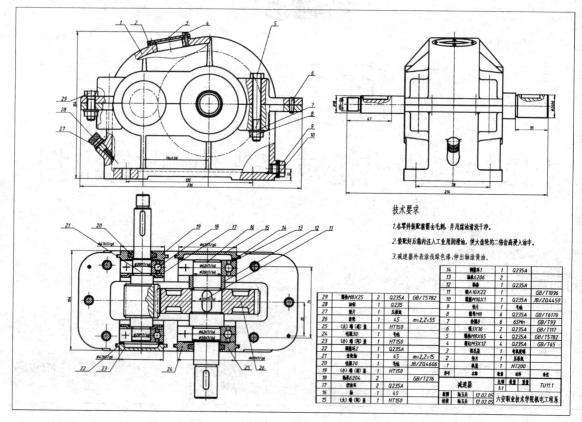

图 11.1　一级直齿圆柱齿轮减速器装配图

二、项目知识

（一）定义表格样式

表格是用行和列以一种简洁清晰的格式提供信息。用户可以用表格命令创建表格并在表格中输入数据或粘贴图形到表格中。另外，用户还可以对绘制的表格内容进行编辑，以便输出或被其他程序使用。

创建表格样式可以设置表格的标题栏与数据栏中文字的样式、高度、颜色以及单元格的长度、宽度和边框特性。在 AutoCAD 2010 中，执行定义表格样式命令的方法有以下 3 种。

（1）单击"绘图"工具栏中的"表格"按钮▦，在弹出的"插入表格"对话框中单击"启动'表格样式'对话框"按钮 。

（2）选择"格式"|"表格样式"命令。

（3）在命令行中输入命令 tablestyle。

执行该命令后，弹出"表格样式"对话框，如图 11.2 所示。

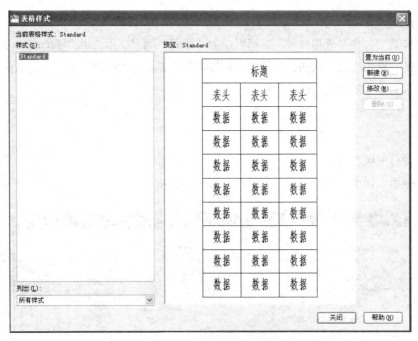

图 11.2　"表格样式"对话框

单击该对话框中的"新建"按钮，弹出"创建新的表格样式"对话框，如图 11.3 所示。在该对话框中的"新样式名"文本框中输入新建表格样式的名称，在"基础样式"下拉列表中选择一个表格样式作为基础样式，然后单击"继续"按钮，弹出"新建表格样式：Standard 副本"对话框，如图 11.4 所示。在该对话框中有"数据"、"列标题"和"标题"3 个选项卡，利用这 3 个选项卡可以设置表格数据单元格、列标题单元格和标题单元格的属性，以及单元格的长、宽和边框属性。属性设置完成后，单击该对话框中的"确定"按钮即可完成表格样式的设置。

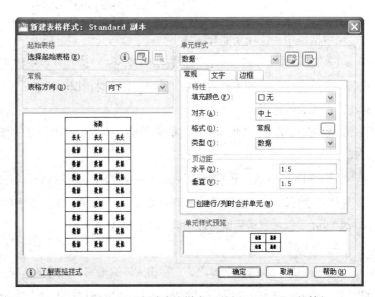

图 11.3　"创建新的表格样式"对话框

图 11.4　"新建表格样式：副本 Standard"对话框

（二）创建表格

创建表格样式后，在"表格样式"对话框中的"样式"列表框中选中需要的表格样式，然后单击该对话框中的"置为当前"按钮，这样就可以按指定的表格样式创建表格了。在 AutoCAD 2010 中，执行创建表格命令的方法有以下 3 种。

（1）单击"绘图"工具栏中的"表格"按钮⊞。

（2）选择"绘图"｜"表格"命令。

（3）在命令行中输入命令 table。

执行该命令后，弹出"插入表格"对话框，如图 11.5 所示。

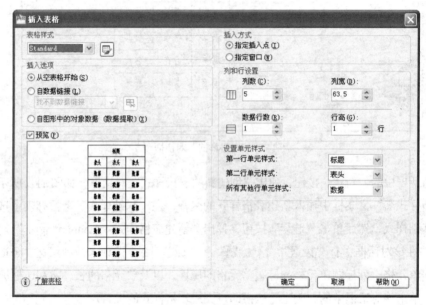

图 11.5　"插入表格"对话框

该对话框中各选项功能介绍如下。

（1）"表格样式"选项组：设置表格的外观，可以在"表格样式名称"下拉列表框中指定表格样式名，或单击该下拉列表框右边的"'表格样式'对话框"按钮，在弹出的"表格样式"对话框中新建或修改表格样式。

（2）"插入方式"选项组：指定表格的插入位置，其中包括"指定插入点"和"指定窗口"两种方式。

（3）"列和行设置"选项组：设置列和行的数目以及列宽和行高。

各项参数设置完成后，单击该对话框中的"确定"按钮关闭对话框，在绘图窗口中指定表格的插入点即可。插入表格后就可以向表格中输入数据了。

（三）编辑表格

创建表格后，系统就会弹出"文字格式"编辑器，同时激活第一个单元格，要求用户输入数据，如图 11.6 所示。在输入数据的过程中，用户可以通过按键盘上的 Tab 键在各单元格之间进行切换，单击"确定"按钮完成数据输入。用鼠标双击单元格，也可以激活单元格，同时弹出"文字格式"编辑器，用户可以在该编辑器中对表格中的数据进行编辑。

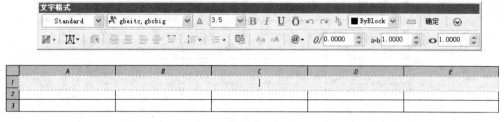

图 11.6　编辑表格数据

要选择多个单元，可在表单元内单击并在多个单元上拖动或者按住 Shift 键并在另一个单元内单击，可以同时选中这两个单元以及它们之间的所有单元

单击表格中的某个或几个单元格，然后在选中的单元格上单击鼠标右键，弹出其快捷菜单，如图 11.7 所示，用户可以利用该快捷菜单对单元格进行剪切、复制、对齐、插入块或公式、插入行或列、合并单元格等操作。

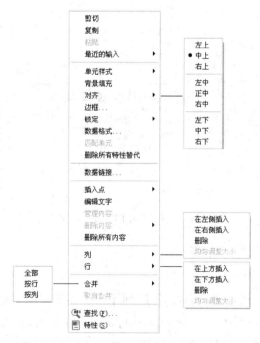

图 11.7　"单元格"快捷菜单

如编辑表时如需要调整表格的行高与列宽，可采用以下 4 种方法。

（1）选中表格后，通过拖动不同夹点可移动表格的位置，或者修改已有表格的列宽和行高，这些夹点的功能如图 11.8 所示。

（2）选择对应的单元格，在该单元格的 4 条边上各显示出一个夹点，并显示出一个"表格"工具栏。通过拖动夹点，就能够改变对应行的高度或对应列的宽度。

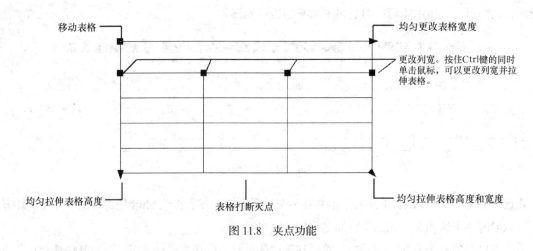

图 11.8　夹点功能

（3）选中表格后右单击，可从弹出的右键菜单中选择"均匀调整列大小"或"均匀调整行大小"来均匀调整表格的行高与列宽，如图 11.9 所示。

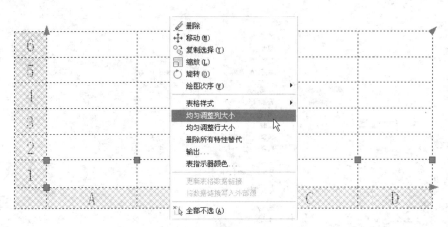

图 11.9　调整表格的行高与列宽

（4）通过"特性"命令调整表格的行高与列宽。

（四）定义多重引线样式

在 AutoCAD 2010 中，对装配图标注零件序号可使用"多重引线"命令，为使引线标注符合机械制图有关标准，需对"多重引线"定义样式，执行定义"多重引线样式"命令的方法有单击"多重引线"工具栏"多重引线样式"按钮" " 和在命令行输入 mleaderstyle 两种方式。"多重引线"工具栏如图 11.10 所示。各按钮功能如下。

（1）"多重引线"是指创建多重引线对象，多重引线对象通常包括箭头、水平基线、引线或曲线和多行文字对象或块。

（2）"添加引线"是指将引线添加至选定的多重引线对象，根据光标的位置，新引线将添加到稳定多重引线的左侧或右侧。

（3）"删除引线"是指将引线从现有的多重引线中删除。

（4）"多重引线对齐"是指将选定多重引线对象对齐并按一定间距排列，选定多重引线后，指定所有其他多重引线要与之对齐的多重引线。

（5）"多重引线样式"创建和修改多重引线样式，多重引线样式可以控制多重引线外观。这些样式可指定基线、引线、箭头和内容的格式。

执行"多重引线样式"命令后，弹出"多重引线样式管理器"对话框，如图11.11所示。

图11.10　"多重引线"工具栏

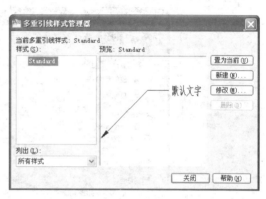

图11.11　"多重引线样式管理器"对话框

在"多重引线样式管理器"对话框中，单击"新建"按钮，弹出"创建新的多重引线样式"对话框，如图11.12所示。在"创建新的多重引线样式"对话框中，指定新多重引线样式的名称后，单击"继续"，弹出"修改多重引线样式"对话框，如图11.13所示。

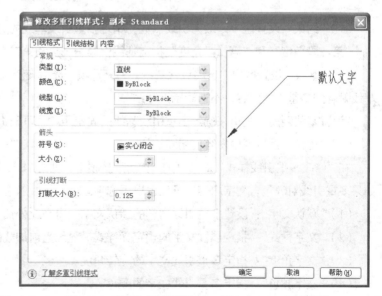

图11.12　"创建新的多重引线样式"对话框　　　图11.13　"修改多重引线样本：副本Standard"对话框

在"修改多重引线样式"对话框的"引线格式"选项卡（见图11.13）中，设置以下选项。

（1）"常规"设置区：包括"类型"确定基线的类型，可以选择直线基线、样条曲线基线或无基线，"颜色"确定基线的颜色，"线型"确定基线的线型和"线宽"确定基线的线宽几项内容，均可使用采用默认值。

（2）"箭头"设置区：用来指定多重引线箭头的符号和尺寸，装配图零件序号常使用"小点"，其尺寸可按比尺寸数字小一号来设置，如尺寸使用了"5"，"小点"大小可设为"3.5"。

（3）"引线打断"采用默认值。

在"修改多重引线样式"对话框的"引线结构"选项卡（见图 11.14）上，设置以下选项。

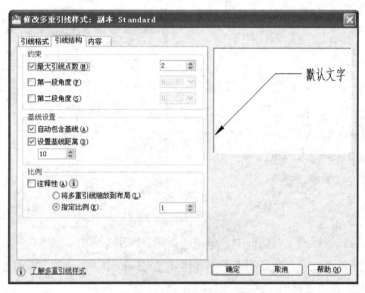

图 11.14 "引线结构"选项卡

（1）"约束"设置区中"最大引线点数"指定多重引线基线的点的最大数目，采用默认值。

"第一段角度"和"第二段角度"指定基线中第一个点和第二个点的角度，可不设置。

（2）"基线"设置区中"自动包含基线"为复选项，选中表示包含基线，基线保持水平，将水平基线附着到多重引线内容，不选表示无基线。

"设置基线距离"是用来确定多重引线基线的固定距离，可根据需要设置，如设为"10"。

（3）"比例"设置区中内容使用默认值。

在"修改多重引线样式"对话框的"内容"选项卡（见图 11.15）中，为多重引线指定文字或块。如果多重引线对象包含文字内容，可设置以下选项。

（1）"默认文字"：设置多重引线内容的默认文字。可在此处插入字段。

（2）"文字样式"：指定属性文字的预定义样式。显示当前加载的文字样式。

（3）"文字角度"：指定多重引线文字的旋转角度。

（4）"文字颜色"：指定多重引线文字的颜色。

（5）"文字高度"：将文字的高度设置为将在图纸空间显示的高度。

（6）"文字加框"：使用文本框对多重引线文字内容加框。

（7）"附着型"：控制基线到多重引线文字的附着。

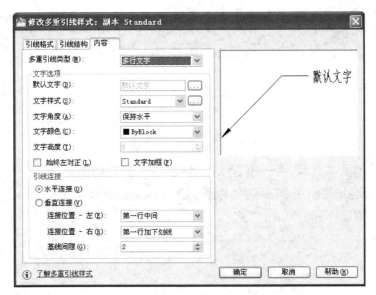

图 11.15 "内容"选项卡

（8）"基线间隙"：指定基线和多重引线文字之间的距离。

如果指定了块内容，可设置以下选项。

（1）"源块"：指定用于多重引线内容的块。

（2）"附着型"：指定将块附着到多重引线对象的方式。可以通过指定块的范围、插入点或圆心附着块。

（3）"颜色"：指定多重引线块内容的颜色。默认情况下，选择 ByB lock。

设定后，单击"确定"按钮关闭"修改多重引线样式"对话框。

（五）多重引线标注

根据定义的"多重引线样式"就可以进行装配图的零件序号标注，单击"多重引线"工具栏中的"多重引线"按钮 。执行"多重引线"命令，命令行提示如下。

命令: _mleader
指定引线箭头的位置或[引线基线优先(L)/内容优先(C)/选项(O)]<选项>:

多重引线可创建为"箭头优先"、"引线基线优先"或"内容优先"，默认为"箭头优先"。"引线基线优先"指定多重引线对象的基线的位置，"内容优先"指定与多重引线对象相关联的文字或块的位置。

如用鼠标拾取一点执行默认"箭头优先"，即指定引线箭头的位置，命令行继续提示如下。

指定引线基线的位置：用鼠标拾取一点作为引线基线的位置，则弹出图 11.16 所示"文字格式"对话框，要求在光标位置处输入"文字内容"，即零件序号。

根据机械制图有关要求，装配图的零件序号编写按顺时针或逆时针方向对齐注写在装配图周围，但执行"多重引线"命令时，很难使引线左右或上下对齐，此时可先将零件序号标注完全，再执行"多重引线对齐"命令，如图 11.17 所示。

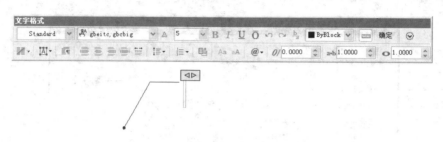

图 11.16 "文字格式"对话框

从图 11.17 所示可以看出，序号的位置是在基线右边，与装配图零件序号编写要求在"横线"上方不符，因此在使用"多重引线"编写零件序号后，可通过夹点编辑功能对序号的位置进行调整，为方便调整，在调整之前可将"引线"通过"分解"命令分解，调整后的效果如图 11.18 所示。

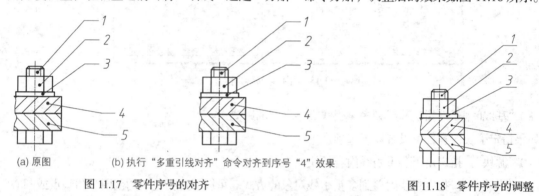

| (a) 原图 | (b) 执行"多重引线对齐"命令对齐到序号"4"效果 | |

图 11.17 零件序号的对齐   图 11.18 零件序号的调整

零件序号编写也可运用"快速引线（qleader）"命令完成，用户可根据要求选用，具体内容参见"项目九"中"项目知识（二）快速引线标注"。

三、项目实施

绘制装配图通常采用两种方法：一种是直接利用绘图及图形编辑命令，按手工绘图的步骤，结合"对象捕捉"、"极轴追踪"等辅助绘图工具绘制装配图。这种方法不但作图过程繁杂，而且容易出错，只能绘制一些比较简单的装配图。另一种是"拼装法"。即先绘出各零件的零件图，然后将各零件以图块或复制粘贴的形式"拼装"在一起，构成装配图。"拼装法"可分为基于设计中心拼装装配图、基于工具选项板拼装装配图、基于"块功能"拼装装配图和基于"复制粘贴功能"拼装装配图 4 种画法，其中基于设计中心拼装装配图和基于"复制粘贴功能"拼装装配图为常用画法。本项目绘制装配图采用的是基于"复制粘贴功能"拼装画法。

（1）进入"AutoCAD 经典"工作空间，建立一新无样板图形文件，保存此空白文件，文件名为"图 11.1.dwg"，注意在绘图过程中每隔一段时间保存一次。

（2）设置图层，可根据需要设置粗实线、中心线、虚线、引线、尺寸标注线、文字等 6 个图层，图层参数如表 11.1 所示。

表 11.1　　　　　　　　　　　　　　　　图层参数

图层名	颜色	线型	线宽	用途
CSX	红色	Continuous	0.50mm	粗实线
ZXX	绿色	Center	0.25mm	细实线
XX	黄色	Dashed	0.25mm	虚线
YX	青色	Continuous	0.25mm	引线
CCBZ	洋红	Continuous	0.25mm	尺寸标注
WZ	黑色	Continuous	0.25mm	文字

（3）采用基于"复制粘贴功能"拼装画法，绘制直齿圆柱齿轮减速器装配图。

参考步骤如下。（本装配图的绘制方法仅是说明"复制粘贴功能"拼装画法的过程，并不是最佳绘图方法。）

① 确定表达方法、比例。根据减速器的结构特点，减速器的装配图需采用主、俯和左 3 个主要视图，主视图采用多处局部剖视以表达螺栓、销等连接零件装配关系，俯视图采用装配图沿结合面剖切的方法表达内部各零件的装配关系，左视图采用剖视图表达，对于顶部各零件采用拆卸画法。

根据表达需要，本减速器采用 1：1 比例绘图。

② 打开所需的零件图，保留粗实线（CSX）、中心线（ZXX）和剖面线（XSX）图层，冻结或关闭尺寸标注（CCBZ）等其他图层，利用复制及粘贴功能将零件图复制到"图 11.1.dwg"新文件中，每复制一个零件图均可将技术要求、标题栏等文字和多余的图线删除，以使复制的零件图显得简洁。

③ 选择"机座"零件图作为主体零件。

a. 选择"机座"零件图作为主体零件，调整各视图间距离大小，删除多余的局部视图及图线。

b. 由于左视图为"阶梯剖视图"，根据装配图表达方案需要，要将"阶梯剖视图"修改为视图，即删除左视图的剖面线和表示内部结构的轮廓线，保留外部轮廓线。

c. 由于"机座"零件在轴孔位置处呈左右对称，因此要将左视图修改为主体结构呈左右对称（根据零件图的剖切面位置只保留对称线左边的外部轮廓线，再镜像右边的外部轮廓线），在补画出油标孔视图时，由于油标孔在左视图不能反映实形，可采用近似的方法大致画出，结果如图 11.19 所示。

④ 拼装"轴"、"齿轮轴"和"齿轮"等内部主体零件。

a. 执行"移动"命令，将"轴"移动到"机座"旁边，执行"旋转"命令，将"轴"旋转为轴线与安装孔轴线平行。

b. 确定好轴的安装位置和方向，在轴的安装齿轮段的中心线处作一辅助线，利用"中点"对象捕捉功能，将"轴"移动到"机座"前后对称线和轴孔对称线的交点处。在拼装过程中，为使拼装的零件图线和"机座"图线明显区分，可利用"特性"工具栏将拼装的零件图线颜色改成不同颜色。

c. 用同样方法将"齿轮轴"和"齿轮"拼装在"机座"相应位置。修改或删除"机座"、"轴"、"齿轮轴"和"齿轮"相互遮挡的轮廓线。

d. 根据齿轮啮合区的表达需要，将啮合区改为局部剖视图。

e. 根据表达方案和零件投影关系，完成主视图两齿轮分度圆和"轴"端部轮廓线和左视图两轴外部轮廓线。结果如图 11.20 所示。

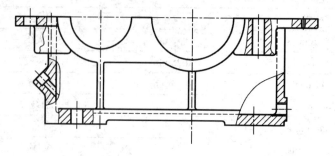
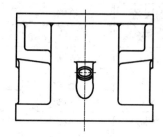
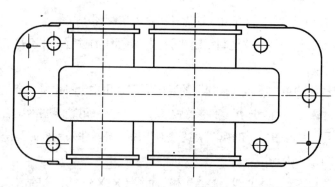

图 11.19　绘制主体零件

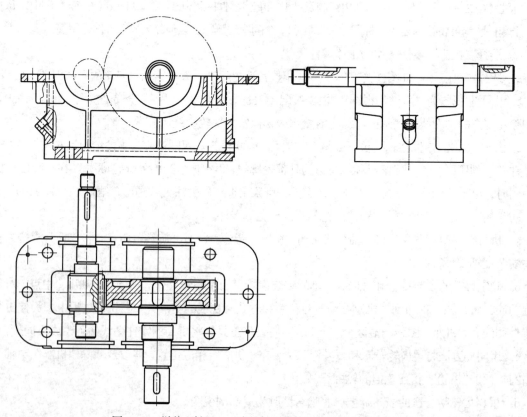

图 11.20　拼装"轴"、"齿轮轴"和"齿轮"等内部主体零件

⑤ 拼装"轴"和"齿轮轴"上各附件零件。

a. 绘制"轴"、"齿轮轴"上 6204 和 6206 两个深沟球轴承标准件。

b. 拼装"轴"上的轴承端盖（透盖和闷盖）和调整环，填充透盖内密封装置（密封圈），修改有关图线。

c. 拼装"齿轮轴"上轴承端盖（透盖和闷盖）、挡油环和调整环，填充透盖内密封装置（密封圈），修改有关图线。

d. 拼装"轴"和"齿轮轴"上轴承，修改有关图线。

e. 根据表达方案和零件投影关系，完成在主视图上完成"机座"前方端盖及"轴"与端盖处投影（端盖与轴表不接触，视图为两个圆）。结果如图 11.21 所示。

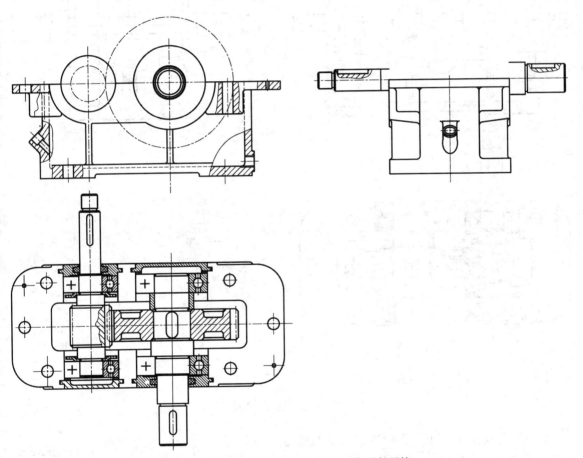

图 11.21　拼装"轴"和"齿轮轴"上各附件零件

⑥ 拼装"机盖"零件图。

a. 执行"移动"命令，将"机盖"零件图移动到正在绘制的装配图旁边，根据装配图表达方案需要，俯视图采用装配图剖切画法，故不需要拼装"机盖"零件图。

b. 执行"移动"命令，由于"机座"和"机盖"在结合面位置结构相同，利用特征点"对象捕捉"功能，将"机盖"零件图的主视图移动到正在绘制的装配图的上边。

c. 由于左视图为"阶梯剖视图",根据装配图表达方案需要,要将"阶梯剖视图"修改为视图,即删除左视图的剖面线和表示内部结构的轮廓线,保留外部轮廓线。

d. 由于"机盖"零件在轴孔位置处呈左右对称,因此要将左视图修改为主体结构呈左右对称(根据零件图的剖切面位置只保留对称线左边的外部轮廓线,再镜像右边的外部轮廓线),结果如图 11.22 所示。

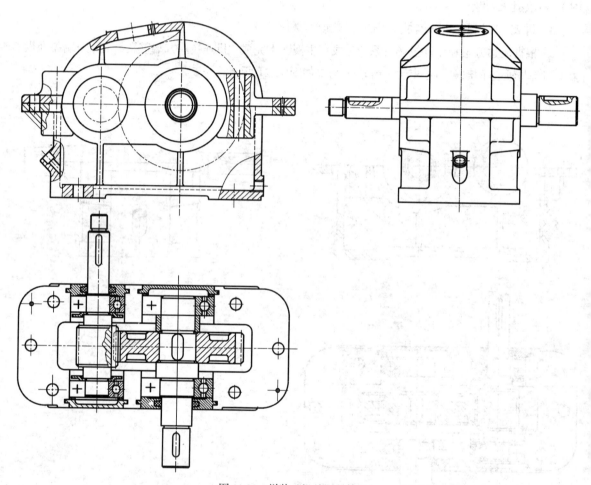

图 11.22 拼装"机盖"零件图

⑦ 拼装"视孔盖"、"垫片"零件图及其连接螺钉。

a. 执行"移动"命令,将"垫片"和"视孔盖"零件图移动到正在绘制的装配图旁边,如图 11.23 所示。

由于"垫片"和"视孔盖"零件图方向与"机盖"上的"视孔"端面方向不一致,故需执行"参照旋转"命令进行调整,现以"垫片"为例说明操作方法,方

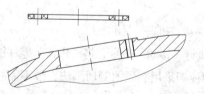

图 11.23 拼装"视孔盖"、"垫片"零件图准备

法如下。

执行"旋转"命令，命令行提示如下。

命令：_rotate
UCS 当前的正角方向：ANGDIR=逆时针　ANGBASE=0
选择对象：（矩形窗口形式选择对象）指定对角点：找到 12 个
选择对象：按 Enter 键结束对象选择。
指定基点：单击鼠标拾取点"O"作为旋转中心。
指定旋转角度，或[复制(C)/参照(R)]<10>：输入"R"执行"参照旋转"，按 Enter 键。
指定参照角<0>：单击鼠标拾取"A"点，在命令行接着提示"指定第二点："时再用鼠标拾取"B"点。（命令行继续提示）
指定新角度或[点(P)]<10>：输入"P"按 Enter 键执行"两点"方式。（命令行提示）
指定第一点：单击鼠标拾取"C"点，命令行接着提示"指定第二点："单击鼠标拾取"D"点，命令结束。结果如图 11.24 所示。

　　b. 执行"移动"命令，将"垫片"和"视孔盖"零件图移动到"机盖"上的"视孔"相应位置。

　　c. 绘制圆柱头沉头螺钉 M3 × 12，执行"参照旋转"和"移动"命令，将螺钉拼装到"机盖"上相应位置。在装配图中，螺钉采用非剖视画法，需对有关图线进行修改。

　　由于左视图采用拆卸画法，因此省去"视孔盖"、"垫片"及其连接螺钉等零件。结果如图 11.25 所示。

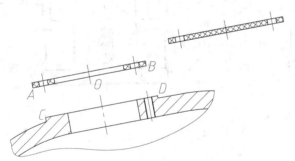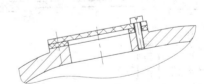

图 11.24　旋转"视孔盖"、"垫片"零件图　　　图 11.25　拼装"视孔盖"、"垫片"及其连接螺钉

　　⑧ 拼装"机座"和"机盖"连接螺钉和销。

　　a. 绘制螺栓 M8 × 25（螺栓 GB/T5782 M8 × 25）和螺栓 M8 × 65(螺栓 GB/T5782 M8 × 65)及其相配合的螺母（螺母 GB/T 6170 M8）和垫圈（垫圈 GB/T 97.18 8），绘制圆锥销 4 × 16（销 GB/T 117 4 × 16）。各标准件尺寸如图 11.26 所示。

　　b. 执行"移动"命令，将螺栓 M8 × 25、螺栓 M8 × 65 及其相配合的螺母、垫圈和圆锥销 4 × 16 移动到正在绘制的装配图主视图相应位置，根据螺栓、销连接画法，修改相应图线。

　　c. 根据装配图剖切画法规定，在俯视图上完成螺栓和销断面画法，在左视图上完成螺栓、销表示位置的中心线（简化画法）。结果如图 11.27 所示。

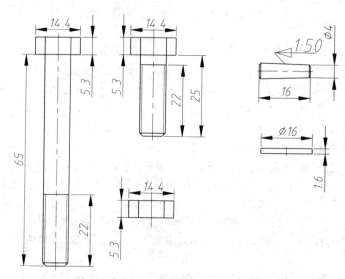

图 11.26　标准件零件图

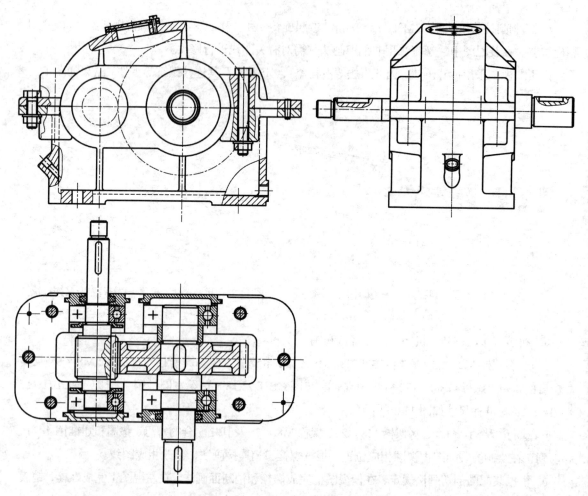

图 11.27　拼装机座和机盖的连接螺钉和销

⑨ 拼装"油标"及其垫片和"油塞"及其垫片。

a. 执行"移动"命令,将"油标"及其垫片和"油塞"及其垫片移动到正在绘制的装配图旁边,执行"旋转"命令将"油标"及其垫片旋转至合适位置。

b. 执行"移动"命令,将"油标"及其垫片和"油塞"及其垫片移动到正在绘制的装配图的相应位置,修改有关图线。

c. 根据投影关系依次完成"油标"及其垫片和"油塞"及其垫片俯视图和左视图相应投影(俯视图投影为不可见轮廓线可以不画),由于"油标"及其垫片在左视图的投影为类似,在保证投影关系的前提下,大致完成相关视图即可。到此完成减速器各零件的拼装,结果如图 11.28所示。

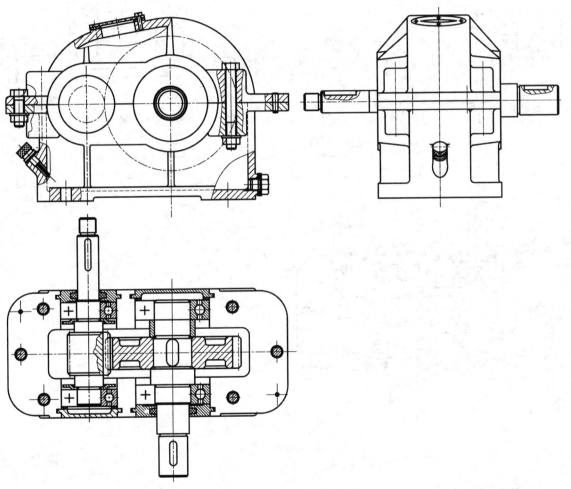

图 11.28 装配图拼装完成

⑩ 标注装配图尺寸。装配图所标注尺寸的类型主要为性能规格尺寸、配合尺寸、总体尺寸、安装尺寸及其他重要尺寸,依次标注出各类类型尺寸。

a. 标注出性能规格尺寸,主要为两轴输出端轴径及公差要求,两轴输出端安装的带轮或齿轮的毂宽尺寸。

b. 标注出配合尺寸，主要为轴承端盖和"机盖"、"机体"端孔的配合尺寸，轴承外径、内径和"机盖"、"机体"及两轴相应装配段配合尺寸。

c. 标注出减速器总长、总宽和总高 3 个方向的尺寸。

d. 标注出安装尺寸，主要为"机座"底部安装孔之间相互关系尺寸。

e. 标注出其他重要尺寸，主要为两轴间尺寸及其他有重要位置关系的零件间的位置尺寸，定位销相对于高度基准这一尺寸，结果如图 11.29 所示。

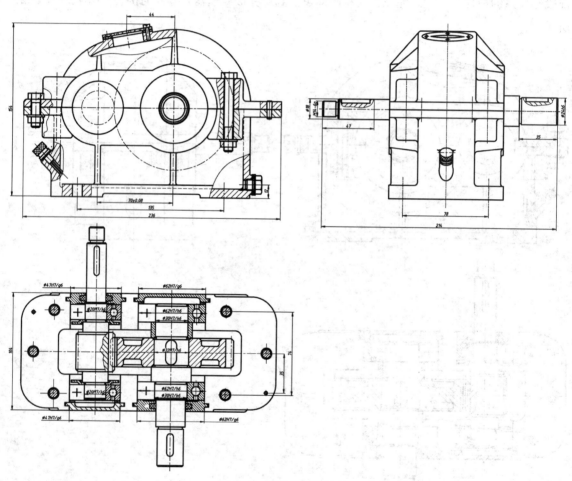

图 11.29 标注装配图尺寸

⑪ 编写零件序号。

a. 调出"多重引线"工具栏，将其拖至屏幕合适位置。

b. 执行"多重引线样式"命令，系统弹出"多重引线管理器"对话框，单击"新建"按钮后（用户也可单击"修改"按钮，直接在系统默认的样式下完成设置），系统弹出"创建新多重引线样式"对话框，在此对话框界面中，输入样式名（如输入"减速器装配图引线"）后单击"继续"按钮，系

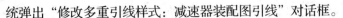

统弹出"修改多重引线样式：减速器装配图引线"对话框。

c. 在"引线格式"选项卡中修改"箭头"/"等号"为"小点"，"大小"为"3.5"，其他内容为默认值。

d. 在"引线结构"选项卡中修改"基线设置"/"设置基线距离"为"7"，其他内容为默认值。

e. 在"内容"选项卡中修改"文字选项"/"文字样式"为与尺寸标注相对应的文字样式，如选择"装配图引线"文字样式。

f. 执行"多重引线"命令，按顺时针或逆时针方向有序地标注出所有的零件序号。

g. 在合适位置作水平辅助线，利用夹点编辑功能将水平标注的多重引线调整对齐，执行"多重引线对齐"命令，将所竖直标注的多重引线按列的形式对齐。

h. 执行"分解"命令将所标注的所有多重引线分解，利用夹点编辑功能将序号移动到基准线上方的中间位置处。结果如图 11.30 所示。

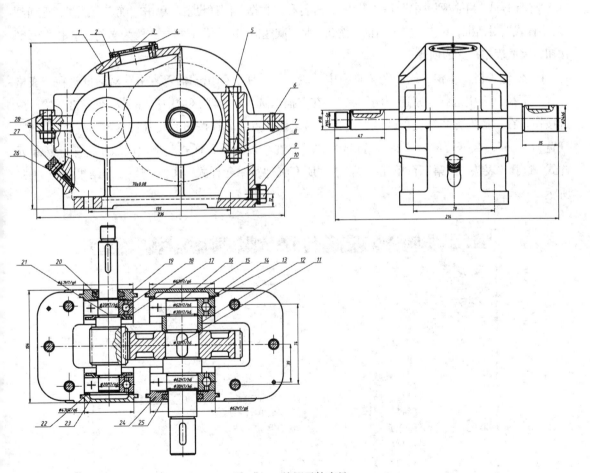

图 11.30　编写零件序号

⑫ 绘制边框、图框及标题栏。根据"机座"和"机盖"的整体尺寸，计算出主、俯和左 3 个视图所占绘图区域大小，综合考虑视图间距离和尺寸标注所占区域，选定 1∶1 比例绘图至少需采用

A2 图幅，绘制一有装订边的 A2 图幅（594×420）的边框和图框。根据《机械制图》教学要求绘制简化标题栏。说明：边框和图框也可在画装配图前完成绘制。

⑬ 绘制明细栏，填写明细栏。

a. 创建明细栏表格样式，选择"格式"｜"表格样式"或单击"样式"工具栏"表格样式"按钮，弹出"表格样式"对话框。单击"新建"按钮，弹出"创建新的表格样式"对话框，在"新样式名"文本框中输入"减速器明细栏"。单击"继续"按钮，弹出"新建表格样式：减速器明细栏"对话框。

在"表格方向"下拉列表中选择"向上"；"单元样式"下拉列表中选择"数据"。在"常规"选项卡中，在"对齐"选项卡中选择"正中"，在"页边距"的"垂直"、"水平"对话框中输入"0.5"；在"文字"选项卡中，选择合适的"文字样式"（文字高度设为"0"）；在"边框"选项卡中的"线宽"下拉列表中选择"ByLayer"，再单击"无边框"按钮，其余各项均采用默认值。

"单元样式"下拉列表中选择"表头"，进行和"数据"同样设置。单击"确定"按钮，返回到"表格样式"对话框，单击"置为当前"按钮，将"减速器明细栏"表格样式置为当前。单击"关闭"按钮，完成表格样式的创建。

b. 创建表格，单击"绘图"工具栏中"表格"按钮。弹出"插入表格"对话框，在"表格样式"下拉列表中选择"减速器明细栏"，在"插入选项"选项区域中选择"从空表格开始"单选按钮，在"插入方式"选项区域中选择"指定插入点"单选按钮后设置各参数。列数为"5"，列宽为"26"，数据行数为"28"，行高为"1"。在"设置单元样式"选项区域中"第一行单元样式"选择"表头"，"第二行单元样式"和"所有其他行单元样式"选择"数据"，结果如图 11.31 所示。

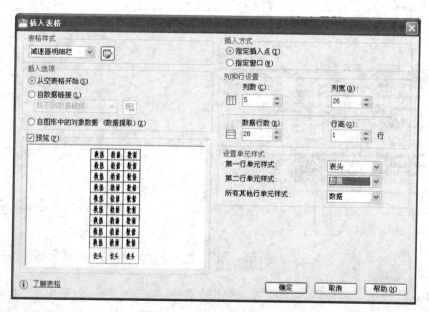

图 11.31　"插入表格"对话框

c. 单击"确定"按钮，在绘图区适当位置单击，指定表格的插入点。

d. 激活"表头"表单元并填入相应文字，单击"确定"按钮，完成减速器明细栏的插入。修改表格的行高和列宽

e. 单击"标准"工具栏中"特性"按钮，或单击，选择"特性"，弹出"特性"窗口。用窗口方式（或单击左上角表单元后，按 Shift 键再单击右下角表单元）选择所有表单元，在"特性"窗口的"单元高度"文本框中输入"8"，按 Enter 键完成单元格高度设置。依次在第一列表单元内单击，在"特性"窗口的"单元宽度"文本框中输入每一列的宽度值。

按 Esc 键，退出选择完成行高、列宽的修改。

f. 修改表格的边框，选中表格单击"特性"窗口"边界线宽"右侧的 按钮，弹出"单元边框特性"对话框，如图 11.32 所示。

图 11.32 "单元边框特性"对话框

在"线宽"下拉列表中选择 0.05mm，在"线型"、"颜色"下拉列表中选择"ByLayer"，再单击"左边框按钮"，设置表格左边线为粗实线。

g. 在"数据"单元格中双击，自下而上填写明细栏内容。

h. 由于明细栏较高，在绘图区没有足够空间自下而上排列全部明细栏，需调整一部分放在标题栏的左边。单击"标准"工具栏中"特性"按钮 ，或右击，选择"特性"，弹出"特性"窗口。选中表格，在"特性"窗口的"表格打断"文本框"启用"中选择"是"，方向选择"左"，"间距"输入"0"后，向下拖动选择中表格上的" "符号，同时表格将有一部分转移到标题栏的左边，如图 11.33 所示。

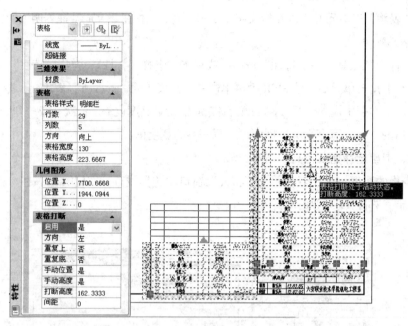

图 11.33　表格打断

⑭ 撰写技术要求，执行"多行文字"命令，在绘图区选择合适位置撰写图 11.1 所示技术要求，至此完成全图，结果如图 11.1 所示。

（4）保存文件。

附：减速器各零件图。

轴零件图见图 8.1，齿轮轴零件图见图 8.47，齿轮零件图见图 9.1，机座零件图见图 10.1，机盖零件图见图 10.38，（大）端（透）盖和（小）端（透）盖零件图见图 9.31，（大）端（闷）盖和（小）端（闷）盖零件图见图 9.32。

其他零件图如图 11.34、图 11.35、图 11.36、图 11.37 所示。

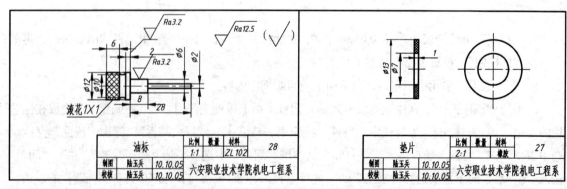

图 11.34　油标、垫片零件图

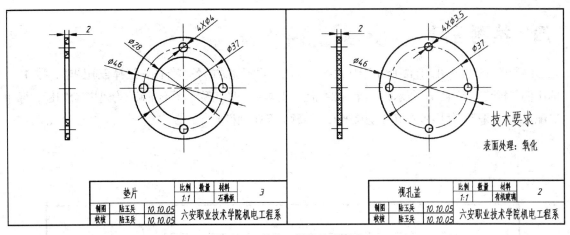

图 11.35　垫片、视孔盖零件图

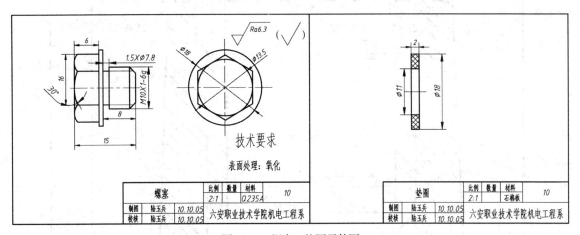

图 11.36　螺塞、垫圈零件图

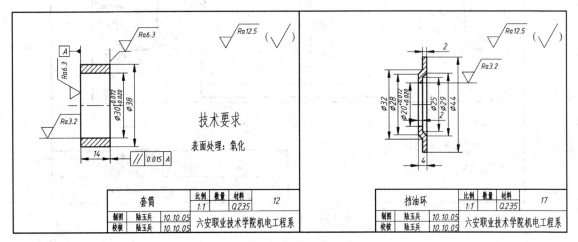

图 11.37　套筒、挡油环零件图

四、检测练习

绘制图 11.38～图 11.42 所示千斤顶各零件图，根据完成的各零件图，选择合适图幅，按 1：1 的比例"拼装"图 11.43 所示的千斤顶装配图。要求：布图匀称，图形正确，线型符合国标，标注装配尺寸，编写零件序号，填写技术要求、标题栏及明细栏。

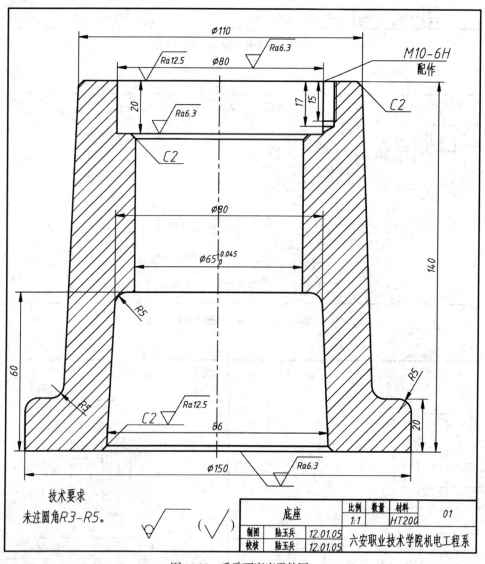

图 11.38 千斤顶底座零件图

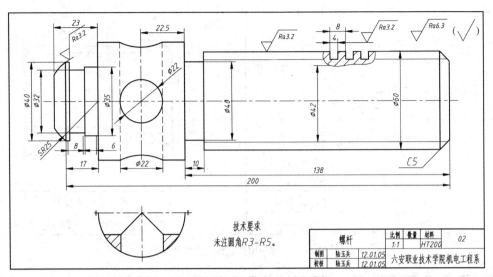

图 11.39　千斤顶螺杆零件图

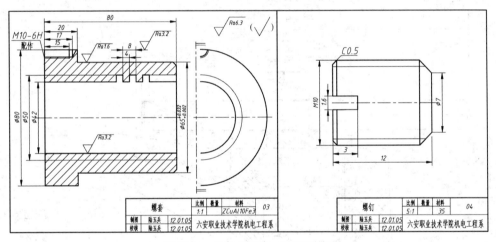

图 11.40　千斤顶螺套、螺钉零件图

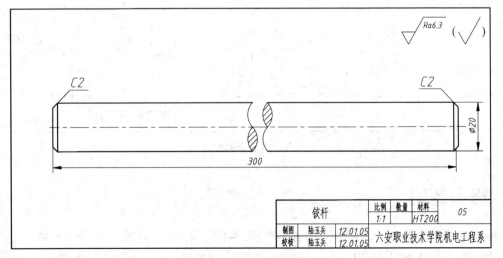

图 11.41　千斤顶铰杆零件图

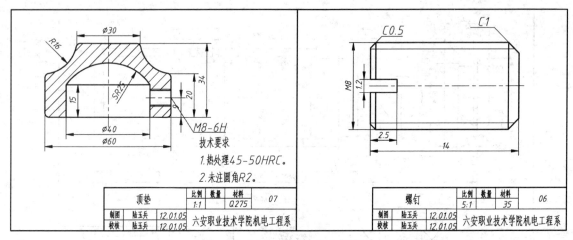

图 11.42　千斤顶顶垫、螺钉零件图

技术要求

1. 热处理45-50HRC。
2. 未注圆角R2。

顶垫	比例	数量	材料	
	1:1		Q275	07
制图	陆玉兵	12.01.05	六安职业技术学院机电工程系	
校核	陆玉兵	12.01.05		

螺钉	比例	数量	材料	
	5:1		35	06
制图	陆玉兵	12.01.05	六安职业技术学院机电工程系	
校核	陆玉兵	12.01.05		

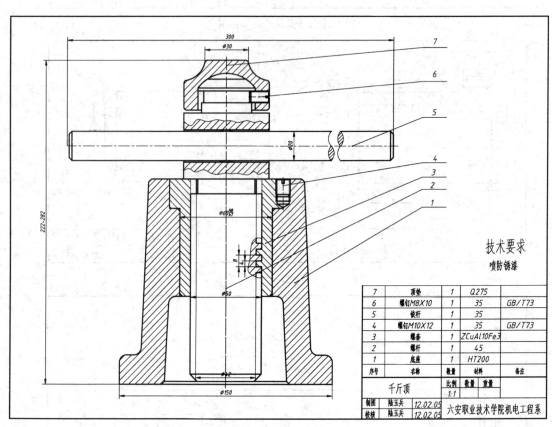

技术要求

喷防锈漆

7	顶垫	1	Q275	
6	螺钉M8X10	1	35	GB/T73
5	铰杆	1	35	
4	螺钉M10X12	1	35	GB/T73
3	螺套	1	ZCuAl10Fe3	
2	螺杆	1	45	
1	底座	1	HT200	
序号	名称	数量	材料	备注

千斤顶	比例	数量	重量	
	1:1			
制图	陆玉兵	12.02.05	六安职业技术学院机电工程系	
校核	陆玉兵	12.02.05		

图 11.43　千斤顶装配图

五、提高练习

　　绘制图 11.44～图 11.49 所示机用虎钳各零件图，根据完成的各零件图，选择合适图幅，按 1∶1 的比例"拼装"图 11.50 所示的机用虎钳装配图。要求：布图匀称，图形正确，线型符合国标，标注装配尺寸，编写零件序号，填写技术要求、标题栏及明细栏。

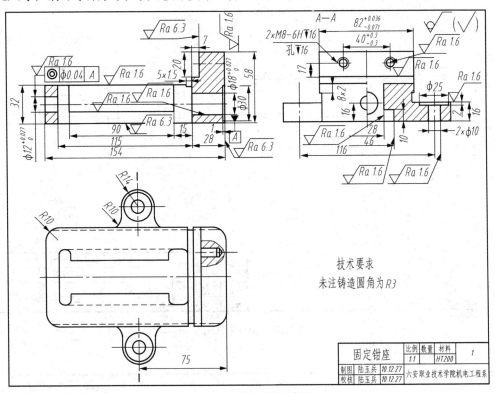

图 11.44　固定钳座零件图

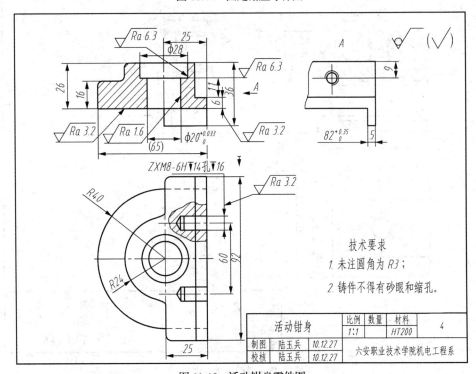

图 11.45　活动钳身零件图

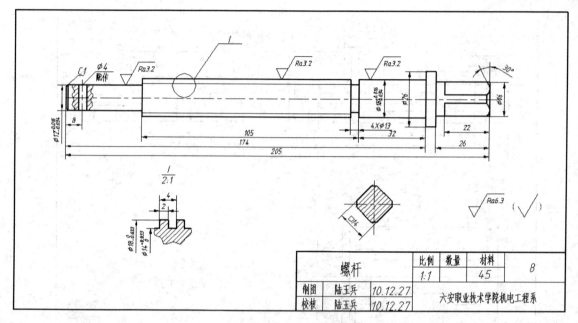

图 11.46　螺杆零件图

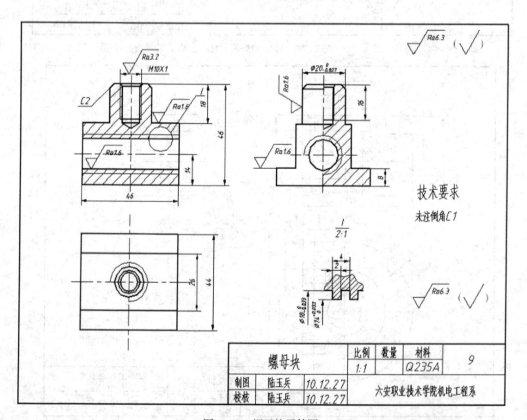

图 11.47　螺母块零件图

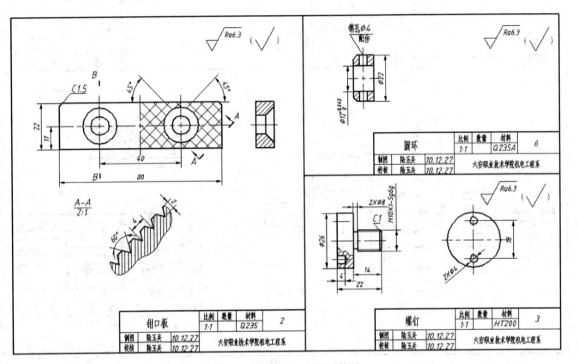

图 11.48　钳口板、螺钉零件图

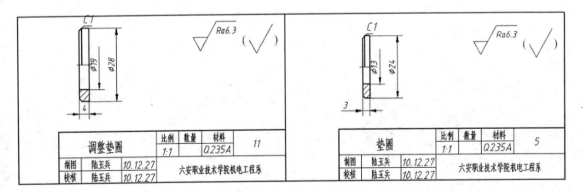

图 11.49　调整垫圈、垫圈零件图

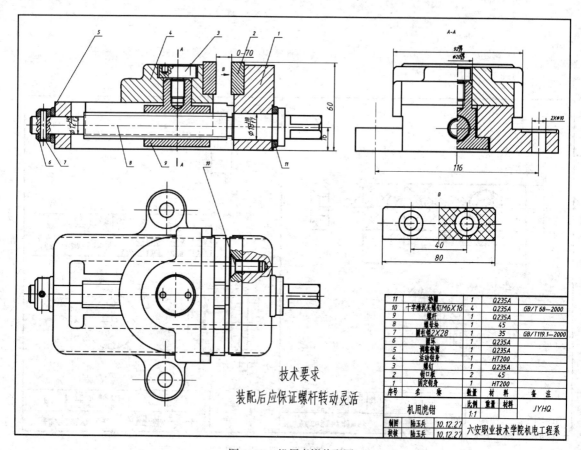

技术要求

装配后应保证螺杆转动灵活

11	垫圈	1	Q235A	
10	十字槽沉头螺钉M6×16	4	Q235A	GB/T 68—2000
9	螺杆	1	Q235A	
8	螺母块	1	45	
7	圆柱销2×28	1	35	GB/T119.1—2000
6	圆环	1	Q235A	
5	调整垫圈	1	Q235A	
4	活动钳身	1	HT200	
3	螺钉	1	Q235A	
2	钳口板	2	45	
1	固定钳身	1	HT200	
序号	名 称	数量	材料	备 注
机用虎钳		比例 1:1	重量	材料	JYHQ
制图	陆玉兵	10.12.27	六安职业技术学院机电工程系
校核	陆玉兵	10.12.27	

图 11.50 机用虎钳装配图

项目十二

| 简单组合体三维建模 |

【能力目标】

1. 能够根据三维建模需要建立恰当的用户坐标系。
2. 能够根据三维建模需要设立视图观测点和选择三维模型的显示方式。
3. 能够综合运用基本三维对象创建命令和并集、差集、交集实体编辑命令进行简单组合体三维建模。

【知识目标】

1. 掌握用户坐标系、视图观测点和控制显示三维模型命令的操作方法。
2. 掌握基本三维对象的创建方法。
3. 掌握并集、差集和交集命令的操作方法。

一、项目导入

绘制图 12.1 所示简单组合体的三维模型，要求：建模准确，图形正确。

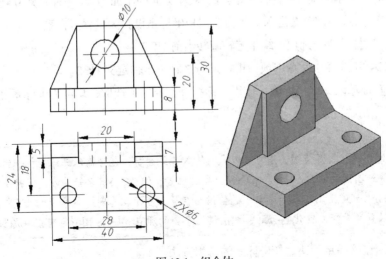

图 12.1　组合体

二、项目知识

（一）建立用户坐标系

AutoCAD 2010 中使用的坐标系有两种类型，一种是绘制二维图形时使用的世界坐标系（ WCS ），另一种是由用户自己定义的用户坐标系（UCS）。

用户坐标系的创建主要用于三维图形的绘制，创建用户坐标系有以下 3 种方法。

（1）菜单命令："工具" | "新建 UCS"。

（2）工具栏："UCS"工具栏 | 按不同方式建立用户坐标系，如图 12.2 所示。

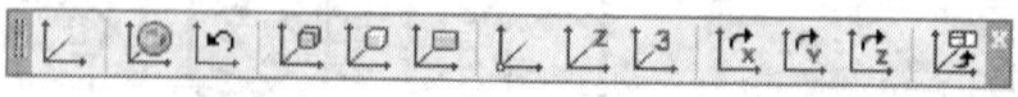

图 12.2　"坐标系"工具栏

（3）键盘输入：输入"UCS"按 Enter 键。

执行"新建用户坐标系"命令后，此时命令行提示如下。

命令：UCS
当前 UCS 名称：*世界*（系统提示）
指定 UCS 的原点或[面(F)/命名(NA)/对象(OB)/上一个(P)/视图(V)/世界(W)/X/Y/Z/Z轴(ZA)]<世界>：（指定新坐标系的原点）

其中各命令选项功能介绍如下。

（1）指定 UCS 的原点：选择该命令选项，使用一点、两点或三点定义一个新的 UCS。如果指定单个点，当前 UCS 的原点将会移动而不会更改 X、Y 和 Z 轴的方向。

（2）面(F)：选择该命令选项，依据在三维实体中选中的面来定义 UCS。

（3）命名（NA）：选择该命令选项，按名称保存并恢复使用的 UCS。

（4）对象（OB）：选择该命令选项，根据选定三维对象定义新的坐标系。新建 UCS 的拉伸方向（Z 轴正方向）与选定对象的拉伸方向相同。

（5）上一个（P）：选择该命令选项，恢复上一次使用的 UCS。

（6）视图（V）：选择该命令选项，以垂直于观察方向的平面为 XY 平面，建立新的坐标系。

（7）世界（W）：选择该命令选项，将当前用户坐标系设置为世界坐标系。

（8）X/Y/Z：选择该命令选项，绕指定轴旋转当前 UCS。

（9）Z 轴（ZA）：选择该命令选项，用指定的 Z 轴正半轴定义 UCS。

在该提示下直接输入一组坐标值，或用鼠标指针在屏幕上选取，均可为坐标系确立新的原点。(0，0，0)表示原点初始设置。

> **提示**　确定新的坐标原点时，用户可以直接输入二维坐标，也可输入三维坐标。坐标原点改变后，屏幕绘图区的 UCS 图标会立即移至新的位置，但 X、Y、Z 轴的方向保持不变。只有将 UCSICON（UCS 图标显示参数）的值设为在原点显示状态时，屏幕上的 UCS 图标才会随着原点位置的改变而变化。否则，即使设置了新的原点，UCS 图标也可能在原位不动。

下面分别介绍在该提示下建立新坐标系的常用方法。

① Z 轴（ZA）：确定新的 Z 轴起点及方向，从而建立新坐标系。选择该选项，AutoCAD 会给出如下提示。

> 指定新原点<0，0，0>：（输入新的原点位置）
> 在正 z 轴范围上指定点<当前点坐标>：（输入位于 z 轴正方向上的一点）

Z 轴的起点和方向确定后，AutoCAD 将根据右手定则创建新的坐标系统。

> 该选项下输入的原点值和新坐标系 Z 轴上的绝对坐标，均是相对于原坐标系而言的，即输入值都是在原坐标系中的坐标值。

② 三点（3）：3 点定义坐标系为默认选项。3 点分别为原点、X 轴正方向上的一点和坐标值为正的 XOY 平面上的一点，选择该选项后，AutoCAD 会给出如下提示。

> 指定新原点<0，0，0>：（输入新的原点位置）
> 在正 X 轴范围上指定点<当前点坐标>：（输入新的坐标系中 X 轴正方向上任意一点）
> 在 UCSXY 平面的正 Y 轴范围上指定点<当前点坐标>：（输入新坐标系中 XY 平面上的一点）

对象（OB）：指定实体定义新的坐标系。被指定的实体将与新坐标系有相同的 Z 轴方向，原点及 X 轴正方向的取法如表 12.1 所示。确定 X 轴和 Z 轴之后 Y 轴方向由右手定则确定。选择该选项，AutoCAD 将给出如下提示。

表 12.1　　　　　　　　　标准视点及其参数设置

菜单选项	视点方向失量	与 X 轴股夹角	与 XY 平面夹角
俯视	0，0，1	270°	90°
仰视	0，0，−1	270°	90°
左视	−1，0，0	180°	0°
右视	1，0，0	0°	0°
主视	0，−1，0	270°	0°
后视	0，1，0	90°	0°
西南等轴测	−1，−1，−1	225°	45°
东南等轴测	1，−1，1	315°	45°
东北等轴测	1，1，1	45°	45°
西北等轴测	−1，1，1	135°	45°

选择对齐 UCS 的对象：要求用户选取用来确定新坐标系的实体。

③ 面（F）：使用三维实体表面建立 UCS。选择该选项，AutoCAD 将允许用户创建与已知实体某一个面平行或垂直的坐标系，且新坐标系的原点为实体被选面的一个角点。选择该选项后，将出现下列提示。

> 选择实体对象的面：（在该提示符下选取三维实体的表面）
> 输入选项[下一个(N)/X 轴反向(X)/Y 轴反向(Y)]<接受>：

默认选项（接受）允许用户创建一个 XY 平面平行于被选取的面的坐标系，且新坐标系的原点为被拾取边上离拾取点较近的那个顶点。如图 12.3 所示，边 1 为用户拾取的边。

在该方式中，新坐标系的原点为拾取点所靠近的那个顶点，且 X 方向总是与该顶点到拾取点的方向相同。在上述提示中，"下一个"选项可将新坐标系绕 X 轴方向逆时针旋转 90°，"X 轴反向"选项则表示将新坐标系绕 X 轴翻转 180°，"Y 轴反向"表示将其绕 Y 轴翻转 180°。图 12.4 所示为使用"X 轴反向"翻转后的 UCS。

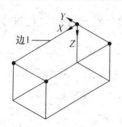

图 12.3　使用已知面建立坐标系

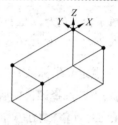

图 12.4　使用"（X 轴反向）"翻转后的 UCS

④ 视图（V）：该选项将坐标系的 XY 平面设为与当前视图平行，且 X 轴指向当前视图中的水平方向，原点保持不变。

⑤ （X/Y/Z）：这 3 个选项可以将当前坐标系分别绕 X、Y、Z 轴旋转一个指定角度。以 X 选项为例，选择该选项，AutoCAD 会出现如下提示。

指定绕 n 轴的旋转角度<当前设置>：（用户可在此提示下输入旋转角度，逆时针为正，顺时针为负）

⑥ 世界（W）：使用世界坐标系统。

（二）设置视点

视图的观测点也叫作做点，是确定观察三维对象方向的点，即观察三维对象的位置。在绘制与观察三维对象时，需要经常变换视点才能从不同角度观测模型的各个部位。例如，绘制正方体时，如果使用平面坐标系即 Z 轴垂直于屏幕，此时仅能看到物体在 XY 平面上的投影。如果调整视点至当前坐标系的左上方，将看到一个三维物体。

在 AutoCAD 2010 中，执行创建视点命令的方法有以下 2 种。

（1）选择"视图" | "三维视图" | "视点"命令。

（2）在命令行中输入命令 vpoint。

执行创建视点命令后，命令行提示如下。

命令：_vpoint
当前视图方向：VIEWDIR=0.0000,0.0000,1.0000
指定视点或[旋转(R)]<显示坐标球和三轴架>：

同时在绘图窗口显示坐标球和三轴架，如图 12.5 所示，通过输入新的观察点坐标或拖动鼠标确定观察点方向即可创建新视点。

除了创建视点外，在 AutoCAD 2010 中，用户还可以预置视点。

在 AutoCAD 2010 中，系统还提供了 10 个标准视点可供用户选择，单击"视图"工具栏中的相应按钮，或选择"视图" | "三维视图"子菜单命令即可切换视图，如图 12.6 所示。

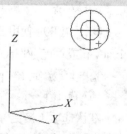

图 12.5　坐标球和三轴架

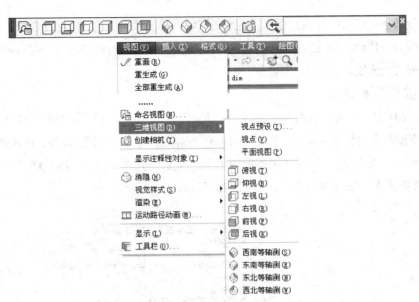

图 12.6　"三维视图"子菜单

如表 12.1 所示列出了"三维视图"子菜单中标准视点对应的参数设置。

（三）动态观察

用户在三维空间绘制或观测图形时，必须清楚当前的观测位置和三维模型的位置关系。在 AutoCAD 2010 中，系统为用户提供了动态观察命令，用户可以使用该命令观测三维模型。

动态观察命令有 3 个，分别为"受约束的动态观察"、"自由动态观察"和"连续动态观察"，选择"视图"｜"动态观察"命令中的子命令或单击"三维导航"工具栏中的相应按钮即可执行动态观察命令，如图 12.7 所示。

图 12.7　动态观察

（1）受约束的动态观察：执行该命令后，即可激活三维动态观察视图，在视图中的任意位置拖动并移动鼠标，即可动态观察图形中的对象。释放鼠标后，对象保持静止。使用该命令观察三维图形时，视图的目标始终保持静止，而观察点将围绕目标移动，所以从用户的视点看起来就像三维模型正在随着鼠标光标拖动而旋转。拖动鼠标时，如果水平拖动光标，则视点将平行于世界坐标系的 XY 平面移动；如果垂直拖动光标，则视点将沿 Z 轴移动。

（2）自由动态观察：执行该命令后，激活三维自由动态观察视图，并显示一个导航球，它被更小的圆分成 4 个区域，拖动鼠标即可动态观察三维模型。在执行该命令前，用户可以选中查看整个图形，或者选择一个或多个对象进行观察。

（3）连续动态观察：执行该命令后，在绘图区域中单击并沿任意方向拖动鼠标，即可使对象沿着鼠标拖动的方向移动。释放鼠标后，对象在指定方向上继续沿着轨迹运动。拖动鼠标移动的速度决定了对象旋转的速度。

（四）应用视觉样式

在 AutoCAD 中，使用"视图"|"缩放"、"视图"|"平移"子菜单中的命令可以缩放或平移三维图形，以观察图形的整体或局部。其方法与观察平面图形的方法相同。此外，在观测三维图形时，还可以通过单击"视觉样式"工具栏中的相应按钮，或选择"视图" | "视觉样式"菜单子命令，即可以不同的视觉样式显示实体对象，如图 12.8 所示。

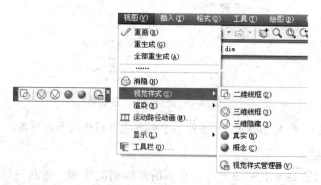

图 12.8   "视觉样式"工具栏和"视觉样式"子菜单

AutoCAD 2010 为用户提供了 5 种视觉样式："二维线框"、"三维线框"、"三维隐藏"、"真实"和"概念"，使用这些视觉样式观察三维图形会显示出不同的效果，以下分别进行介绍。

（1）"二维线框"：该模式用于显示直线和曲线表示边界的对象。

（2）"三维线框"：该模式用于显示用直线和曲线表示边界的对象，同时显示三维坐标球和已经使用的材质颜色，如图 12.9 所示。

（3）"三维隐藏"：该模式用于显示用三维线框表示的对象，并隐藏当前视图中看不到的直线，如图 12.10 所示。

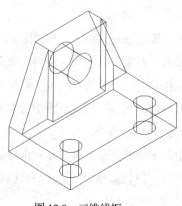

图 12.9   三维线框

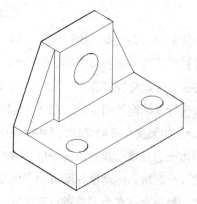

图 12.10   三维隐藏

（4）"真实"：该模式用于着色多边形平面间的对象，并使对象的边平滑化，同时显示已附着到对象的材质，图层为青色时真实效果如图 12.11 所示。

（5）"概念"：该模式用于着色多边形平面间的对象，并使对象的边平滑化。着色使用古氏面样式，一种冷色和暖色之间的过渡而不是从深色到浅色的过渡。该模式下显示的对象效果缺乏真实感，但可以更方便地查看对象的细节，图层为青色时概念效果如图 12.12 所示。

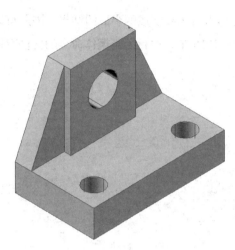

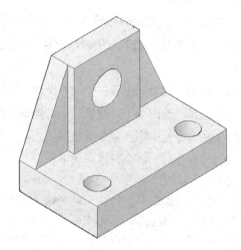

图 12.11　真实效果图　　　　　　　　　　图 12.12　概念效果图

（五）绘制基本三维实体

1．绘制长方体

长方体是建模过程中经常用到的一个基本三维实体，在 AutoCAD 2010 中，执行绘制长方体命令的方法有以下 3 种。

（1）单击"建模"工具栏中的"长方体"按钮。

（2）选择"绘图"｜"建模"｜"长方体"命令。

（3）在命令行中输入命令 BOX。

执行该命令后，命令行提示如下。

命令：_BOX
指定第一个角点或[中心(C)]：（指定长方体底面的第一个角点）
指定其他角点或[立方体(C)/长度(L)]：（指定长方体底面的第二个角点）
指定高度或[两点(2P)]：（输入长方体的高）。

其中各命令选项功能介绍如下。

（1）中心点（C）：选择此命令选项，使用指定的中心点创建长方体。

（2）立方体（C）：选择此命令选项，创建一个长、宽、高相同的长方体。

（3）长度（L）：选择此命令选项，按照指定长、宽、高创建长方体。

（4）两点（2P）：选择此命令选项，指定两点确定长方体的高。

使用 BOX 命令根据长度、宽度和高度绘制长方体时，长、宽、高的方向分别与当前 UCS 的 X、Y、Z 轴方向平行。

　　当 AutoCAD 提示输入长度、宽度和高度时，输入的值可正、可负。正值表示沿相应坐标轴的正方向绘长方体，负值表示沿相应坐标轴的负方向绘长方体。

　　2. 绘制楔体

　　楔体是另一种常用的建模实体，它可以看做是长方体沿对角线切成两半后的结果，因此可以使用与创建长方体相同的方法来绘制楔体。在 AutoCAD 2010 中，执行绘制楔体命令的方法有以下 3 种。

　　（1）单击"建模"工具栏中的"楔体"按钮 。

　　（2）选择"绘图" | "建模" | "楔体"命令。

　　（3）在命令行中输入命令 wedge。

　　执行该命令后，命令行提示如下。

```
命令：_wedge
指定第一个角点或[中心(C)]：（指定楔体底面的第一个角点）
指定其他角点或[立方体(C)/长度(L)]：（指定楔体底面的第二个角点）
指定高度或[两点(2P)]<64.3589>：（输入楔体的高度）
```

　　其中各命令选项功能介绍如下。

　　（1）中心点（C）：选择此命令选项，使用指定中心点创建楔体。

　　（2）立方体（C）：选择此命令选项，创建等边楔体。

　　（3）长度（L）：选择此命令选项，创建指定长度、宽度和高度值的楔体。

　　（4）两点（2P）：选择此命令选项，通过指定两点来确定楔体的高度。

　　3. 绘制圆柱体

　　圆柱体是建模过程中使用较多的一种基本实体，常用于创建支柱等模型。在 AutoCAD 2010 中，执行绘制圆柱体命令的方法有以下 3 种。

　　（1）单击"建模"工具栏中的"圆柱体"按钮 。

　　（2）选择"绘图" | "建模" | "圆柱体"命令。

　　（3）在命令行中输入命令 cylinder。

　　执行该命令后，命令行提示如下。

```
命令：_cylinder
指定底面的中心点或[三点(3P)/两点(2P)/相切、相切、半径(T)/椭圆(E)]：（指定圆柱体底面中心点）
指定底面半径或[直径(D)]<35.0000>：（输入圆柱体底面半径）
指定高度或[两点(2P)/轴端点(A)]<63.1425>：（输入圆柱体高度）
```

　　其中各命令选项功能介绍如下。

　　（1）三点（3P）：选择此命令选项，通过指定 3 点来确定圆柱体的底面。

　　（2）两点（2P）：选择此命令选项，通过指定两点来确定圆柱体的底面。

（3）相切、相切、半径（T）：选择此命令选项，通过指定圆柱体底面的两个切点和半径来确定圆柱体的底面。

（4）椭圆（E）：选择此命令选项，创建具有椭圆底的圆柱体。

（5）直径（D）：选择此命令选项，通过输入直径确定圆柱体的底面。

（6）两点（2P）：选择此命令选项，通过两点来确定圆柱体的高。

（7）轴端点（A）：选择此命令选项，指定圆柱体轴的端点位置。

4. 绘制圆锥体

圆锥体是建模过程中使用较多的另一种基本实体。在 AutoCAD 2010 中，执行绘制圆锥体命令的方法有以下 3 种。

（1）单击"建模"工具栏中的"圆锥体"按钮 。

（2）选择"绘图"｜"建模"｜"圆锥体"命令。

（3）在命令行中输入命令 cone。

执行该命令后，命令行提示如下。

```
命令：_cone
指定底面的中心点或[三点(3P)/两点(2P)/相切、相切、半径(T)/椭圆(E)]：（指定圆锥体底面的中心点）
指定底面半径或[直径(D)]<35.0000>：（输入圆锥体底面的半径）
指定高度或[两点(2P)/轴端点(A)/顶面半径(T)]<62.1347>：（输入圆锥体的高度）
```

其中各命令选项功能介绍如下。

（1）三点（3P）：选择此命令选项，通过指定 3 点来确定圆锥体的底面。

（2）两点（2P）：选择此命令选项，通过指定两点来确定圆锥体的底面，两点的连线为圆锥体底面圆的直径。

（3）相切、相切、半径（T）：选择此命令选项，通过指定圆锥体底面圆的两个切点和半径来确定圆锥体的底面。

（4）椭圆（E）：选择此命令选项，创建具有椭圆底的圆锥体。

（5）直径（D）：选择此命令选项，通过输入直径确定圆锥体的底面。

（6）两点（2P）：选择此命令选项，通过指定两点来确定圆锥体的高。

（7）轴端点（A）：选择此命令选项，指定圆锥体轴的端点位置。

（8）顶面半径（T）：选择此命令选项，输入圆锥体顶面圆的半径。

图 12.13 所示为绘制的圆锥体。

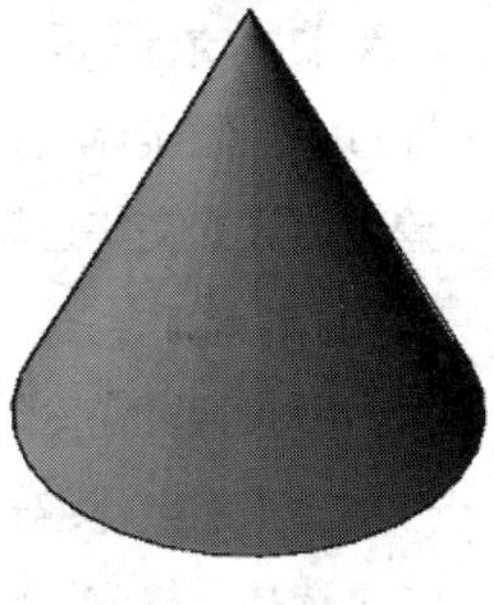

图 12.13　圆锥体

5. 绘制球体

球体是建模过程中经常会用到的一种基本实体，在 AutoCAD 2010 中，执行绘制球体命令的方法有以下 3 种。

（1）单击"建模"工具栏中的"球体"按钮 。

（2）选择"绘图"｜"建模"｜"球体"命令。

（3）在命令行中输入命令 sphere。

执行该命令后，命令行提示如下。

命令：_sphere
指定中心点或[三点(3P)/两点(2P)/相切、相切、半径(T)]：（指定球体的球心）
指定半径或[直径(D)]：（输入球体的半径或直径）

其中各命令选项功能介绍如下。

（1）三点（3P）：选择此命令选项，通过指定 3 点来确定球体的大小和位置。

（2）两点（2P）：选择此命令选项，通过指定两点来确定球体的大小和位置，两点的端点为球体一条直径的端点。

（3）相切、相切、半径（T）：选择此命令选项，通过指定球体表面的两个切点和半径来确定球体的大小和位置。

（4）直径（D）：选择此命令选项，通过指定球体的直径来确定球体的大小。

在线框模式下，系统变量 ISOLINES 控制实体的线框密度，确定实体表面上的网格线数，效果如图 12.14 所示。在概念模式下，不会显示实体表面上的网格线数，效果如图 12.15 所示。

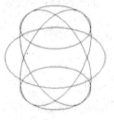
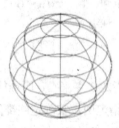

ISOLINES＝4　　　　ISOLINES＝8

图 12.14　绘制球体

图 12.15　概念模式下的球体效果

（六）布尔运算

通过对三维实体进行布尔运算可以创建各种复杂的实体对象。布尔运算的方式有 3 种：并集运算、差集运算和交集运算，以下分别进行介绍。

1. 并集运算

执行并集运算命令的方法有以下 3 种。

（1）单击"实体编辑"工具栏中的"并集"按钮 。

（2）选择"修改"|"实体编辑"|"并集"命令。

（3）在命令行中输入命令 union。

执行该命令后，命令行提示如下。

命令：_union
选择对象：（选择多个实体对象）
选择对象：（按 Enter 键结束命令）

执行并集运算时必须至少选中两个实体对象才能进行操作。如果选中的多个实体对象没有实际相交，执行并集运算后，多个对象仍被视为一个实体对象。并集运算的效果如图 12.16 所示。

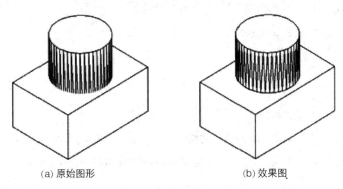

(a) 原始图形　　　　　　　　　　　(b) 效果图

图 12.16　并集运算

2. 差集运算

执行"差集"运算命令的方法有以下 3 种。

（1）单击"实体编辑"工具栏中的"差集"按钮 ⊙。

（2）选择"修改"｜"实体编辑"｜"差集"命令。

（3）在命令行中输入命令 subtract。

执行该命令后，命令行提示如下。

```
命令: _subtract
选择要从中减去的实体或面域...（系统提示）
选择对象：（选择要从中减去的实体）
选择对象：（按 Enter 键结束对象选择）
选择要减去的实体或面域（系统提示）
选择对象：（选择要减去的实体）
选择对象：（按 Enter 键结束对象选择）
```

在差集运算的过程中，如果被减去的实体与减去的实体没有相交，则被减去的实体将会被删除。差集运算的效果如图 12.17 所示。

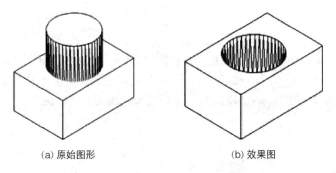

(a) 原始图形　　　　　　　　　　　(b) 效果图

图 12.17　差集运算

3. 交集运算

执行交集运算命令的方法有以下 3 种。

（1）单击"实体编辑"工具栏中的"交集"按钮 。

（2）选择"修改" | "实体编辑" | "交集"命令。

（3）在命令行中输入命令 intersect。

执行该命令后，命令行提示如下。

```
命令：_intersect
选择对象：（选择执行交集的对象）
选择对象：（按 Enter 键结束命令）
```

交集运算用于创建多个实体间相交的实体部分，如果被选中的多个实体间没有相交，则执行交集命令后，被选中的多个实体均会被删除。交集运算的效果如图 12.18 所示。

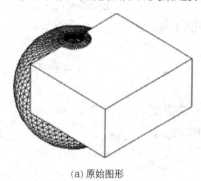

(a) 原始图形　　　　　　　　　　　　　　(b) 效果图

图 12.18　交集运算

三、项目实施

（1）启动 AutoCAD 2010，进入"三维建模"或"AutoCAD 经典"工作空间，即建立一新图形文件，命名文件名为"图 12.1"。

（2）设置绘图环境，选择"视图" | "西南等轴测"或选择"视图" | "三维视图" | "西南等轴测"，选择西南轴测图视口。如选择"AutoCAD 经典"工作空间，需同时调出"建模"和"实体编辑"等常用工具栏。

> **说明** 在运用 AutoCAD 进行三维建模时，"三维建模"工作空间和"AutoCAD 经典"工作空间没有区别，命令执行过程完全一样，只是界面新老界面有别，为适应老用户的绘图习惯，本项目以"AutoCAD 经典"工作空间绘图过程进行说明。

（3）三维建模。

参考步骤如下。

① 绘制底板。单击"建模"工具栏上"长方体"命令，命令行提示如下。

```
命令：_box
指定第一个角点或[中心(C)]：在绘图区单击拾取一点。（命令行提示）
指定其他角点或[立方体(C)/长度(L)]：输入"L"，（选择"长度（L）"选项。命令行提示）
```

指定长度:（输入长方体长度）输入长方体长度"40"。（命令行提示）
指定宽度:（输入长方体宽度）输入长方体宽度"24"。（命令行提示）

指定高度或［两点（2P）］:（输入长方体宽度）输入长方体高度"8"。绘制长为 40、宽为 24、高为 8 的长方体。

执行"直线"命令，在长方体后底边位置处绘制一直线 AB，在长方体左下边位置处绘制一直线 AC；执行"偏移"命令，将 AB 直线向前偏移 24，AC 直线分别向右偏移 6 和 34，两直线与 AB 交点为 D 和 E。

执行"圆柱"命令，命令行提示如下。

命令: _cylinder
指定底面的中心点或[三点(3P)/两点(2P)/相切、相切、半径(T)/椭圆(E)]:（指定底面的中心点）鼠标拾取点 E。（命令行提示）
指定底面半径或[直径(D)]:（输入圆柱底面半径）输入"3"。（命令行提示）

指定高度或［两点（2P）/轴端点（A）］<−8.0000>:（输入圆柱高度）输入高度"8"。在点 E 位置处绘制一圆柱，用相同的方法在点 E 位置处绘制一圆柱，用户也可运用"复制"命令绘制该圆柱。

执行"差集"命令，命令行提示如下。

命令: _subtract
选择要从中减去的实体或面域...
选择对象: 找到 1 个（选择被减对象）用鼠标拾取长方体。（命令行提示）
选择对象: 按 Enter 键结束对象选择。（命令行提示）
选择要减去的实体或面域...
选择对象: 找到 1 个（选择要减对象）用鼠标拾取两圆柱。（命令行提示）
选择对象: 找到 1 个，总计 2 个
选择对象: 按 Enter 键结束对象选择。

结果如图 12.19 所示。

② 绘制后板，执行"长方体"命令，在图 12.19 附近绘制长为 20、宽为 7、高为 22 的长方体。

执行"移动"命令，选择 FG 中点为基点，AB 中点为第二点，将所绘制的长方体移动到图 12.19 合适位置。结果如图 12.20 所示。

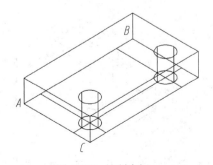

图 12.19　绘制底板

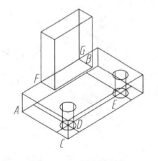

图 12.20　绘制压板一

执行"UCS"命令，命令行提示：ucs

当前 UCS 名称：＊世界＊

指定 UCS 的原点或[面(F)/命名(NA)/对象(OB)/上一个(P)/视图(V)/世界(W)/X/Y/Z/Z 轴(ZA)]<世界>：（选择新建坐标系方式选项）输入"x"，选择绕 X 轴旋转建立一用户坐标系。（命令行提示）

指定绕 X 轴的旋转角度<90>：（输入旋转角度）输入"90°"。

建立一新坐标系。

执行"直线"命令，连接 FG 绘制一直线。

执行"偏移"命令，将直线 FG 向上偏移 12，偏移复制一直线 HJ。

执行"圆柱体"命令，以直线 HJ 中点为圆心，5 为半径，7 为高度绘制一圆柱体。

执行"差集"命令，从长方体中减去"圆柱体"，结果如图 12.21 所示。

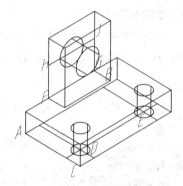

图 12.21　绘制压板二

③ 绘制两肋板。执行"UCS"命令，输入"W"，将用户坐标系还原为世界坐标系。

执行"楔体"命令，命令行提示：

命令：_wedge
指定第一个角点或[中心(C)]：在图 12.22 附近拾取上点。（命令行提示）
指定其他角点或[立方体(C)/长度(L)]：（选择绘制楔体方式）输入"1"后按 Enter 键。（命令行提示）
指定长度<20.0000>：（指定楔体长度）输入"10"后按 Enter 键。（命令行提示）
指定宽度<7.0000>：（指定楔体宽度）输入"5"后按 Enter 键。（命令行提示）
指定高度或[两点(2P)]<-7.0000>：（指定楔体高度）输入"22"后按 Enter 键。

即完成右边肋板。如图 12.22 所示。

执行"移动"命令，按前述方法将右边肋板移动到图 12.22 合适位置。

执行"UCS"命令，将坐标系绕 Z 轴旋转 180°建一用户坐标系。

执行执行"楔体"和"移动"命令，按前述方法完成左边肋板。结果如图 12.23 所示。

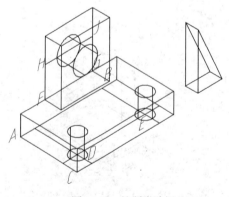

图 12.22　绘制右肋板

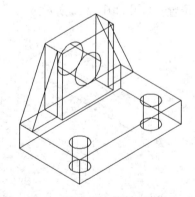

图 12.23　绘制左肋板

执行"并集"命令，底板、后板和两肋合并，至此完成全图，结果如图 12.23 所示。

四、检测练习

1. 绘制图 12.24 所示简单组合体的三维模型，要求：建模准确，图形正确，不标注尺寸。

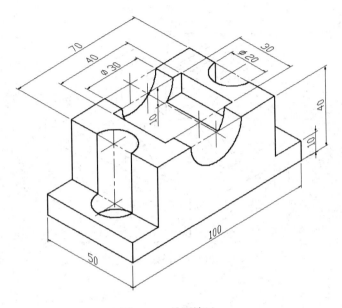

图 12.24　检测练习一

2. 绘制图 12.25 所示简单组合体的三维模型，要求：建模准确，图形正确，不标注尺寸。

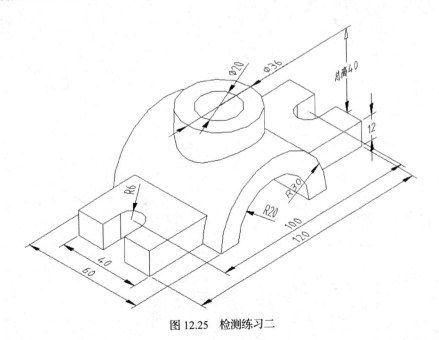

图 12.25　检测练习二

五、提高练习

绘制图 12.26 所示简单组合体的三维模型，要求：建模准确，图形正确，不标注尺寸。

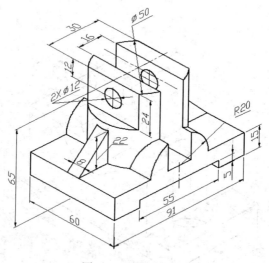

图 12.26　提高练习

项目十三

| 复杂组合体三维建模 |

【能力目标】

1. 能够运用倒角、圆角、剖切、加厚等实体编辑命令编辑三维实体。
2. 能够运用面域、拉伸、旋转等实体编辑命令将二维对象创建成三维实体。
3. 综合运用三维建模和实体编辑命令创建复杂组合体三维建模。

【知识目标】

1. 掌握实体倒角、圆角、剖切、加厚等实体编辑命令的操作方法。
2. 掌握面域、拉伸、旋转等实体编辑命令的操作方法。
3. 了解扫掠、放样、截面平面等实体编辑命令的操作方法。
4. 了解常用实体系统变量的设置方法。

| 一、项目导入

创建图 13.1 所示复杂组合体的三维模型，要求：建模准确，图形正确，不标注尺寸。

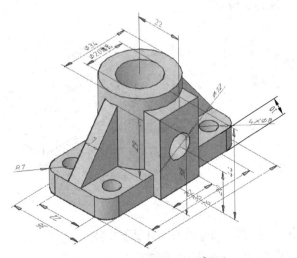

图 13.1　复杂组合体三维模型图

二、项目知识

（一）实体倒角和圆角

倒角和圆角命令不仅可以用于编辑二维图形，也可以用来编辑三维实体。

1. 对实体倒角

在 AutoCAD 2010 中，执行倒角命令的方法有以下 3 种。

（1）单击"修改"工具栏中的"倒角"按钮 。

（2）选择"修改" | "倒角"命令。

（3）在命令行中输入命令 chamfer。

执行倒角命令后，命令行提示如下。

```
命令: _chamfer
("修剪"模式) 当前倒角距离 1 = 10.0000, 距离 2 = 5.0000 (系统提示)
选择第一条直线或[放弃(U)/多段线(P)/距离(D)/角度(A)/修剪(T)/方式(E)/多个(M)]: (选择三维实体模型)
基面选择... (系统提示)
输入曲面选择选项[下一个(N)/当前(OK)]<当前>: (选择曲面)
指定基面的倒角距离<5.0000>: (指定基面倒角距离)
指定其他曲面的倒角距离<5.0000>: (指定另外曲面的倒角距离)
选择边或[环(L)]: (指定用于倒角的边)
选择边或[环(L)]: (按 Enter 键结束命令)
```

其中各命令选项功能介绍如下。

（1）下一个（N）：选择此命令选项，更换选择基面。

（2）当前（OK）：选择此命令选项，指定当前选择面作为基面。

（3）选择边：选择此命令选项，表示选择基面上的一条或多条边。

（4）环（L）：选择此命令选项，表示一次选择基面上的所有边。

对实体倒角的效果如图 13.2 所示。

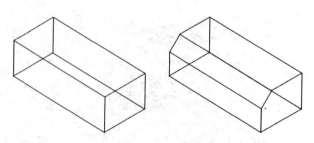

图 13.2 对实体倒角

2. 对实体圆角

在 AutoCAD 2010 中，执行圆角命令的方法有以下 3 种。

（1）单击"修改"工具栏中的"圆角"按钮 。

（2）选择"修改"｜"圆角"命令。

（3）在命令行中输入命令 fillet。

执行该命令后，命令行提示如下。

命令：_fillet
当前设置：模式 = 修剪，半径 = 0.0000（系统提示）
选择第一个对象或[放弃(U)/多段线(P)/半径(R)/修剪(T)/多个(M)]：（选择要进行圆角的边）。
输入圆角半径：（指定圆角的半径）
选择边或[链(C)/半径(R)]：（指定圆角的边）
选择边或[链(C)/半径(R)]：（按 Enter 键结束命令）

其中各命令选项功能介绍如下。

（1）选择边：此命令选项为默认选项，可以选取三维对象的多条边，同时对其进行圆角操作。

（2）链（C）：选择此命令选项，当选取三维对象的一条边时，同时选取与其相切的边。

（3）半径（R）：选择此命令选项，可重新设置圆角的半径。

图 13.3 所示为圆角的效果。

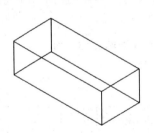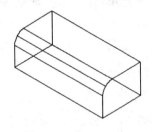

图 13.3　对实体圆角

（二）剖切实体

在 AutoCAD 2010 中，执行剖切命令的方法有以下两种。

（1）选择"修改"｜"三维操作"｜"割切"命令。

（2）在命令行中输入命令 slice。

执行该命令后，命令行提示如下。

命令：_slice
选择对象：（选择要进行剖切的实体对象）
选择对象：（按 Enter 键结束对象选择）
指定切面上的第一个点,依照[对象(O)/Z 轴(Z)/视图(V)/XY 平面(XY)/YZ 平面(YZ)/ZX 平面(ZX)/三点(3)]<三点>:（指定切面上的第一个点）
指定平面上的第二个点：（指定切面上的第二个点）
指定平面上的第三个点：（指定切面上的第三个点）
在要保留的一侧指定点或[保留两侧(B)]：（指定要保留的一侧实体）

其中各命令选项功能介绍如下。

（1）对象（O）：选择此命令选项，将指定圆、椭圆、圆弧、椭圆弧、二维样条曲线或二维多段线为剪切面。

（2）Z轴（Z）：选择此命令选项，通过在平面上指定一点和在平面的 Z 轴（法向方向）上指定另一点来定义剪切平面。

（3）视图（V）：选择此命令选项，将指定当前视口的视图平面为剪切平面，指定一点定义剪切平面的位置。

（4）XY 平面（XY）：选择此命令选项，将指定当前用户坐标系（UCS）的 XY 平面为剪切平面，指定一点定义剪切平面的位置。

（5）YZ 平面（YZ）：选择此命令选项，将指定当前 UCS 的 YZ 平面为剪切平面，指定一点定义剪切平面的位置。

（6）ZX 平面（ZX）：选择此命令选项，将指定当前 UCS 的 ZX 平面为剪切平面，指定一点定义剪切平面的位置。

（7）三点（3）：选择此命令选项，指定三点来定义剪切平面，此选项为系统默认的定义剪切面的方法。

（8）在要保留的一侧指定点：选择此命令选项，定义一点从而确定图形将保留剖切实体的哪一侧，该点不能位于剪切平面上。

（9）保留两侧（B）：选择此命令选项，将剖切实体的两侧均保留。

剖切实体的效果如图 13.4 所示。

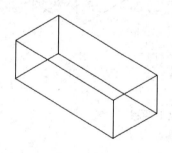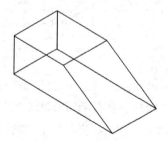

图 13.4　剖切实体

（三）通过二维图形创建实体

在 AutoCAD 中，通过拉伸二维轮廓曲线或者将二维曲线沿指定轴旋转，可以创建出三维实体。在 AutoCAD 2010 中使用拉伸、旋转、扫掠和放样等命令，使用这些命令也可以将二维图形创建成三维实体。

1. 拉伸创建实体

使用拉伸命令可以将二维对象沿着 Z 轴或者某个方向拉伸生成实体。在 AutoCAD 2010 中，执行拉伸命令的方法有以下 3 种。

（1）单击"建模"工具栏中的"拉伸"按钮。

（2）选择"绘图" | "建模" | "拉伸"命令。

（3）在命令行中输入命令 extrude。

执行该命令后，命令行提示如下。

命令：_extrude
当前线框密度：ISOLINES=8（系统提示）
选择要拉伸的对象：（选择可拉伸的二维图形）
选择要拉伸的对象：（按 Enter 键结束对象选择）
指定拉伸的高度或[方向(D)/路径(P)/倾斜角(T)]<64.3246>：（指定拉伸高度）

其中各命令选项功能介绍如下。

（1）方向（D）：选择此命令选项，通过指定两个点来确定拉伸的高度和方向。

（2）路径（P）：选择此命令，将对象指定为拉伸的方向。

（3）倾斜角（T）：选择此命令选项，输入拉伸对象时倾斜的角度。

被拉伸的对象可以是任何二维封闭多段线、圆、椭圆、封闭样条曲线和面域。图 13.5 所示为拉伸创建的三维实体。

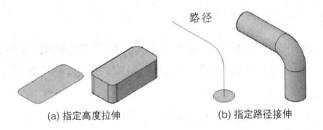

(a) 指定高度拉伸　　　　　　　　(b) 指定路径接伸

图 13.5　拉伸创建实体

2. 旋转创建实体

使用旋转命令可以将二维图形绕指定的轴进行旋转来生成三维实体。在 AutoCAD 2010 中，执行旋转命令的方法有以下 3 种。

（1）单击"建模"工具栏中的"旋转"按钮 。

（2）选择"绘图"｜"建模"｜"旋转"命令。

（3）在命令行中输入命令 revolve。

执行旋转命令后，命令行提示如下。

命令：_revolve
当前线框密度：ISOLINES=4（系统提示）
选择要旋转的对象：（选择旋转的对象）
选择要旋转的对象：（按 Enter 键结束对象选择）
指定轴起点或根据以下选项之一定义轴[对象(O)/X/Y/Z]<对象>：（指定旋转轴的起点）
指定轴端点：（指定旋转轴的端点）
指定旋转角度或[起点角度(ST)]<360>：（输入旋转角度）

其中各命令选项功能介绍如下。

（1）对象（O）：选择此命令选项，选择现有的直线或多段线中的单条线段定义轴，这个对象将绕该轴旋转。

（2）X：选择此命令选项，使用当前 UCS 的正向 X 轴作为轴的正方向。

（3）Y：选择此命令选项，使用当前 UCS 的正向 Y 轴作为轴的正方向。

（4）Z：选择此命令选项，使用当前 UCS 的正向 Z 轴作为轴的正方向。

图 13.6 所示为旋转创建的三维实体。

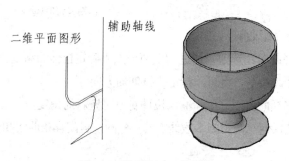

图 13.6　旋转创建三维实体

（四）面域

面域是使用形成闭合环的对象创建的二维闭合区域。环可以是直线、多段线、圆、圆弧、椭圆、椭圆弧和样条曲线的组合。组成环的对象必须闭合或通过与其他对象共享端点而形成闭合的区域。执行面域命令的方法有 3 种。

（1）单击"绘图"工具栏中"面域"按钮 ⬚

（2）选择"绘图" | "面域"命令。

（3）在命令行中输入命令 region。

执行该命令后，命令行提示如下。

```
命令：_ region
选择对象：选择需要面域的对象
选择对象：按 Enter 键结束命令。
```

（五）创建截面（section）

用平面和实体的交集创建面域。可以创建穿过实体的横截面。指定 3 个点以定义横截面的平面。也可以通过其他对象、当前视图、Z 轴或者 XY、YZ 或 ZX 平面来定义横截面平面。横截面平面将被放置在当前图层上。执行截面命令的方法如下。

在命令行中输入 section，按 Enter 键确定。

执行该命令后，命令行提示如下。

```
选择对象：（选择实体对象）找到 1 个。（命令行继续提示）
选择对象：按 Enter 键确认。
```

指定截面上的第一个点，依照[对象（O）/Z 轴（Z）/ 视图（V）/XY/YZ/ZX/三点（3）]<三点>：（指定 A 点）。默认项为"三点（3）"方式。

指定平面上的第二个点：（指定 B 点）。

指定平面上的第三个点：（指定 C 点）。

结果如图 13.7 所示。

其中各命令选项功能介绍如下。

（1）对象（O）：将截面平面与圆、椭圆、圆弧、椭圆弧、二维样条曲线或二维多段线对齐。

（2）Z 轴（Z）：通过指定截面平面上的一点以及该平面的 Z 轴或法线上的另一点来定义截面平面。

（3）视图（V）：将截面平面与当前视口的视图平面对齐。指定一点以定义截面平面的位置。

（4）XY/YZ/ZX：将截面平面与当前 UCS 的 *XY*/*YZ*/*ZX* 平面对齐。指定一点以定义截面平面的位置。

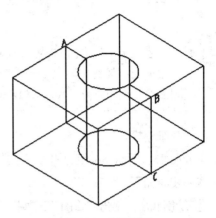

图 13.7　创建截面

（六）与实体有关的系统变量

用 AutoCAD 绘制实体时，可以通过某些系统变量控制实体的显示方式。

（1）ISOLINES 变量：用于确定实体的轮廓线数量，有效值范围为 0～2047，默认值是 4。

（2）FACETRES 变量：用于控制当实体以消隐、着色或渲染模式显示时，实体表面的光滑程度，有效值范围为 0～10，默认值是 0.5。值越大，实体消隐、着色或渲染后的表面越光滑，但执行这些操作时需要的时间也越长。

　　更改系统变量 ISOLINES 和 FACETRES 后，需要用"重生成"（REGEN）命令重新生成图形才能看到相应的显示效果。

（3）DISPSILH 变量：用于确定是否显示实体的轮廓线，有效值为 0 和 1，默认值是 0。当系统变量 DISPSILH 为 1 时，显示实体的轮廓线。该系统变量对实体的线框视图和消隐视图均起作用。

　　选择"视图" | "重生成"命令或"全部重生成"命令，可以清除消隐效果。

三、项目实施

（1）启动 AutoCAD2010，进入"三维建模"或"AutoCAD 经典"工作空间，即建立一新图形文件，命名文件名为"图 13.1"。

（2）设置绘图环境，选择"视图丨西南等轴测"或选择"视图" | "三维视图" | "西南等轴

测"，选择西南轴测图视口。如选择"AutoCAD 经典"工作空间，需同时调出"建模"和"实体编辑"等常用工具栏。

在运用 AutoCAD 进行三维建模时，"三维建模"工作空间和"AutoCAD 经典"工作空间没有区别，命令执行过程完全一样，只是界面新老界面有别，为适应老用户的绘图习惯，本项目以"AutoCAD 经典"工作空间绘图过程进行说明。

（3）三维建模。

创建图 13.1 所示复杂组合体的三维模型，要求：建模准确，图形正确，不标注尺寸。

参考步骤如下。

① 绘制底座。单击"绘图"工具栏上"矩形"命令，绘制一个长为 76，宽为 36，带有圆角半径为 7 的矩形。

执行"直线"命令，利用"中点"捕捉，分别连接矩形两对边的中点，作两条辅助线段 AB 和 CD。

执行"偏移"命令，将线段 AB 和 CD 分别以 11 和 28 向前后、左右偏移，得两两相交的 4 条辅助线段，交点分别为 1、2、3 和 4。

分别以 1、2、3 和 4 交点为圆心绘制直径为 ϕ8 的 4 个圆。结果如图 13.8 所示。

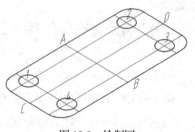

图 13.8　绘制圆

删除 AB 和偏移所得的辅助线，执行"面域"命令，将矩形和 4 个圆转化为 5 个面域，执行"建模" | "拉伸"命令，命令行提示如下。

```
命令：_extrude
当前线框密度：ISOLINES=4
选择要拉伸的对象：指定对角点：找到 5 个（用矩形窗口方式选择所有面域对象）。（命令行提示）
选择要拉伸的对象：按 Enter 键结束对象选择。（命令行提示）
指定拉伸的高度或[方向(D)/路径(P)/倾斜角(T)]<10.0000>：（指定拉伸的高度）输入"10"后按 Enter 键，命令结束，得一高度为 10 的长方体和 4 个高度为 10 的圆柱体。
```

执行"差集"命令，命令行提示如下。

```
_subtract 选择要从中减去的实体、曲面和面域...
选择对象：找到 1 个（用鼠标拾取长方体）
选择对象：按 Enter 键结束对象选择。（命令行提示）
选择要减去的实体、曲面和面域...
选择对象：找到 1 个（用鼠标拾取圆柱体 1）（命令行提示）
选择对象：找到 1 个，总计 2 个（用鼠标拾取圆柱体 2）（命令行提示）
选择对象：找到 1 个，总计 3 个（用鼠标拾取圆柱体 3）（命令行提示）
选择对象：找到 1 个，总计 4 个（用鼠标拾取圆柱体 4）（命令行提示）
选择对象：按 Enter 键结束对象选择。
```

结果如图 13.9 所示。

② 绘制圆筒。执行"圆柱体"命令，以线段 CD 中点为圆心，创建底圆半径为 10 和 17，高度为 44 两圆柱体。

执行"差集"命令，从底板和底圆半径为 17 圆柱体两实体中减去半径为 10 圆柱体。结果如图 13.10 所示。

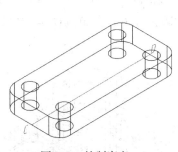

图 13.9　绘制底座

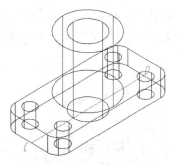

图 13.10　绘制圆筒

③ 绘制左右肋板。执行"偏移"命令，将线段 CD 向后偏移 3.5（肋板厚度一半），偏移复制一辅助线 EF。

执行"section（截面）"命令，在命令行输入"section"命令按 Enter 键，命令行提示如下。

选择对象：找到 1 个（选择截面对象），选择图 13.11 所示实体。（命令行提示）

选择对象：按 Enter 键结束对象选择。（命令行提示）

指定 截面 上的第一个点，依照[对象(O)/Z 轴(Z)/视图(V)/XY/YZ/ZX/三点(3)]<三点>：（选择截面方式）输入"zx"，选择 ZX 坐标平面。（命令行提示）

指定 ZX 平面上的点<0,0,0>：（指定 ZX 平面上的点）鼠标拾取点 E。命令结束，创建一过点 E 平行于 ZX 坐标平面的截面。

执行"分解"命令，将所创建的截面分解为若干线段；执行"复制"命令，将线段 GJ 向上距离为 29 复制一线段，与截面线交点为 H；执行"直线"命令，连接 G 和 H 两点和 J 和 H 点；执行"面域"命令，将线框 GHJ 转换成平面。执行"拉伸"命令，将 GHJ 平面以高度 7 拉伸为"三棱柱"。结果如图 13.11 所示。

运用相同的方法完成右边肋板。用户也可用"三维镜像"命令完成另一肋板。

执行"并集"命令，将所有实体合并。

④ 绘制前方长方体。执行 UCS"命令，将用户坐标系还原为世界坐标系。

执行"直线"命令，在底板前底边位置处绘制一线段。

执行"长方体"命令，在图 13.11 旁边绘制一个长为 22，宽为 22，高为 38 的长方体。

执行"UCS"命令，将坐标系绕 X 轴旋转 90°。

执行"直线"命令，在长方体前底边位置处绘制一线段，执行"偏移"命令，将此线段向上偏

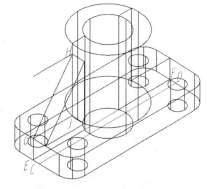

图 13.11　绘制左肋板

移 20，偏移复制一线段 OP。

执行"圆柱体"命令，以线段 OP 上点为圆心，绘制一高度为-22 的圆柱体。

执行"移动"命令，将"长方体"和"圆柱体"以长方体前底边中点位置为基点，移动到线段 MN 中点位置。结果如图 13.12 所示。

执行"UCS"命令，将用户坐标系还原为世界坐标系。

执行"圆柱体"命令，以"圆筒"底圆圆心为圆心，重新绘制一半径为 10，高度为 44 圆柱体。

执行"差集"命令，从长方体和底板、圆筒、肋实体中减去 $\phi 10$ 和 $\phi 20$ 圆柱体。结果如图 13.13 所示。

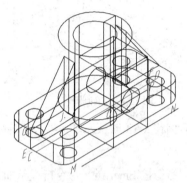

图 13.12　绘制前方长方体

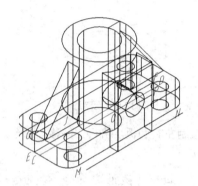

图 13.13　做差集

执行"删除"命令，删除所有不用的辅助线和标记点。至此完成全图，结果如图 13.1 所示。

四、检测练习

1. 绘制图 13.14 所示组合体的三维模型，要求：建模准确，图形正确，不标注尺寸。

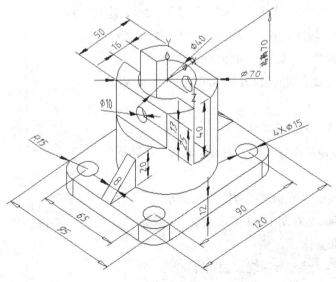

图 13.14　检测练习一

2. 绘制图 13.15 所示组合体的三维模型，要求：建模准确，图形正确，不标注尺寸。

3. 绘制图 13.16 所示组合体的三维模型，要求：建模准确，图形正确，不标注尺寸。

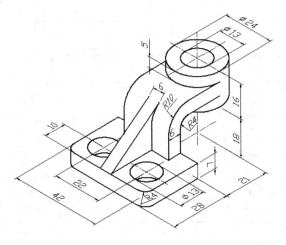

图 13.15　检测练习二

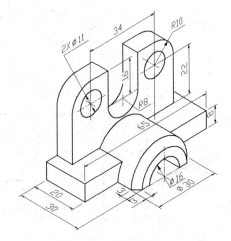

图 13.16　检测练习三

4. 绘制图 13.17 所示组合体的三维模型，要求：建模准确，图形正确，不标注尺寸。

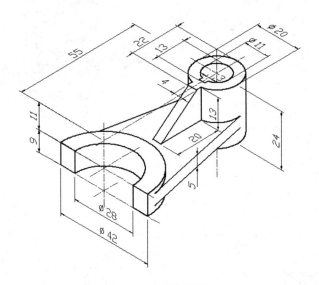

图 13.17　检测练习四

五、提高练习

根据图 13.18 所示组合体的三视图完成其三维建模，要求：建模准确，图形正确，不标注尺寸。

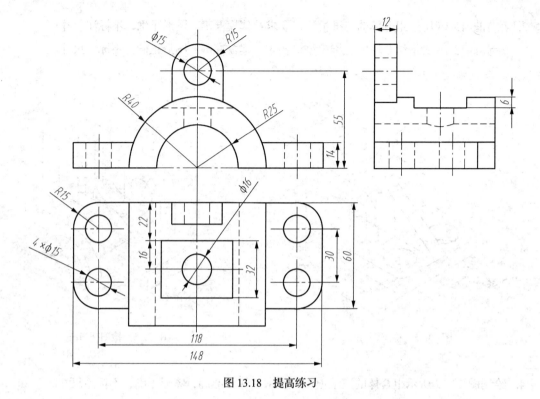

图 13.18　提高练习

项目十四

| 圆柱直齿齿轮减速器机座零件三维建模 |

【能力目标】

1. 能够运用三维移动、三维旋转、三维对齐、三维镜像、三维阵列和抽壳等实体编辑命令编辑三维实体。
2. 能够运用实体编辑面和实体编辑边等命令根据实体创建二维图形。
3. 能够综合运用建模、实体编辑、实体编辑面和实体编辑边创建复杂零件三维实体。
4. 能够运用新建用户坐标系命令和尺寸标注命令进行三维实体尺寸标注。

【知识目标】

1. 掌握三维移动、三维旋转、三维对齐、三维镜像、三维阵列和抽壳等实体编辑命令的操作方法。
2. 掌握实体编辑面和实体编辑边等命令的操作方法。
3. 了解三维对象标注尺寸的方法。

| 一、项目导入 |

根据图 14.1 所示圆柱直齿齿轮减速器机座零件图完成其三维建模，要求：建模准确，图形正确，标注尺寸。

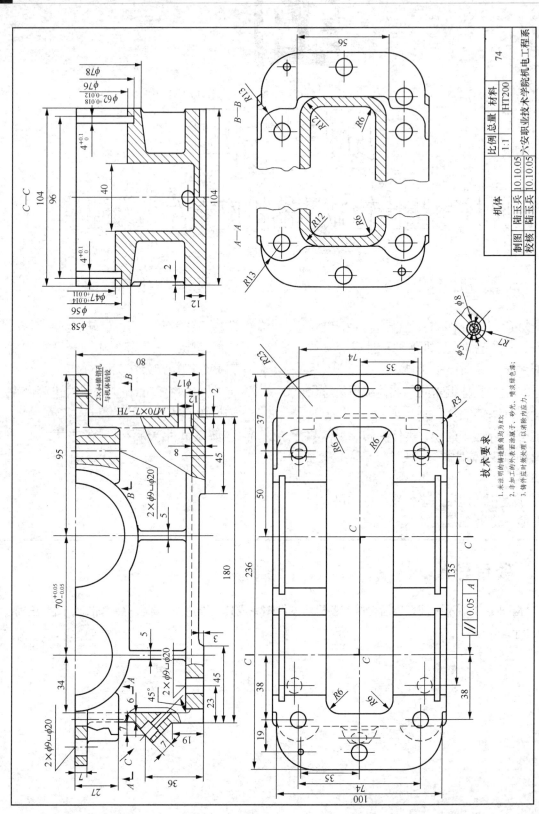

技术要求

1. 未注明的铸造圆角半径均为 R3；
2. 非加工的外表面涂底漆一道，砂光，喷次绿色漆；
3. 铸件应当时效处理，以消除内应力。

图 14.1　圆柱直齿齿轮减速器机座零件图

二、项目知识

（一）三维移动

三维移动是 AutoCAD 2010 中新增加的功能，使用该命令可以在三维空间中任意移动选中的对象。执行三维移动命令的方法有以下 3 种。

（1）单击"建模"工具栏中的"三维移动"按钮 ⊕。

（2）选择"修改" | "三维操作" | "三维移动"命令。

（3）在命令行中输入命令 3dmove。

执行该命令后，命令行提示如下。

```
命令：_3dmove
选择对象：（选择要移动的对象）
选择对象：（按 Enter 键结束对象选择）
指定基点或[位移(D)]<位移>：（指定移动基点）
指定第二个点或<使用第一个点作为位移>：（指定移动目标点）
```

执行三维移动命令后，用户必须指定一个基点和一个目标点才能移动三维对象。在移动三维对象时，用户还可以将选定的对象锁定在坐标轴或坐标平面上进行移动。

（二）三维旋转

在 AutoCAD 2010 中使用三维旋转命令可以使对象绕三维空间中的 X 轴、Y 轴或 Z 轴旋转任意角度。执行三维旋转命令的方法有以下 3 种。

（1）单击"建模"工具栏中的"三维旋转"按钮 ⊕。

（2）选择"修改" | "三维操作" | "三维旋转"命令。

（3）在命令行中输入命令 3drotate。

执行该命令后，命令行提示如下。

```
命令：_3drotate
UCS 当前的正角方向：ANGDIR=逆时针  ANGBASE=0（系统提示）
选择对象：（选择需要旋转的对象）
选择对象：（按 Enter 键结束对象选择）
指定基点：（指定对象上的基点）
拾取旋转轴：（捕捉旋转轴）
指定角的起点：（指定三维旋转的起点）
指定角的端点：（指定三维旋转的终点）
```

执行三维旋转命令并选中要旋转的对象后，系统会显示图 14.2 所示的三维旋转图标，移动鼠标到该图标附近，单击并选中该图标中的轴柄（带颜色的圆环，分别用于表示 X 轴、Y 轴和 Z 轴），即可指定旋转轴，然后输入旋转角度，即可按指定的设置在三维空间中旋转选定的对象。

（三）三维对齐

在 AutoCAD 2010 中，使用三维对齐命令可以按指定的源点和目标点对齐选定的三维对象，执行三维对齐命令的方法有以下 3 种。

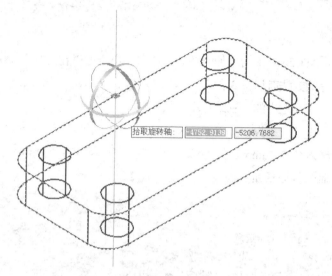

图 14.2　三维旋转

（1）单击"建模"工具栏中的"三维对齐"按钮 。

（2）选择"修改"｜"三维操作"｜"三维对齐"命令。

（3）在命令行中输入命令 3dalign。

执行该命令后，命令行提示如下。

```
命令：_3dalign
选择对象：（选择要对齐的对象）
选择对象：（按 Enter 键结束对象选择）
指定源平面和方向 ...（系统提示）
指定基点或[复制(C)]：（指定对象上的基点）
指定第二个点或[继续(C)]<C>：（指定对象上的第二个源点）
指定第三个点或[继续(C)]<C>：（指定对象上的最后一个源点）
指定目标平面和方向 ...（系统提示）
指定第一个目标点：（指定第一个目标点）
指定第二个目标点或[退出(X)]<X>：（指定第二个目标点）
指定第三个目标点或[退出(X)]<X>：（指定第三个目标点）
```

使用三维对齐命令时需要指定 3 个源点和 3 个目标点，这样才能准确地对齐选中的三维对象，如图 14.3（a）所示长方体为选择的对象，A、C 和 E 点为目标点，B、D 和 F 为源点，三维对齐的效果图 14.3（b）所示。

（四）三维镜像

在 AutoCAD 2010 中，使用三维镜像命令可以将选定的对象相对于某一平面进行镜像。执行三维镜像命令的方法有以下两种。

（1）选择"修改"｜"三维操作"｜"三维镜像"命令。

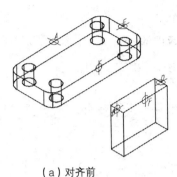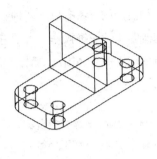

（a）对齐前　　　　　　　　　　　　（b）对齐后

图 14.3 三维对齐

（2）在命令行中输入命令 mirror3d。

执行此命令后，命令行提示如下。

命令：_mirror3d
选择对象：（选择需要镜像的对象）
选择对象：（按 Enter 键结束对象选择）
指定镜像平面(三点) 的第一个点或[对象(O)/最近的(L)/Z 轴(Z)/视图(V)/XY 平面(XY)/YZ 平面(YZ)/ZX 平面(ZX)/三点(3)]<三点>：

其中各命令选项功能介绍如下。

（1）对象（O）：选择此命令选项，使用选定平面对象的平面作为镜像平面。可用于选择的对象包括圆、圆弧或二维多段线。

（2）最近的（L）：选择此命令选项，使用上一次指定的平面作为镜像平面进行镜像操作。

（3）Z轴（Z）：选择此命令选项，根据平面上的一个点和平面法线上的一个点定义镜像平面。

（4）视图（V）：选择此命令选项，将镜像平面与当前视口中通过指定点的视图平面对齐。

（5）XY 平面（XY）/YZ 平面（YZ）/ZX 平面（ZX）：选择相应的命令选项，将镜像平面与一个通过指定点的标准平面（XY，YZ 或 ZX）对齐。

（6）三点（3）：选择此命令选项，通过指定 3 点确定镜像平面。

三维镜像的效果如图 14.4 所示。

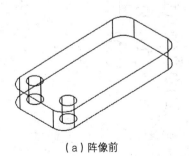

（a）阵像前　　　　　　　　　　　　（b）阵像后

图 14.4 三维镜像效果

（五）三维阵列

在 AutoCAD 2010 中，使用三维阵列命令可以在三维空间中以环形阵列或矩形阵列的方式复制对象。执行三维阵列命令的方法有以下两种。

（1）选择"修改"｜"三维操作"｜"三维阵列"命令。

（2）在命令行中输入命令 3darray 后按 Enter 键。

执行该命令后，命令行提示如下。

```
命令：_3darray
选择对象：（选择需要阵列的对象）
选择对象：（按 Enter 键结束对象选择）
输入阵列类型[矩形(R)/环形(P)]<矩形>：（选择阵列的类型）
```

1. 三维矩形阵列

如果选择矩形阵列，则可以按矩形方式阵列选定的对象。在三维矩形阵列对象时，用户需要指定矩形阵列的行数、列数和层数，以及行间距、列间距和层间距。矩形阵列的行、列和层分别对应当前 UCS 的 X 轴、Y 轴和 Z 轴的方向，输入的间距值为正，表示沿相应坐标轴的正方向阵列，否则沿相反方向阵列。

例如，对图 14.5（a）所示图形进行三维矩形阵列，效果如图 14.5（b）所示，具体操作步骤如下。

```
命令：_3darray
选择对象：找到 1 个（选择如图 14.5（a）所示）
选择对象：（按 Enter 键结束对象选择）
输入阵列类型[矩形(R)/环形(P)]<矩形>：（直接按 Enter 键默认矩形阵列）
输入行数 (---)<1>：3（输入矩形阵列的行数 3）
输入列数 (|||)<1>：4（输入矩形阵列的列数 4）
输入层数 (...)<1>：2（输入矩形阵列的层数 2）
指定行间距 (---)：20（输入行间距 20）
指定列间距 (|||)：20（输入列间距 20）
指定层间距 (...)：40（输入层间距 40）
```

三维矩形阵列后的效果如图 14.5（b）所示。

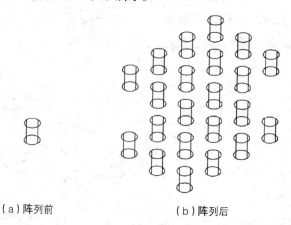

（a）阵列前　　　　　　　　　　　（b）阵列后

图 14.5　三维矩形阵列

2. 三维环形阵列

如果选择环形阵列，则可以按环形阵列方式阵列选定的对象。在三维环形阵列时，用户需要指定环形阵列的数目和项目间的填充角度，确定在环形阵列对象的同时是否旋转对象，并指定环形阵列的中心点和旋转轴，这样就可以环形阵列选定的对象了。

例如，对图 14.6（a）所示图形进行三维环形阵列，效果如图 14.6（b）所示，具体操作步骤如下。

命令：_3darray
选择对象：找到 1 个（选择图 14.6（a）所示图形中的小圆柱）
选择对象：（按 Enter 键结束对象选择）
输入阵列类型[矩形(R)/环形(P)]<矩形>：输入"P"（选择"环形"命令选项）
输入阵列中的项目数目：输入"8"（输入环形阵列的数目）
指定要填充的角度（+=逆时针，-=顺时针)<360>：（按 Enter 键默认填充角度 360°）
旋转阵列对象？[是(Y)/否(N)]<Y>：（直接按 Enter 键默认环形阵列对象的同时旋转对象）
指定阵列的中心点：（捕捉图 14.6（a）所示图形中大圆柱顶面中心点）
指定旋转轴上的第二点：（捕捉图 14.6（a）所示图形中大圆柱底面中心点）

环形阵列后的效果如图 14.6（b）所示。

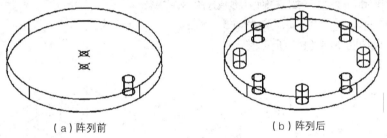

（a）阵列前　　　　　　　　　　　　　（b）阵列后

图 14.6　三维环形阵列

（六）编辑实体的面

在 AutoCAD 2010 中，可以单独对实体的面进行拉伸、移动、偏移、删除、旋转、倾斜、着色和复制等操作，单击"实体编辑"工具栏中的相应按钮，或选择"修改"｜"实体编辑"菜单中的子命令即可执行相应的操作，如图 14.7 所示。

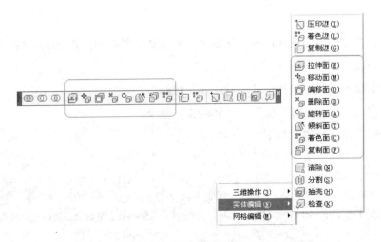

图 14.7　"实体编辑"工具栏和"实体编辑"子菜单

1. 拉伸面

拉伸面是指将选定的三维实体对象的面拉伸到指定的高度或沿路径拉伸。在 AutoCAD 2010 中，执行拉伸面命令的方法有以下两种。

（1）单击"实体编辑"工具栏中的"拉伸面"按钮 。

（2）选择"修改" ｜ "实体编辑" ｜ "拉伸面"命令。

执行该命令后，命令行提示如下。

```
命令：_solidedit
实体编辑自动检查：SOLIDCHECK=1
输入实体编辑选项[面(F)/边(E)/体(B)/放弃(U)/退出(X)]<退出>：_face
输入面编辑选项[拉伸(E)/移动(M)/旋转(R)/偏移(O)/倾斜(T)/删除(D)/复制(C)/颜色(L)/材质(A)/放弃(U)/退出(X)]<退出>：_extrude
选择面或[放弃(U)/删除(R)]：（选择图14.8（a）所示要拉伸的实体面）
选择面或[放弃(U)/删除(R)/全部(ALL)]：（按 Enter 键结束对象选择）
指定拉伸高度或[路径(P)]：（指定拉伸的高度或选择拉伸的路径）
指定拉伸的倾斜角度<0>：（指定拉伸的倾斜角度）
```

拉伸面的效果如图 14.8（b）所示。

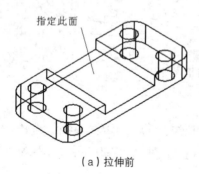

指定此面

（a）拉伸前　　　　　　　　　　　　（b）拉伸后

图 14.8　拉伸面

2. 移动面

移动面是指按指定的高度或距离移动选定的三维实体对象的面。在 AutoCAD 2010 中，执行移动面命令的方法有以下两种。

（1）单击"实体编辑"工具栏中的"移动面"按钮 。

（2）选择"修改" ｜ "实体编辑" ｜ "移动面"命令。

执行此命令后，命令行提示如下。

```
命令：_solidedit
实体编辑自动检查：SOLIDCHECK=1
输入实体编辑选项[面(F)/边(E)/体(B)/放弃(U)/退出(X)]<退出>：_face
输入面编辑选项[拉伸(E)/移动(M)/旋转(R)/偏移(O)/倾斜(T)/删除(D)/复制(C)/颜色(L)/材质(A)/放弃(U)/退出(X)]<退出>：_move
选择面或[放弃(U)/删除(R)]：（选择图14.9（a）所示要移动的面）
```

选择面或[放弃(U)/删除(R)/全部(ALL)]：（按Enter键结束对象选择）

指定基点或位移：（指定移动的基点）

指定位移的第二点：（指定位移的第二点）

移动面的效果如图14.9（b）所示。

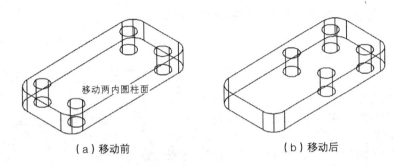

（a）移动前　　　　　　　　　　　　（b）移动后

图14.9　移动面

3. 偏移面

偏移面是指按指定的距离或通过指定的点，将面均匀地移动。在AutoCAD 2010中，执行偏移面命令的方法有以下两种。

（1）单击"实体编辑"工具栏中的"偏移面"按钮 。

（2）选择"修改"｜"实体编辑"｜"偏移面"命令。

执行此命令后，命令行提示如下。

命令：_solidedit

实体编辑自动检查：SOLIDCHECK=1

输入实体编辑选项[面(F)/边(E)/体(B)/放弃(U)/退出(X)]<退出>：_face

输入面编辑选项[拉伸(E)/移动(M)/旋转(R)/偏移(O)/倾斜(T)/删除(D)/复制(C)/颜色(L)/材质(A)/放弃(U)/退出(X)]<退出>：_offset

选择面或[放弃(U)/删除(R)]：（选择图14.10（a）所示要偏移的面）

选择面或[放弃(U)/删除(R)/全部(ALL)]：（按Enter键结束对象选择）

指定偏移距离：（指定偏移的距离）

偏移面的效果如图14.10（b）所示。

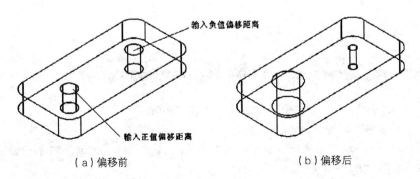

（a）偏移前　　　　　　　　　　　　（b）偏移后

图14.10　偏移面

4. 删除面

删除面是指将实体表面没用的对象清除掉，包括圆角和倒角等对象。在 AutoCAD 2010 中，执行删除面命令的方法有以下两种。

（1）单击"实体编辑"工具栏中的"删除面"按钮 。

（2）选择"修改" | "实体编辑" | "删除面"命令。

执行此命令后，命令行提示如下。

```
命令：_solidedit
实体编辑自动检查：SOLIDCHECK=1
输入实体编辑选项[面(F)/边(E)/体(B)/放弃(U)/退出(X)]<退出>：_face
输入面编辑选项[拉伸(E)/移动(M)/旋转(R)/偏移(O)/倾斜(T)/删除(D)/复制(C)/颜色(L)/材质(A)/放弃(U)/退出(X)]<退出>：_delete
选择面或[放弃(U)/删除(R)]：（选择图 14.11（a）所示要删除的面）
选择面或[放弃(U)/删除(R)/全部(ALL)]：（按 Enter 键结束命令）
```

删除面的效果如图 14.11（b）所示。

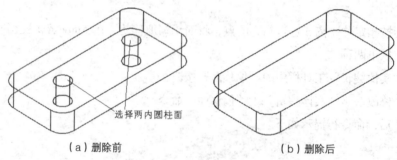

选择两内圆柱面

（a）删除前　　　　　　　　　　（b）删除后

图 14.11　删除面

5. 旋转面

旋转面是指绕指定的轴旋转一个或多个面或实体的某些部分。在 AutoCAD 2010 中，执行旋转面命令的方法有以下两种。

（1）单击"实体编辑"工具栏中的"旋转面"按钮 。

（2）选择"修改" | "实体编辑" | "旋转面"命令。

执行此命令后，命令行提示如下。

```
命令：_solidedit
实体编辑自动检查：SOLIDCHECK=1
输入实体编辑选项[面(F)/边(E)/体(B)/放弃(U)/退出(X)]<退出>：_face
输入面编辑选项[拉伸(E)/移动(M)/旋转(R)/偏移(O)/倾斜(T)/删除(D)/复制(C)/颜色(L)/材质(A)/放弃(U)/退出(X)]<退出>：_rotate
选择面或[放弃(U)/删除(R)]：（选择图 14.12（a）所示要旋转的面）
选择面或[放弃(U)/删除(R)/全部(ALL)]：（按 Enter 键结束对象选择）
指定轴点或[经过对象的轴(A)/视图(V)/X 轴(X)/Y 轴(Y)/Z 轴(Z)]<两点>：（指定旋转轴的第一点）
在旋转轴上指定第二个点：（指定旋转轴的第二点）
指定旋转角度或[参照(R)]：（指定旋转角度）
```

旋转面的效果如图 14.12（b）所示。

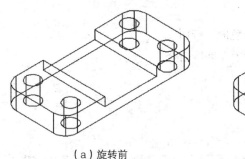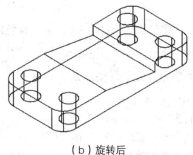

（a）旋转前　　　　　　　　　　　　　（b）旋转后

图 14.12　旋转面

6. 倾斜面

倾斜面是指按一个角度将实体的面进行倾斜。在 AutoCAD 2010 中，执行倾斜面命令的方法有以下两种。

（1）单击"实体编辑"工具栏中的"倾斜面"按钮 。

（2）选择"修改"｜"实体编辑"｜"倾斜面"命令。

执行此命令后，命令行提示如下。

```
命令：_solidedit
实体编辑自动检查：SOLIDCHECK=1
输入实体编辑选项 [面(F)/边(E)/体(B)/放弃(U)/退出(X)] <退出>：_face
输入面编辑选项 [拉伸(E)/移动(M)/旋转(R)/偏移(O)/倾斜(T)/删除(D)/复制(C)/颜色(L)/材质(A)/放弃(U)/退出(X)] <退出>：_taper
选择面或 [放弃(U)/删除(R)]：（选择图 14.13（a）所示要倾斜的面）
选择面或 [放弃(U)/删除(R)/全部(ALL)]：（按 Enter 键结束对象选择）
指定基点：（指定倾斜轴的第一点）
指定沿倾斜轴的另一个点：（指定倾斜轴的第二点）
指定倾斜角度：（指定倾斜角）
```

倾斜面的效果如图 14.13（b）所示。

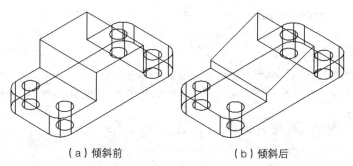

（a）倾斜前　　　　　　　　　（b）倾斜后

图 14.13　倾斜面

7. 着色面

着色面是指为实体的面选择指定的颜色。在 AutoCAD 2010 中，执行着色面命令的方法有以下两种。

（1）单击"实体编辑"工具栏中的"着色面"按钮。

（2）选择"修改"｜"实体编辑"｜"着色面"命令。

执行此命令后，命令行提示如下。

```
命令: _solidedit
实体编辑自动检查: SOLIDCHECK=1
输入实体编辑选项[面(F)/边(E)/体(B)/放弃(U)/退出(X)]<退出>: _face
输入面编辑选项[拉伸(E)/移动(M)/旋转(R)/偏移(O)/倾斜(T)/删除(D)/复制(C)/颜色(L)/材质(A)/放弃(U)/退出(X)]<退出>: _color
选择面或[放弃(U)/删除(R)]: （选择图14.14（a）所示要着色的面）
```

系统弹出"选择颜色"对话框，在该对话框中为实体的面选择一种颜色，然后单击"确定"按钮结束命令。着色面的效果如图 14.14（b）所示。

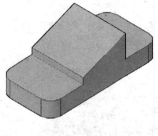
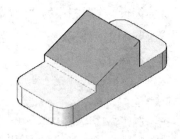

（a）着色前　　　　　　　　　　　　　　（b）着色后

图 14.14　着色面

8. 复制面

复制面是指为三维实体的面创建副本。在 AutoCAD 2010 中，执行复制面命令的方法有以下两种。

（1）单击"实体编辑"工具栏中的"复制面"按钮。

（2）选择"修改"｜"实体编辑"｜"复制面"命令。

执行此命令后，命令行提示如下。

```
命令: _solidedit
实体编辑自动检查: SOLIDCHECK=1
输入实体编辑选项[面(F)/边(E)/体(B)/放弃(U)/退出(X)]<退出>: _face
输入面编辑选项[拉伸(E)/移动(M)/旋转(R)/偏移(O)/倾斜(T)/删除(D)/复制(C)/颜色(L)/材质(A)/放弃(U)/退出(X)]<退出>: _copy
选择面或[放弃(U)/删除(R)]: （选择图14.15（a）所示要复制的面）
选择面或[放弃(U)/删除(R)/全部(ALL)]: （按Enter键结束对象选择）
指定基点或位移: （指定复制面的基点）
指定位移的第二点: （指定位移的第二点）
```

复制面的效果如图 14.15（b）所示。

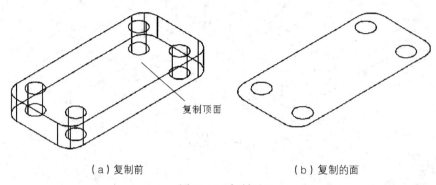

（a）复制前　　　　　　　　　　　　（b）复制的面

图 14.15　复制面

（七）编辑实体的边

在 AutoCAD 2010 中，可以对实体的边进行各种编辑，单击"实体编辑"工具栏中的相应按钮，或选择"修改"｜"实体编辑"菜单子命令即可执行相应的操作，如图 14.16 所示。

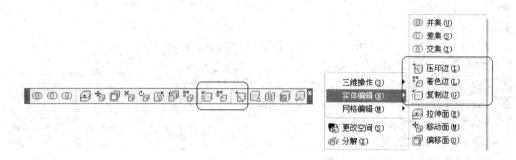

图 14.16　"实体编辑"子菜单

1. 压印边

压印边是指在实体的表面压制出一个对象。在 AutoCAD 2010 中，执行压印命令的方法有以下两种。

（1）单击"实体编辑"工具栏中的"压印"按钮 。

（2）选择"修改"｜"实体编辑"｜"压印边"命令。

执行该命令后，命令行提示如下。

```
命令：_imprint
选择三维实体：（选择图 14.17（a）所示要压印的三维实体）
选择要压印的对象：（选择要压印的对象）
是否删除源对象[是(Y)/否(N)]<N>：（选择是否删除源对象）
选择要压印的对象：（按 Enter 键结束命令）
```

压印的效果如图 14.17（b）所示。

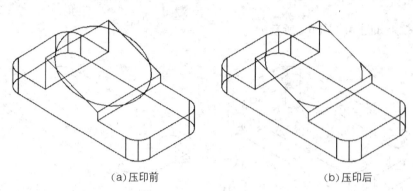

(a)压印前　　　　　　　　　　(b)压印后

图 14.17　压印效果

2. 复制边

复制边是指通过创建实体的边来编辑三维实体。在 AutoCAD 2010 中，执行复制边命令的方法有以下两种。

（1）单击"实体编辑"工具栏中的"复制边"按钮 ▯。

（2）选择"修改"｜"实体编辑"｜"复制边"命令。

执行该命令后，命令行提示如下。

```
命令: _solidedit
实体编辑自动检查: SOLIDCHECK=1
输入实体编辑选项[面(F)/边(E)/体(B)/放弃(U)/退出(X)]<退出>: _edge
输入边编辑选项[复制(C)/着色(L)/放弃(U)/退出(X)]<退出>: _copy
选择边或[放弃(U)/删除(R)]: （选择图 14.18（a）所示要复制的边）
选择边或[放弃(U)/删除(R)]: （按 Enter 键结束对象选择）
指定基点或位移: （指定复制边的基点）
指定位移的第二点: （指定位移的第二点）
```

复制边的效果如图 14.18（b）所示。

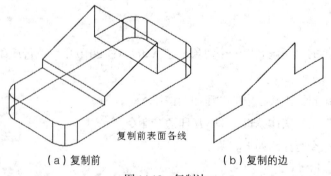

复制前表面各线

（a）复制前　　　　　　　　　（b）复制的边

图 14.18　复制边

（八）抽壳

抽壳是用指定的厚度创建一个空的薄层。可以为所有面指定一个固定的薄层厚度。通过选择面可以将这些面排除在壳外。一个三维实体只能有一个壳。通过将现有面偏移出其原位置来创建新的面。

执行抽壳命令的方法有以下两种。

（1）单击"实体编辑"工具栏中的"抽壳"按钮 📦。

（2）选择"修改"｜"实体编辑"｜"抽壳"命令。

执行该命令后，命令行提示如下。

```
命令：_shell
选择三维实体：选择对象
删除面或[放弃(U)/添加(A)]：（选择一个或多个面或输入选项）。
```

有关"放弃"、"删除"、"添加"和"全部"选项的说明与"拉伸"中相应选项的说明相同。选择面或输入选项后，将显示以下提示。

```
删除面或[放弃(U)/添加(A)/全部(ALL)]：选择面(1)、输入选项或按 Enter 键
输入抽壳偏移距离：（指定一段距离）。
```

　　指定正值从圆周外开始抽壳，指定负值从圆周内开始抽壳。抽壳效果如图 14.19（b）、（c）所示。

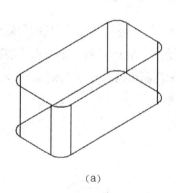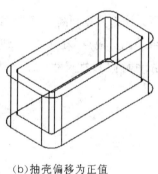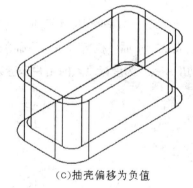

(a)　　　　　　　(b)抽壳偏移为正值　　　　　　　(c)抽壳偏移为负值

图 14.19　抽壳

（九）三维图形的尺寸标注和文字注写

　　三维图形的尺寸标注和文字注写和二维绘图操作过程完全一致，只是三维图形的尺寸标注和文字注写都是在 XOY 作图面上完成的，因此在三维图形进行尺寸标注和文字注写时，应不断地转换用户坐标系，使其在正确的坐标系中进行尺寸标注和文字注写。值得强调的是对于三维图形的文字注写和尺寸标注应特别注意文字符号的方向。

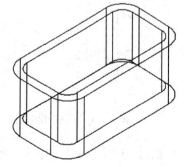

图 14.20　三维轮廓

　　进行图 14.20 所示尺寸标注，步骤如下。

　　步骤一：外部轮廓尺寸标注，共需标注长、宽和高 3 个方向尺寸，需将外部轮廓底面和侧面创建成 XY 平面。执行"UCS"命令或单击"原点"按钮 ⌐，建立以底面一点（底面前边上

中点）为坐标原点的用户坐标系，执行"线性尺寸"命令，标注长和宽的尺寸，结果如图 14.21 所示。

执行"UCS"命令或单击"面"按钮，建立以前表面为 XY 坐标平面的用户坐标系，执行"线性尺寸"命令，标注高度的尺寸，结果如图 14.22 所示。

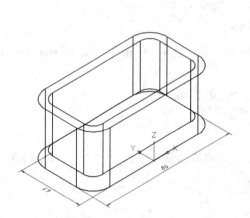

图 14.21　标注长度和宽度尺寸

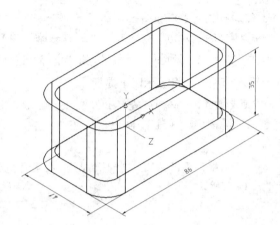

图 14.22　标注外部高度尺寸

步骤二：内部轮廓尺寸标注，共需标注长、宽和高 3 个方向尺寸，需将内部轮廓底面和侧面创建成 XY 平面。执行"UCS"命令或单击"原点"按钮，建立内部轮廓后侧面上一点（后面上边的中点）为坐标原点的用户坐标系，执行"线性尺寸"命令，标注高度的尺寸，结果如图 14.23 所示。

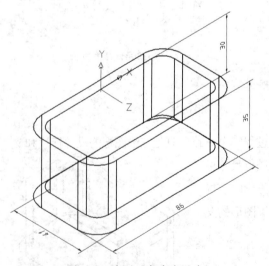

图 14.23　标注内部高度尺寸

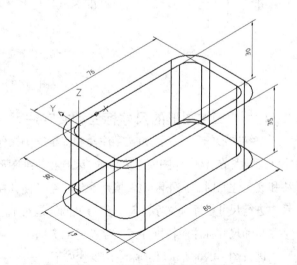

图 14.24　标注内部长度和宽度尺寸

执行"UCS"命令或单击"面"按钮，建立以上表面（为 XY 坐标平面的用户坐标系，执行"线性尺寸"命令，标注长度和宽度的尺寸，结果如图 14.24 所示。

三、项目实施

（1）启动 AutoCAD2010，进入"三维建模"或"AutoCAD 经典"工作空间，即建立一新图形文件，命名文件名为"图 14.1"。

（2）三维建模。

参考步骤如下。

① 创建机座零件的底座。复制机座二维图形（图样）至建模起始位置，截取（复制）俯视图底座轮廓线和 4 个圆，并将虚线改变为当前图层（CSX）。

执行"偏移"命令，将左右两边分别以偏距 47 和 45 向中间偏移，并将偏移所得两线延伸至前后两轮廓线边界。结果如图 14.25 所示。

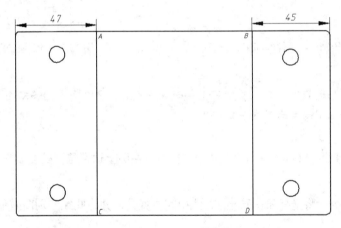

图 14.25　绘制机座零件的底座一

执行"面域"命令，选择轮廓矩形、矩形 ABCD 及 4 个圆，共获得 6 个平面。

执行"拉伸"命令，以高度 8 将轮廓矩形及 4 个圆拉伸为长方体和 4 个圆柱体，同相同的方法将矩形 ABCD 拉伸为高度为 3 的长方体。

执行"差集"命令，从大长方体中"切割"出小长方体和 4 个圆柱体，并对切割后的槽以 R3 进行倒圆角。

选择"视图"｜"西南等轴测"（"三维建模"工作空间）或选择"视图"｜"三维视图"｜"西南等轴测"（"AutoCAD 经典"工作空间），选择西南轴测图视口，本题为"三维建模"工作空间（下同），结果如图 14.26 所示。

② 创建机座零件的内腔。执行"复制边"命令，将底座上表面四边原位置复制并延伸至两两相交。执行"偏移"命令，将前后两边分别向中间偏移 26（总宽 104，减去内腔宽度 40 和两侧壁厚 6），执行"修剪"和"删除"命令，修剪和删除多余的线条，得内腔横向截面。

执行"圆角"命令，将内腔横向截面 4 个拐角处以 R12 进行倒圆角。

执行"面域"命令，选择横向截面获得一个平面。

执行"拉伸"命令，以高度 72（总高度 80 减去底座厚度 8）将内腔横向截面拉伸为长方体。

　　执行"抽壳"命令，将长方体以抽壳偏移距离 6 和"删除"上表面进行抽壳。执行"移动面"命令，将内腔底面向下移动 6。结果如图 14.27 所示。

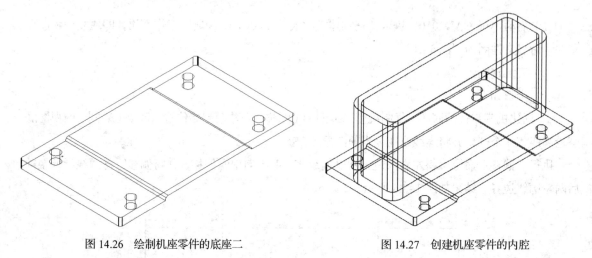

图 14.26　绘制机座零件的底座二　　　　　　　　图 14.27　创建机座零件的内腔

　　　抽壳时如也能同时删除长方体上表面和下表面，就可省去"移动面"操作，但操作时同时选择上下两表面存在一定困难。

　　③ 创建 4 个支撑肋。执行"复制边"命令，在内腔左面上边原位置处复制一边，如图 14.28 所示 EF 边。

　　执行"UCS"命令，将坐标系平移至 EF 线中间位置处，并将此线分别向右偏移 34 和 104，得线段 GH 和 IJ。

　　执行"SECTION"命令，选择合适坐标平面以线段 GH 和 IJ 中点为（0，0，0）为原点得两截面，结果如图 14.28 所示。

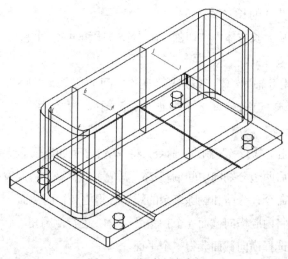

图 14.28　创建支撑肋一

执行"分解"命令，将过线段 *GH* 截面分解（体分解为面，面分解为线）为线，选择图 14.29 所示加粗线段（位于中间位置折竖直线）作为偏移对象。

执行"UCS"命令，选择内腔前外表面作为 *XY* 坐标平面建立用户坐标系。

执行"偏移"命令，将上述偏移对象分别向左右偏移 2.5，并连接偏移所得线段，得一封闭线矩形。结果如图 14.29 所示。

执行"面域"命令，将此封闭矩形转换为平面。

执行"拉伸"命令，在此坐标系状态下，以高度 28 将上述两面拉伸成一矩形。执行"复制"命令，选择合适的"基点"和"第二点"，在相应位置处复制成 4 个"支撑肋"。结果如图 14.30 所示。

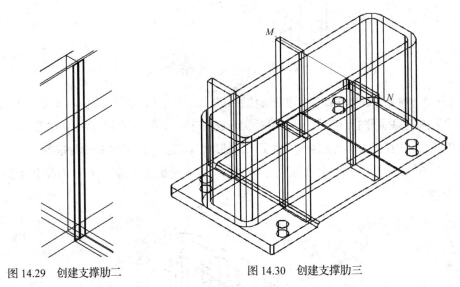

图 14.29　创建支撑肋二　　　　　图 14.30　创建支撑肋三

④ 创建连接板及 4 个凸台。根据零件图截取（复制）有关轮廓线并修改，结果如图 14.31 所示。根据截取的连接板及 4 个凸台的轮廓线创建连接板、螺栓连接孔、销孔和 4 个凸台截面线框，结果如图 14.32 所示。

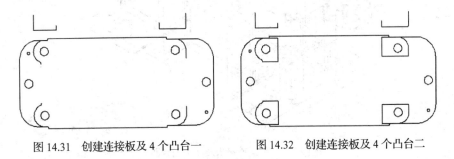

图 14.31　创建连接板及 4 个凸台一　　　图 14.32　创建连接板及 4 个凸台二

执行"面域"命令，将所有线框转化成平面，执行"拉伸"命令，将连接板、螺栓连接孔、销孔和 4 个"凸台"截面以高度 7 和 27 分别拉伸为实体。

执行"差集"命令，在连接板和 4 个凸台实体创建出螺栓孔和销孔。结果如图 14.33 所示。

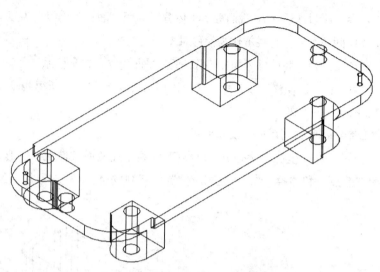

图 14.33 　创建连接板及 4 个凸台三

执行 "复制边" 命令, 在图 14.33 右边轮廓位置处复制一边 KL, 执行 "偏移" 命令 (当前坐标系 XY 平面与连接板上表面平行或重合), 以偏距 95 向左偏移。执行 "直线" 命令, 在图 14.30 右边两肋板前后边上创建一直线 MN。这样就完成了两条辅助线创建, 为下面移动做好准备。

执行 "移动" 命令, 以直线 KL 中点为基点, 将图 14.33 连接板移动到图 14.30 内腔上合适位置。结果如图 14.34 所示。

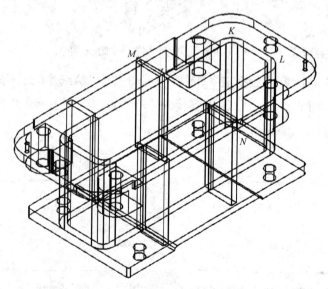

图 14.34 　创建连接板及 4 个凸台四

⑤ 创建连接板上轴承安装孔及其凸台。根据零件图的主视图截取 (复制) 轴承安装孔及其凸台轮廓线并修改成封闭线框, 结果如图 14.35 所示。

执行 "面域" 命令, 将图 14.35 所示线框转化成 3 个平面, 执行 "拉伸" 命令, 将 3 个平面以高度 104 拉伸成实体。

　　执行"旋转"命令，将所得实体以 X 轴为旋转轴旋转 $90°$。

　　执行"直线"命令，在图 14.36 所示在半圆柱中心处创建一辅助线 OP。结果如图 14.38 所示。

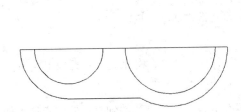

图 14.35　轴承安装孔及其凸台轮廓线

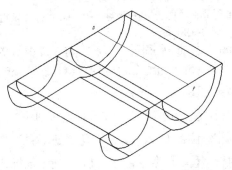

图 14.36　轴承安装孔及其凸台三维模型

　　执行"移动"命令，将图 14.36 所示三维模型以 OP 中点为基点移动到连接板上。

　　执行"差集"命令，选择连接板、4 个支撑肋、内腔和凸台作为被减实体创建轴承安装孔。

　　执行"复制边"命令（也可执行"复制面"命令，但底面对象不方便选择），在内腔实体底面复制创建一矩形。

　　执行"面域"命令，将创建的矩形转化为平面。

　　执行"拉伸"命令，将平面以拉伸高度为 100（大于内腔深度 72 均可）拉伸为实体。

　　执行"差集"命令，创建出空腔实体。

　　执行"并集"命令，将所有实体合并。

　　执行"圆角"命令，将内腔底部各拐角处以 $R3$ 进行倒圆角，结果如图 14.37 所示。

　　⑥ 创建油标孔。根据零件图截取（复制）油标有关轮廓线并修改成封闭线框，保留中心线，结果如图 14.38 所示。

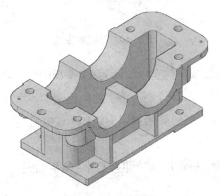

图 14.37　三维模型

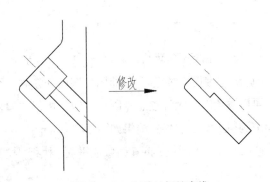

图 14.38　创建油标轮廓线

　　执行"面域"命令，将封闭线框转化为平面。

　　执行"旋转"命令，将所得平面绕中心线旋转一周得油标孔实体。

　　执行"三维旋转"命令，将油标孔实体绕 X 轴旋转 $90°$。

执行"剖切（section）"命令，命令行提示如下。

> 命令：_slice
>
> 选择要剖切的对象：（选择实体）找到 1 个
>
> 选择要剖切的对象：按 Enter 键结束命令。
>
> 指定 切面 的起点或[平面对象(O)/曲面(S)/Z 轴(Z)/视图(V)/XY/YZ/ZX/三点(3)]<三点>：输入"YZ"，选择平行于坐标平面 YZ 的平面。
>
> 指定 YZ 平面上的点<0,0,0>：（拾取下端圆孔下方象限点）。
>
> 在所需的侧面上指定点或[保留两个侧面(B)]<保留两个侧面>：（指定保留的一侧）。

结果如图 14.39 所示。

执行"复制边"命令，在底板左边创建一边，执行"移动"命令，将此直线以直线中点为基点，移动到相对位置（-7，0，36）位置处（输入"@ -7，0，36"）。

执行"移动"命令，将图 14.39 所示油标孔以上端面中心点为基点移动到直线的中点位置处。

执行"复制边"命令，在油标内小孔上端面复制一小圆并转化为平面，执行"拉伸"命令，将此平面向下拉伸 15（数据可在二维图形中测得）。

执行"差集"命令，在内腔实体中减去此圆柱，结果如图 14.40 所示。

图 14.39　创建油标三维模型

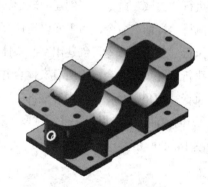

图 14.40　油标的安装

⑦ 补全油标孔端面凸台。执行"UCS"命令，在油标孔端面建立以端面为 XY 平面的坐标系。

执行"复制边"命令，在油标孔端面处复制一圆，执行"旋转复制"将上述所得辅助线垂直旋转，再以圆象限点为位置点复制此直线，执行"偏移"命令，将原辅助线以偏距 10（数据可在二维图形中测得）向上偏移。结果如图 14.41 所示。

修改图 14.41 图线，将其面域成平面，执行"拉伸"命令，以高度 9 拉伸为实体，结果如图 14.42 所示。

执行"移动"命令，选择图 14.42 所示半圆柱上方圆心为基点，将其移到油标孔上端面圆心位置处。

执行"并集"命令，将内腔、油标孔及其端面凸台合并为一体。删除所有辅助线，结果如图 14.43 所示。

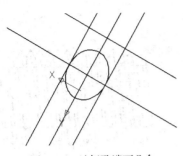

图 14.41　油标孔端面凸台

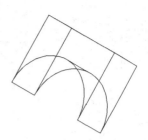

图 14.42　拉伸凸台

⑧ 创建轴承端盖安装槽。执行"UCS"命令，创建坐标系 XY 平面平行于轴承端盖的用户坐标系。

执行"圆柱体"命令，创建直径分别为 $\phi56$ 和 $\phi70$ 两圆柱体，执行"复制"命令，将创建的两圆柱体分别以端面圆心为基点，轴承安装孔端面中心为位置点复制出 4 个圆柱体，从而建立圆柱体和轴承安装孔具体位置关系。

执行"移动"命令，分别以圆柱体上一特征点为基点，以相对坐标方式确定第二点方式移动 4 个圆柱，第二点相对坐标值分别为左前位置圆柱体"@0，0，-4"、右前位置圆柱体"@0，0，-4"、左后圆柱体"@0，0，4"和右后圆柱体"@0，0，4"。

执行"差集"命令，从完成的实体中减去 4 个圆柱体。结果如图 14.44 所示。

图 14.43　端面凸台的安装

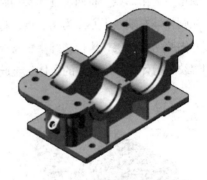

图 14.44　创建轴承端盖安装槽

⑨ 创建放油孔、凸台及内螺纹。从机座零件图知内螺纹的尺寸为 M10 × 1，根据放油孔、凸台及内螺纹有关尺寸创建过程如下。

执行"UCS"命令，将坐标系还原为世界坐标系。

创建凸台圆柱体，执行"圆柱体"命令，创建一高度为 8，直径为 $\phi17$ 的圆柱体。

创建 M10 × 1 单根外螺纹，绘制图 14.45 所示图形。执行"面域"命令，将图 14.44 中五边形线框转化为平面。执行"旋转"命令，选择垂直线为旋转轴线旋转一周，得单根螺纹裁剪体，结果如图 14.46 所示。

执行"三维阵列"命令，单根螺纹裁剪体以行数 1、列数 20（大于 10 就可以了，为方便操作可设置大些数值）、层数 1、和列距 1 进行矩形阵列，执行"并集"命令，将阵列后的所有单根螺纹裁剪体合并，结果如图 14.47 所示。

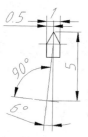

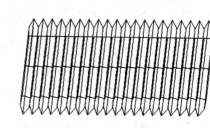

图 14.45　绘制图形　　　图 14.46　创建单根螺纹裁剪体　　　图 14.47　创建螺纹

创建带有光孔的凸台实体，执行"圆柱体"命令，创建底面重合直径分别为 $\phi17$ 和 $\phi8$ 高度分别为 8 和 9（考虑到孔内端结构工艺性）圆柱体，为方便操作小圆柱体需用不同于内腔的图层完成。

执行"三维旋转"命令，将两圆柱体绕 Y 轴旋转 90°。

为获得端面平齐的螺纹裁剪体，可在螺纹裁剪体左端位置用直径 $\phi17$ 圆柱体去截断，（先执行"移动"命令，后执行"差集"命令，这里不再赘述。）得图 14.48 实体。

执行"复制边"命令，在机座右边底端复制一边，执行"移动"命令，以线段中点为基点，以相对坐标"2，0，12"（输入"@2，0，12"）移动到合适位置，得一辅助线。

为方便操作，先关闭内腔所在图层。执行"移动"命令，分别以两圆柱体左端面中心点为基点，以辅助线中点为第二点，将两圆柱体移动到合适位置，再以图 14.48 所示螺纹裁剪体左端面中心为基点，大圆柱体左端面中心点为第二点，将螺纹裁剪体移动到合适位置。

打开内腔所在图层，执行"并集"命令，将大圆柱体和内腔合并，执行"差集"命令，用小圆柱体和螺纹裁剪体去减已完成的实体。至此完成全图，结果如图 14.49 所示。

图 14.48　螺纹裁剪体　　　　　图 14.49　减速器机座三维模型

⑩　由于项目时间关系，标注此处省略，请用户结合"项目知识"内容自行完成。

（3）保存文件。

四、检测练习

1. 根据图 14.50 所示箱体零件图完成其三维建模，要求：建模准确，图形正确，标注尺寸。

2. 根据图 14.51 所示齿轮油泵左泵盖零件图完成其三维建模，要求：建模准确，图形正确，标注尺寸。

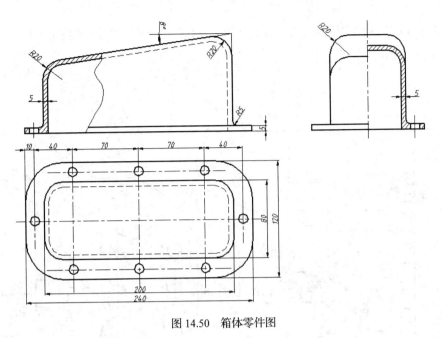

图 14.50　箱体零件图

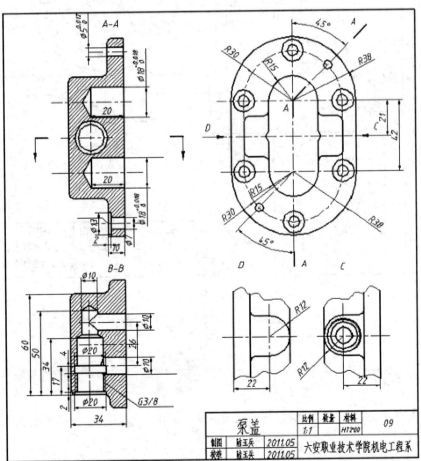

图 14.51　齿轮油泵左泵盖零件图

3. 根据图 14.52 所示齿轮油泵右泵盖零件图完成其三维建模，要求：建模准确，图形正确，标注尺寸。

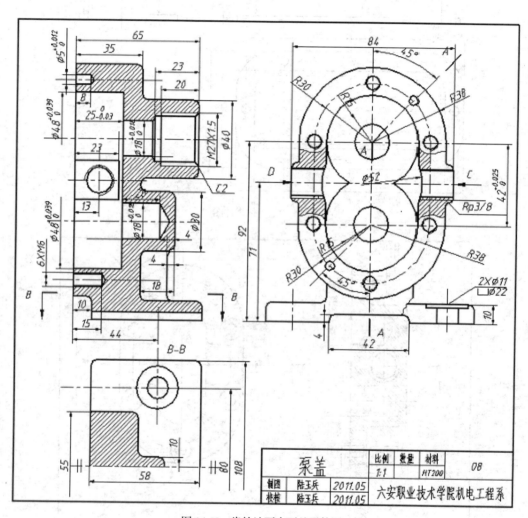

图 14.52　齿轮油泵右泵盖零件图

五、提高练习

根据图 14.53 所示圆柱直齿齿轮减速器机盖零件图完成其三维建模，要求：建模准确，图形正确，不标注尺寸。

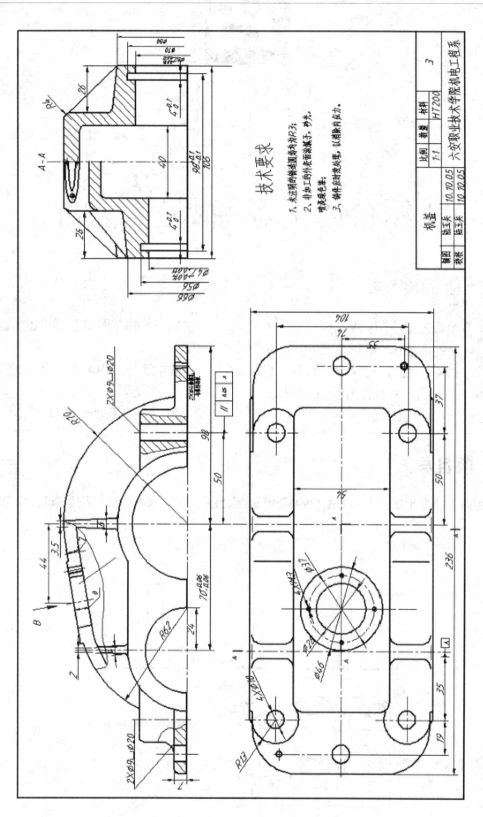

图 14.53　圆柱直齿齿轮减速器机盖零件图

项目十五

| 组合体正等轴测图绘制 |

【能力目标】

1. 能够恰当设置正等轴测图绘图环境。
2. 能够综合运用二维绘图与修改命令绘制中等复杂程度的组合体正等轴测图。
3. 能够综合运用尺寸标注和尺寸编辑命令进行正等轴测图尺寸标注。

【知识目标】

1. 掌握正等轴测图绘图环境设置的操作方法。
2. 掌握中等复杂程度的组合体正等轴测图的绘制方法。
3. 了解组合体正等轴测图的尺寸标注方法。

| 一、项目导入 |

根据图 15.1 所示组合体三视图完成其正等轴测图绘制，要求参数合理，表达正确，标注尺寸。

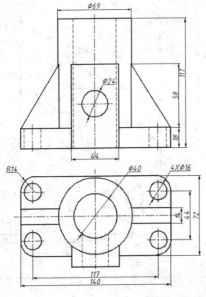

图 15.1　组合体

二、项目知识

（一）设置正等轴测图绘图环境

轴测图具有较强的立体感，接近于人们的视觉效果，能准确地表达形体的表面形状和相对位置并具有良好的度量性，在工程领域中应用较为广泛。轴测图是一个三维物体的二维表达方法，它模拟三维对象沿特定视点产生的三维平行投影视图。绘制正等轴测图需进行环境设置。设置环境的操作方法有以下两种。

（1）选择"工具"｜"草图设置"命令。

（2）右击图 15.2 所示状态栏中的"捕捉模式"或"栅格显示"按钮｜"设置"。

执行命令后将弹出"草图设置"对话框，在弹出的"草图设置"对话框中打开"捕捉和栅格"选项卡，如图 15.3 所示，在该选项卡中选中"捕捉类型"中"等轴测捕捉"复选框即可。

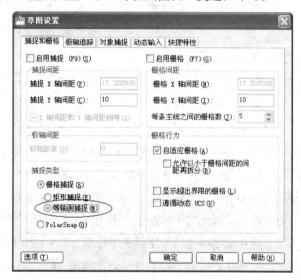

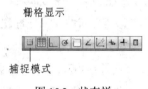

图 15.2　状态栏　　　　　　　　　　图 15.3　"等轴测捕捉"方式设置

此方式的栅格和光标十字线的 X 方向与 Y 方向不再相互垂直。在等轴测图上，X 轴和 Y 轴成 $120°$。如启用"正交"模式，可以直接绘制和正等轴测轴平行的直线，但要连接不和轴测轴平行的直线需要关闭"正交"模式。如启用"极轴"模式绘图，绘图中系统会出现极轴角度线和角度值提示，也可用于绘制正等轴测图，但需要注意所绘线段和轴测轴和方向关系，因此需要进行极轴角度的设置。极轴角度设置方法如下。

右击"极轴"按钮→"设置"，弹出图 15.4 所示对话框，可设置增量角（如 $30°$）或附加角（指除了增量角外还需显示的极轴角），系统将按所设角度及该角度的倍数进行追踪。

说明　　绘制正等轴测图，可将增量角设为 $30°$；绘制斜视图，可按斜视图倾斜的角度设置。在绘图过程中可按 F5 进行轴测平面 XOY、XOZ 和 YOZ 相互切换。在作图应注意使用作图技巧、对象捕捉、自动追踪及图形显示的各种操作。

图 15.4　增量角设置

（二）等轴测图的绘制方法

（1）绘制直线，在等轴测图中绘制直线方法是使用"对象捕捉"工具，其绘制方法和平面绘图完全一致，也可以使用相对坐标方式绘直线。

（2）绘制圆和圆弧，在轴测图中，正交视图中的圆变成椭圆，所以要用绘制椭圆的命令来完成轴测图上的圆，通过对椭圆进行修剪得到圆弧。

（三）轴测图的尺寸标注及文字注写

轴测图实际上是一个在 XOY 平面上完成的二维图形。轴测图上尺寸标注和文字注写都是在 XOY 作图面上完成的，因此对于轴测图图形的文字注写和尺寸标注应特别注意其方向性。尺寸标注和文字注写时，应在文字样式和标注样式中设置好相应的角度值。

正等轴测图的 3 个轴测轴 X_1、Y_1、Z_1 与通用坐标系（WCS）X 轴的夹角分别是 30°、150° 和 90°。一个实体的轴测投影只有 3 个可见平面，这 3 个面是进行画线、找点等绘图操作的基准平面，将平行于 Y_1OZ_1、X_1OZ_1、X_1OY_1 平面的分别称为左（Left）、右（Right）和上（Top）正等轴测平面，如图 15.5 所示。

轴测图的线性尺寸，一般应沿轴测轴方向标注。尺寸数值为零件的基本尺寸。尺寸数字应按相应的轴测图形标注在尺寸线的上方，尺寸线必须和所标注的线段平行，尺寸界线一般应平行于某一轴测轴。当在图形中出现数字字头向下时应用引出线引出标注，并将数字按水平位置注写。

标注圆的直径时，尺寸线和尺寸界线应分别平行于圆所在平面内的轴测轴，标注圆弧半径和较小圆的直径时，尺寸线应从（或通过）圆心引出标注，但注写尺寸数字的横线必须平行于轴测轴。

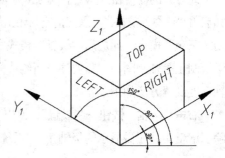

图 15.5　正等轴测平面

为保证某个轴测平面中的文本符合视觉效果在该平面内，必须根据各轴测平面的位置特点先将文字倾斜某个角度，然后再将文字旋转至与轴测轴平行的位置，以增强其立体感。

　　轴测面上各文本的倾斜与旋转规律：文字的倾斜角是指相对于 WCS 坐标系 Y 轴正方向倾斜的角度，角度小于 0，则文字向左倾斜；反之，文字向右倾斜。文字的旋转角是指相对于 WCS 坐标系 X 轴正方向，绕以文字起点为原点进行旋转的角度，按逆时针方向旋转，角度为正，反之，角度为负。具体情况如表 15.1 所示。

表 15.1　　　　　　　　　　修改尺寸界线输入的倾斜角度

轴测平面	标注尺寸所处方向	修改文字时输入倾斜角度/（°）	修改尺寸界线时输入倾斜角度/（°）
右轴测平面	与 X 轴平行	30	-90
	与 Z 轴平行	-30	30
上轴测平面	与 Y 轴平行	30	30
	与 X 轴平行	-30	-30
左轴测平面	与 Z 轴平行	30	-30
	与 Y 轴平行	-30	90

　　为方便在轴测图上进行文字注写，用户可创建样式名为"右 X 上 Y 左 Z 倾斜 30"，"右 Z 上 X 左 Y 倾斜-30"的两个文字样式，分别对应文字倾斜角为 30°和-30°，其他参数同前。以创建名为"右 X 上 Y 左 Z 倾斜 30"的文字样式对话框如图 15.6 所示。

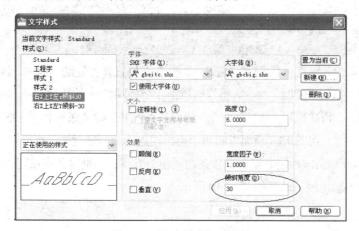

图 15.6　"文字样式"对话框

　　为方便在轴测图上进行尺寸标注，用户可创建两个标注样式，分别对应上述两个文字样式，且同名。创建标注样式操作方法这里不再赘述。

三、项目实施

　　（1）新建一个文件名为"图 15.1.dwg"新图形文件，进行环境设置。

　　设置所需的图层、文字和标注样式，选择"工具"｜"草图设置"命令将"捕捉类型和样式"栏中的等轴测捕捉单选按钮选中或右键单击状态栏中的"对象捕捉"按钮→"设置"，将环境设置为

"等轴测捕捉"方式。

（2）绘制图形，参考步骤如下。①绘制含有圆孔和圆角的底板。选择作图等轴测面，连续按 F5 功能键选择 LEFT 作图面。

在"CSX"图层，执行"直线"命令，完成底板长方体轮廓，结果如图 15.7 所示。执行"复制"命令，以圆角半径 14 作为复制距离将顶面四边分别向中间复制，使其两两相交，交点分别为 A、B、C 和 D，结果如图 15.9 所示。

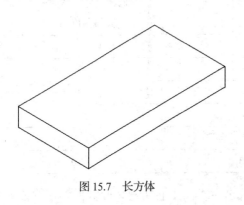

图 15.7　长方体

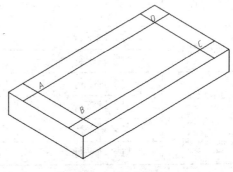

图 15.8　做 4 条线

执行"椭圆"命令，命令行提示如下。

命令：_ellipse
指定椭圆轴的端点或[圆弧(A)/中心点(C)/等轴测圆(I)]：输入"I"，选择等轴测圆。（命令行提示）
指定等轴测圆的圆心：捕捉偏移直线交点 A。
指定等轴测圆的半径或[直径(D)]：输入半径值"14"，完成一正等轴测圆。

执行"复制"命令，以点 A 为基点，在 B、C 和 D 点位置处各复制一椭圆。执行"修剪"命令，将各椭圆进行修剪，执行"复制"命令，将修剪所得 4 个椭圆弧分别向下复制。执行"直线"命令，补画出圆柱面转向线。再次执行"修剪"命令，修剪各直线并删除 4 条偏移线。结果如图 15.9 所示。

执行"直线"命令，在图 15.8 顶面以四边中点为端点绘制两辅助线，执行"复制"命令，以 22 和 58.5 为复制距离分别向前后左右复制得 4 条两两相交直线，分别以各交点圆心完成半径为 R8 的正等轴测圆。删除各辅助线，结果如图 15.10 所示。

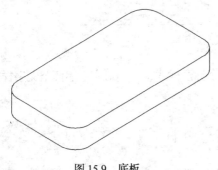

图 15.9　底板

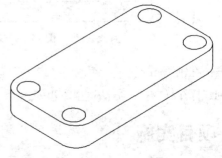

图 15.10　底板上绘制圆

② 绘制圆柱体。在"ZXX"图层，执行"直线"命令绘制中心线。

在"CSX"图层，执行"椭圆"命令，以两中心线为圆心，绘制半径分别为 R34.5 和 R20 正等轴测圆。

执行"直线"命令，以大正等轴测圆左右两象限点为端点分别向上作高度为 99 两直线。

执行"复制"命令，将半径分别为 R34.5 和 R20 两正等轴测圆向上复制。

执行"修剪"和"删除"命令，修剪和删除掉被遮挡的线。结果如图 15.11 所示。

③ 绘制两肋板。执行"复制"命令，将水平方向中心线分别以距离 7 向前后复制，改两直线为粗实线，两直线底面两边交点为 O、P、Q 和 R（R 点可不设），与底圆交点分别为 A、B、C 和 D（D 点可不设）。

执行直线命令，分别以 A、B、C 和 D 点为端点，向上作高度为 58 的直线（过 D 点可不绘制）。

执行"复制"命令，以 B 点为基点，在 F 点位置处复制一椭圆，与四直线分别相交于 E、F、G 和 H 点（H 点可不设），连接 OE、PF、QG 和 RH。结果如图 15.12 所示。

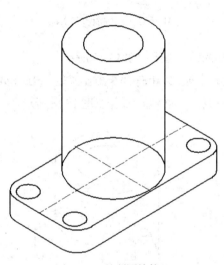

图 15.11　绘制圆柱体

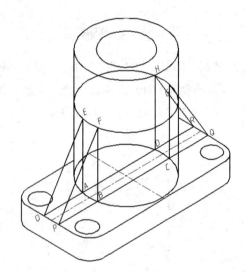

图 15.12　绘制两肋板一

执行"修剪"和"删除"命令，修剪和删除掉被遮挡的线。结果如图 15.13 所示。

④ 绘制前方长方体。执行"复制"命令，将中心线 L 在其正下方长方体底面上复制出一直线 L1，改变其线型为"CSX"，再将 L1 以距离 22 在其左右各复制出直线 L2 和 L3，设 L2 和 L3 与长方体底面前方边线交点为 I 和 J；重新执行"复制"命令，将长方体底面前方边线 IJ 以距离 9.5（44-34.5=9.5）向前复制出一直线 KM；执行"延伸"命令，将 L2 和 L3 分别延伸到 KM，交点分别为 K 和 M。

执行"直线"命令，以 K 和 M 为端点分别向上作高度为 76 两直线 KN 和 MS，连接 N 和 S 两点；重新执行"直线"命令，以 I 和 J 为端点分别向上作高度为 18 两直线，交长方体顶面前方边线于 T 和 U 两点。

执行"复制"命令，将 L2 和 L3 两直线分别在 T 和 U 两点处复制，并与大圆柱底圆相交，设交点为 V 和 W。

执行"直线"命令，以 V 和 W 为端点分别向上作高度为 58（76-18=58）两直线 VX 和 WY。

执行"复制"命令，在 X（或 Y）处复制一大正等轴测圆。结果如图 15.14 所示。

图 15.13　绘制两肋板二

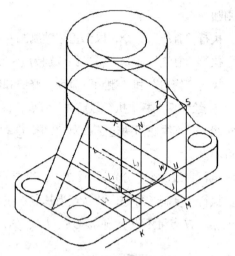

图 15.14　绘制前方长方体

执行"修剪"和"删除"命令，修剪和删除掉被遮挡的线。结果如图 15.15 所示。

⑤ 绘制前平面上的圆孔。执行"复制"命令，将线段 KM 向上以距离 40 复制出一条，设此线段为 L_4，按 F5 键切换绘图平面，以线段为 L_4 中点为圆心绘制一直径为 φ24 圆，结果如图 15.16 所示。

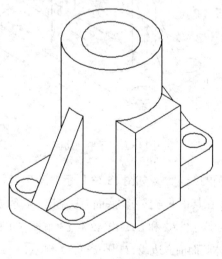

图 15.15　修剪前方长方体

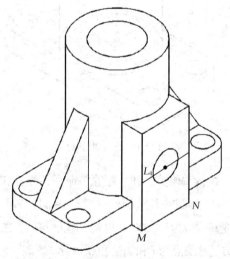

图 15.16　绘制前平面上的圆孔

（3）标注尺寸。

① 标注线性尺寸。分别将"右 X 上 Y 左 Z 倾斜 30"或"右 Z 上 X 左 Y 倾斜 -30"的两个尺寸标注样式置为当前，单击"尺寸标注"工具栏"对齐标注"图标，对线段长度进行尺寸标注。

　　　　选定尺寸界线的两点一定要在轴测方向的一条线上，否则，自动测量标出的数值不是所画线段的长度，为方便标注，用户可根据需要绘制出必要的辅助线。结果如图 15.17 所示。

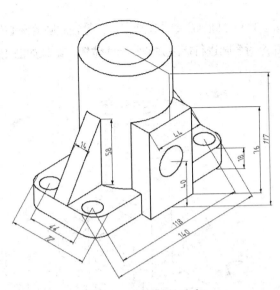

图 15.17　标注线性尺寸

② 修改线性尺寸界线的倾斜角度，使其与轴测轴方向一致，其操作如下。

选择"标注"菜单中"倾斜"命令或单击"尺寸标注"工具栏"编辑标注"图标后选择"倾斜（O）"选项（用户也可根据系统提示，输入'O（倾斜）'后按 Enter 键），执行命令后，命令行提示如下。

> 输入标注编辑类型[默认(H)/新建(N)/旋转(R)/倾斜(O)]<默认>: _O
> 选择对象：选择需要倾斜-30°的对象后，按 Enter 键。命令行提示如下。
> 输入倾斜角度(按 Enter 键表示无)：输入"-30"，按 Enter 键结束命令。

用同样的方法选择需要倾斜 30°的对象后，按 Enter 键。在命令行提示下输入"30"，按 Enter 键结束命令。结果如图 15.18 所示。

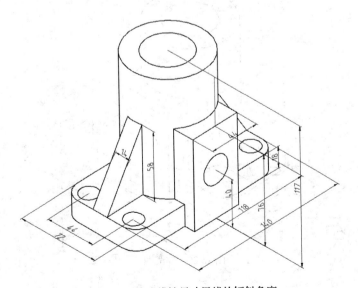

图 15.18　修改线性尺寸界线的倾斜角度

③ 标注圆及圆弧尺寸。执行"圆"命令，分别在各正等轴测圆的圆心处绘制出等大的圆，执行"直径"和"半径"标注命令对各圆进行标注并调整标注位置。结果如图 15.19 所示。

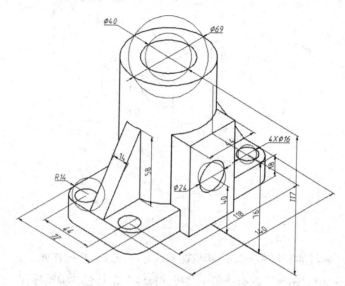

图 15.19　标注圆及圆弧尺寸

执行"分解"命令，将圆及圆弧尺寸标注分解。

执行"旋转"命令，将圆及圆弧尺寸标注的尺寸数字及其折线分别旋转，使其与轴测轴平行。

执行"删除"命令，将所作辅助圆及多余的直线删除，结果如图 15.20 所示。

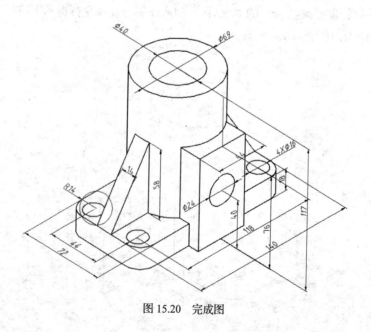

图 15.20　完成图

（4）保存此文件。

四、检测练习

1. 根据图 15.21 所示组合体三视图完成其正等轴测图绘制，要求参数合理，表达正确，标注尺寸。

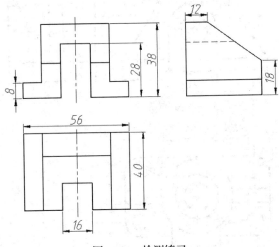

图 15.21　检测练习一

2. 根据图 15.22 所示组合体三视图完成其正等轴测图绘制，要求参数合理，表达正确，标注尺寸。

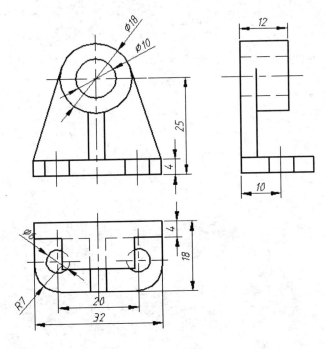

图 15.22　检测练习二

五、提高练习

根据图 15.23 所示组合体三视图完成其正等轴测图绘制，要求参数合理，表达正确，标注尺寸。

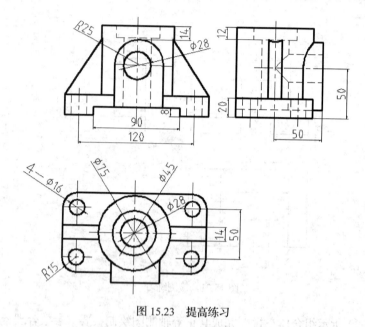

图 15.23 提高练习

附录

附录 A AutoCAD 上机考试样题

课程：AutoCAD   总分：100 分

专业班级：_____   姓名：_____   得分：____

考试要求

1. 绘图环境设置（10 分）

（1）图幅设置：按图样尺寸设置绘图界限。

（2）图层设置：粗实线层（红色 red-1）。

细实线层（紫色 magenta-6）。

点划线层（青色 cyan-4）。

虚 线 层（黄色 yellow-2）。

2. 图形绘制（60 分）

（1）视图配置：按照样图。

（2）视图绘制：图形绘制准确。

（3）剖切符号：按照样图。

（4）投射方向：按照样图。

（5）剖 面 线：按照样图。

3．标注（20 分）

（1）尺寸标注：按照样图（设置名为"标注 1、标注 2、……"标注样式）。

（2）表面粗糙度：按照样图。

（3）公差与配合：按照样图。

（4）形位公差：按照样图。

4．文字及图框（10 分）

（1）文字标注设置：按照样图（设置名为"文字 1、文字 2、……"文字样式）。

（2）图框及标题栏：按照样图。

5．样图

二维绘图在"项目七"、"项目八"和"项目九"中"检测练习"中选择，三维绘图在"项目十二"和"项目十三"中"检测练习"中选择。

附录 B　项目考核参考标准

为适应课程考核改革需要，方便教师在教学过程中对学生进行成绩评定，教师可根据学生在项目实施过程中的速度与质量进行评定，项目中未涉及内容不作评定内容，成绩评定为 A、B、C、D 4 等，具体评分细则如下。

1．A 等

（1）本人态度端正、作风严谨、出勤好，能提前独立完成检测任务。

（2）绘图环境与图层设置合理，图样内容完整、正确、清晰。

（3）图面整洁，视图布局合理恰当。

2．B 等

（1）本人态度端正、作风严谨、出勤好，能按时独立完成检测任务。

（2）绘图环境与图层设置合理，图样内容基本完整、正确、清晰。

（3）视图布局合理。

3．C 等

（1）本人态度端正、作风严谨、出勤好，基本能独立完成检测任务。

（2）绘图环境与图层设置基本合理，图样内容基本完整、正确、清晰。

（3）视图布局基本合理恰当。

4．符合下述 3 条以上者，视为 D 等

（1）有随意旷课、迟到、早退现象，不能按时完成检测任务的 60%。

（2）绘图环境与图层设置不合理，内容不完整。

（3）视图布局不合理，线型粗细不分。

参考文献

［1］赵国增. 计算机绘图——AutoCAD 2004. 北京：高等教育出版社，2004.7

［2］钱可强. 机械制图. 北京高等教育出版社，2003.7

［3］崔洪斌、崔晓利、侯维芝. 中文版 AutoCAD 工程制图（2005 版）. 北京：清华大学出版社. 2004.9

［4］宋巧莲. 机械制图与计算机绘图. 机械工业出版社，2009.1

［5］严佳华、桂兰萍. 机械制图（机类）（第二版）. 合肥：安徽科技出版社，2008.2

［6］罗洪涛、万征. 中文 AutoCAD 机械设计教程. 西安：西北工业大学出版社，2007.8

［7］翟志强、孔祥丰. 中文版 AutoCAD2004 三维图形设计. 北京：清华大学出版社，2003.10

［8］刘宏丽、王宏. 计算机辅助设计——AutoCAD 教程. 北京：高等教育出版社，2005